通俗易懂的**计算机开发书籍**系列

鸿蒙应用开发
从零基础到实战
——始于安卓，成于鸿蒙

视频·案例·应用版

刘 兵——编著

HarmonyOS

中国水利水电出版社
www.waterpub.com.cn
·北京·

内 容 提 要

《鸿蒙应用开发从零基础到实战——始于安卓，成于鸿蒙（视频·案例·应用版）》基于作者20多年的教学实践和软件开发经验，用通俗易懂的语言、丰富实用的案例，从鸿蒙初学者容易上手的角度循序渐进地讲解了鸿蒙应用开发的基础知识。全书共12章，主要内容涵盖鸿蒙应用开发的项目生成及相关开发环境的建立、展示App页面内容的HML语言、渲染App页面样式的CSS语言、控制App页面行为的JavaScript语言，还包括计算属性与侦听属性、基础综合案例（待办事项和影院订票页面）的制作、App应用的生命周期和页面的生命周期、自定义组件及组件的生命周期、访问系统设备的接口、数据存储与网络访问以及项目实战——网上书城App制作等。

本书根据学习鸿蒙应用开发所需知识的主脉络搭建内容，采用"案例驱动+视频讲解+代码调试"相配套的方式，向读者提供了鸿蒙应用开发从入门到项目实战的解决方案。扫描书中的二维码可以观看每个实例视频和相关知识点的讲解视频，手把手地教读者快速学会鸿蒙应用项目开发。

本书配有128集同步讲解视频、109个实例源码分析、13个综合实验、3个综合实战案例，并提供了丰富的教学资源，包括PPT课件、程序源码、课后习题答案、实验程序源码、在线交流服务QQ群和不定期网络直播等。本书既适合想学习鸿蒙应用开发的读者自学，也适合作为高等学校、高职高专、职业技术学院和民办高校计算机相关专业的教材，还适合作为相关培训机构的培训教材。

图书在版编目（CIP）数据

鸿蒙应用开发从零基础到实战：始于安卓，成于鸿蒙：视频·案例·应用版 / 刘兵编著 . —北京：中国水利水电出版社，2022.7

ISBN 978-7-5226-0690-3

Ⅰ.①鸿… Ⅱ.①刘… Ⅲ.①移动终端—应用程序—程序设计 Ⅳ.① TN929.53

中国版本图书馆 CIP 数据核字 (2022) 第 079563 号

书　　名	鸿蒙应用开发从零基础到实战——始于安卓，成于鸿蒙（视频·案例·应用版） HONGMENG YINGYONG KAIFA CONG LINGJICHU DAO SHIZHAN — SHIYU ANZHUO, CHENGYU HONGMENG
作　　者	刘兵　编著
出版发行	中国水利水电出版社 （北京市海淀区玉渊潭南路 1 号 D 座 100038） 网址：www.waterpub.com.cn E-mail：zhiboshangshu@163.com 电话：（010）62572966-2205/2266/2201（营销中心）
经　　售	北京科水图书销售有限公司 电话：（010）68545874、63202643 全国各地新华书店和相关出版物销售网点
排　　版	北京智博尚书文化传媒有限公司
印　　刷	三河市龙大印装有限公司
规　　格	185mm×260mm　16 开本　24.75 印张　698 千字
版　　次	2022 年 7 月第 1 版　2022 年 7 月第 1 次印刷
印　　数	0001—5000 册
定　　价	89.80 元

前　言

编写背景

鸿蒙操作系统（HarmonyOS）作为新一代的智能终端操作系统，为不同设备的智能化、互联与协同提供了统一的语言，带来简洁、流畅、连续、安全可靠的全场景交互体验。鸿蒙操作系统是在传统的单设备系统能力的基础上提出的基于同一套系统能力、适配多种终端形态的分布式理念，能够支持手机、平板电脑、PC、智慧屏、智能穿戴、智能音箱、车机、耳机、AR/VR眼镜等多种终端设备。

鸿蒙应用开发目前主要使用两种语言：Java和JavaScript（简写为JS），其中鸿蒙提供的Java API的功能要比JS API的功能强大，但随着鸿蒙JS API的不断完善，也终将打破这种平衡。而且就这两种语言来讲，Java语言的学习难度和学习成本要比JS语言高很多，对于初学者而言，JS更容易上手，也更经济。

目前市场上关于鸿蒙应用开发的图书并不是很多，而且多数都是以Java语言编写为主，或者是先介绍以Java语言为主体的鸿蒙应用开发，再用很小的篇幅对JS应用开发进行简单说明。这对于零基础的读者来说，学习难度太大，容易让读者"从入门到放弃"。为此，作者结合自己20多年的教学与软件开发经验，本着"让读者容易上手，做到轻松学习，实现手把手教你从基础入门到快速学会鸿蒙应用程序开发"的总体思路编写本书，并且以对于初学者来说更容易上手的JS语言为主体，希望能帮助读者全面系统地学习并掌握鸿蒙应用开发的主流技术。

内容结构

本书共12章，分为4个部分，分别是前置篇、基础篇、进阶篇和实战篇，具体结构及内容简述如下。

第1部分　前置篇：设置开发环境，掌握前置技能　为第1章。介绍鸿蒙应用项目开发的工具——HUAWEI DevEco Studio，读者通过学习，能够使用该工具进行鸿蒙项目创建，理解鸿蒙项目的主要目录结构以及各目录结构中所存储的文件的主要作用，同时对需要掌握的鸿蒙项目配置方法、鸿蒙项目运行的几种方式、最简单的鸿蒙项目的运行过程进行了详细介绍，最后阐述了HUAWEI DevEco Studio开发工具的使用方法，主要包括编辑器使用技巧、程序的调试方法。

第2部分　基础篇：学习鸿蒙应用开发基础，掌握初步能力　包括第2~7章。介绍在鸿蒙设备上展示页面内容的HML（鸿蒙操作系统标记语言）、渲染炫酷页面样式的CSS（级联样式）、控制页面行为的JavaScript。这部分需要重点关注的是鸿蒙应用开发中比较专用的程序设计概念，包括插值表达式、数据的双向绑定方法、常用指令、数组和对象在页面中的遍历、事件种类及相关处理方法、表单的输入绑定、计算属性和侦听属性，最后通过"待办事项"和"影院订票页面"两个综合案例对以上鸿蒙应用开发的基础知识进行综合运用。

第3部分　进阶篇：学习鸿蒙应用开发进阶，构建响应式页面　包括第8~11章。这一部分主要介绍鸿蒙应用开发的进阶知识，包括生命周期、自定义组件、组件之间数据的传递方法、页面路由、访问鸿蒙设备的接口、向互联网发送数据与请求数据、访问本地设备数据库的能力。

第4部分　实战篇：实操综合案例，提升开发技能　为第12章。通过"网上书城App"综合案例的讲解，教会读者使用HUAWEI DevEco Studio进行鸿蒙应用开发设计的流程，并对页面进行逐一分析，提升综合运用鸿蒙应用开发的各种知识能力，掌握HTTP组件向服务器请求数据的方法，使用HTML、CSS、JavaScript进行页面UI设计，理解鸿蒙应用开发的数据驱动与组件化，快速提升鸿蒙应用开发的综合技能。

主要特色

1. 鸿蒙应用开发技术全，知识点分布合理连贯，方便读者系统学习

本书基于作者20多年的教学经验和软件开发实践的总结，从初学者容易上手的角度，用109个实用案例，循序渐进地讲解了鸿蒙应用开发的基础知识（包括HTML常用组件、CSS样式设计、双向数据绑定、常用指令、计算属性与侦听属性、自定义组件、组件间的数据传递、路由基础、生命周期、鸿蒙的接口能力等），方便读者全面系统地学习鸿蒙应用开发的核心技术，快速解决移动App设计中的实际问题，以适应工作岗位的需求。

2. 采用"案例驱动+视频讲解+代码调试"相配套的方式，提高学习效率

书中109个实用案例都是从鸿蒙应用开发中的基本页面结构开始，通过不断加深实例难度来完成最终的实际任务，让读者在学习过程中有一种"一切尽在掌握中"的成就感，从而激发读者的学习兴趣。全书重点放在如何解决实际问题，而不是语言中语法的细枝末节，以此来提高读者的学习效率。书中所有案例都配有视频讲解和代码调试，真正实现手把手地教读者从"零"基础入门到快速学会鸿蒙应用开发技术。

3. 考虑读者认知规律，化解知识难点，实例程序简短，实现轻松阅读

本书根据鸿蒙应用开发所需知识和技术的主脉络去搭建内容，不拘泥于语言语法的细节，注重讲述开发过程中必须知道的一些核心知识，内容由浅入深、循序渐进、结构科学，并充分考虑了读者的认知规律，注重化解知识难点，实例程序简短、实用，易于读者轻松阅读。通过三个综合案例的实操，提升读者鸿蒙应用开发的综合技能。

4. 强调动手实践，配备大量习题和实验，益于读者练习与自测

章后配有大量不同难度的练习题（选择、填空、问答、程序设计等）和实验，并提供参考答案和实验程序源代码，方便读者自测相关知点的学习效果，提升自己运用所学知识和技术的综合实践能力。

5. 提供丰富优质的教学资源和及时的在线服务，方便读者自学与教师教学

（1）提供128集（17个小时）视频讲解、所有案例程序源代码和教学PPT课件等，方便读者自学与教师教学。

（2）创建了学习交流服务QQ群（群号：431443372），群中作者与读者互动，并不断增加其他服务（答疑和不定期的直播辅导等），分享教学设计、教学大纲、应用案例和学习文档等各种实时更新的资源。

6. 融入思维导图，梳理知识点成结构树，帮助读者加深理解和快速记忆

每章开篇提供的学科思维导图，帮助读者将零散知识加工归纳为系统的知识结构树，益于读者加深对各章节知识点的理解和快速复习记忆，发现各知识点内在的本质及规律，提高学习效率，培养创新思维能力。

资源获取方式

（1）读者可以手机扫描下面的二维码或在微信公众号中搜索"人人都是程序猿"，关注后输入"harmonyosliubing"，发送到公众号后台，即可获取本书资源下载链接。

人人都是程序猿

（2）将该链接复制到计算机浏览器的地址栏中，按Enter键进入网盘资源界面（一定要复制到计算机浏览器地址栏中，通过计算机下载，手机不能下载，也不能在线解压，没有解压密码）。

在线交流方式

（1）学习过程中，为方便读者间的交流，本书特创建QQ群：431443372（若群满，会建新群，请注意加群时的提示，并根据提示加入对应的群），供广大鸿蒙应用开发爱好者与作者在线交流学习。

（2）如果各位读者在阅读中发现问题或对图书内容有什么意见和建议，也欢迎来信指教，来信请发邮件到lb@whpu.edu.cn，作者看到后将尽快给大家回复。

读者对象

（1）零基础或者有一点HTML、CSS和JavaScript基础的程序开发者。
（2）对其他移动设备开发有一定了解的读者。
（3）想在鸿蒙设备上构建功能丰富、交互性强的专业应用的读者。
（4）热衷于追求新技术、探索新工具的读者。
（5）高等学校、高职高专、职业技术学院和民办高校相关专业的学生。
（6）相关培训机构开展鸿蒙应用开发课程的培训人员。

阅读提示

（1）对于没有任何鸿蒙应用开发经验或者JavaScript知识掌握不是很牢固的读者，在阅读本书时一定要按照章节顺序阅读，尤其在开始阶段把第1~4章的内容反复研读，这对于后续章节的学习非常重要；同时重点关注书中讲解的理论知识，然后观看每个知识点相对应的实例视频讲解，在掌握其主要功能后进行多次代码演练，特别是要学会鸿蒙应用程序开发的调试能力。课后的习题和实验可以检测读者的学习效果，如果不能顺利完成，则要返回继续学习相关章节的内容。

（2）对于有一定鸿蒙应用开发基础的读者，可以根据自身的情况，有选择地学习本书的相关章节和实例，书中的实例和课后练习要重点掌握，以此来巩固其相关知识的运用，要注意对鸿蒙应用开发所独有的数据响应、事件处理、构建组件等的深入学习，达到具有举一反三的效果。特别是本书中综合实例的学习，使鸿蒙应用开发的能力能够适应相关岗位要求。

（3）如果高校老师和相关培训机构选择本书作为培训教材，可以不用每个知识点都进行讲解，这些知识点可以通过观看书中的视频学习。也就是说，选用本书作为教材特别适合线上学习相关知识点，留出大量时间在线下进行相关知识的综合讨论，以实现讨论式教学或目标式教学，提高课堂效率。

本书的最终目标是不管读者是什么层次，都能通过努力学习本书的内容达到适应鸿蒙应用开发岗位的基本要求。本书所有的案例程序都已实际运行通过，读者可以直接采用。

出版团队

本书由武汉轻工大学刘兵教授负责全书的统稿及定稿工作，谢兆鸿教授认真审阅了全书并提出了许多宝贵意见。参与本书实例制作、视频讲解及大量复杂视频编辑工作的老师还有李言龙、汪济祥、李言姣等。另外，本书的文字资料输入、校对及排版工作得到了汪琼女士的大力帮助，本书的顺利出版得到了中国水利水电出版社智博尚书分社雷顺加编审的大力支持与悉心指导，编辑宋扬、赵立娜为提高本书的版式设计及编校质量等付出了辛勤劳动，在此一并表示衷心的感谢。

在本书的编写过程中，吸收了很多鸿蒙应用开发技术方面的网络资源的观点，在此向这些作者一并表示感谢。限于作者水平，尤其是鸿蒙才刚刚起步，书中难免存在一些疏漏及不妥之处，恳请各位同行和读者批评指正。作者的电子邮箱为lb@whpu.edu.cn。

刘 兵
2022年5月于武汉轻工大学

目　　录

第 1 章

鸿蒙系统概述

本章学习目标：

本章主要讲解鸿蒙应用开发框架的基本概念，重点阐述鸿蒙应用项目的创建以及开发工具的基本操作。通过本章的学习，大家应该掌握以下主要内容：

- 鸿蒙的基本概念。
- 鸿蒙系统的技术架构。
- 鸿蒙开发工具的使用方法。
- 鸿蒙应用开发的调试方法。

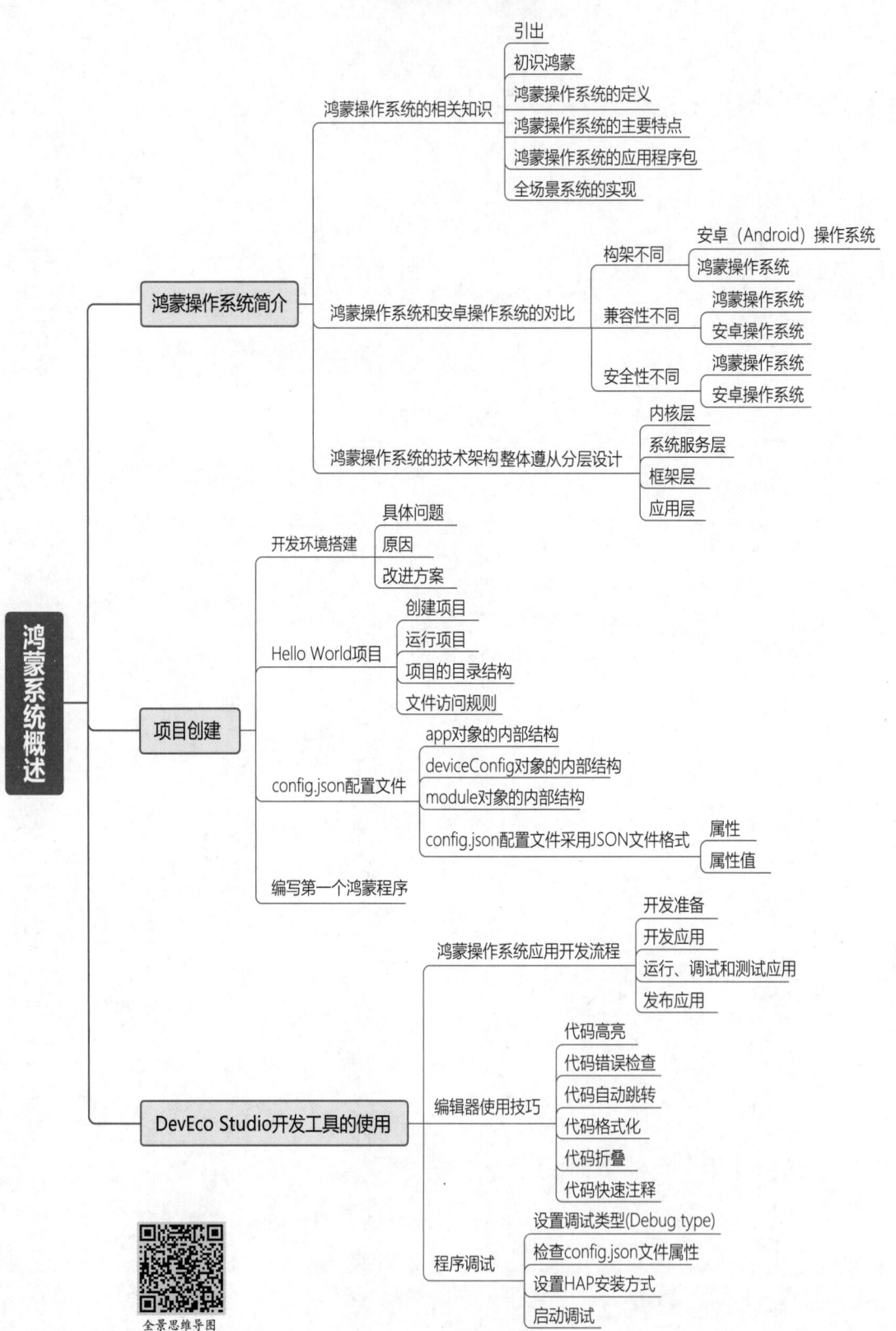

鸿蒙系统概述

鸿蒙操作系统简介
- 鸿蒙操作系统的相关知识
  - 引出
  - 初识鸿蒙
  - 鸿蒙操作系统的定义
  - 鸿蒙操作系统的主要特点
  - 鸿蒙操作系统的应用程序包
  - 全场景系统的实现
- 鸿蒙操作系统和安卓操作系统的对比
  - 构架不同
    - 安卓（Android）操作系统
    - 鸿蒙操作系统
  - 兼容性不同
    - 鸿蒙操作系统
    - 安卓操作系统
  - 安全性不同
    - 鸿蒙操作系统
    - 安卓操作系统
- 鸿蒙操作系统的技术架构整体遵从分层设计
  - 内核层
  - 系统服务层
  - 框架层
  - 应用层

项目创建
- 开发环境搭建
  - 具体问题
  - 原因
  - 改进方案
- Hello World项目
  - 创建项目
  - 运行项目
  - 项目的目录结构
  - 文件访问规则
- config.json配置文件
  - app对象的内部结构
  - deviceConfig对象的内部结构
  - module对象的内部结构
  - config.json配置文件采用JSON文件格式
    - 属性
    - 属性值
- 编写第一个鸿蒙程序

DevEco Studio开发工具的使用
- 鸿蒙操作系统应用开发流程
  - 开发准备
  - 开发应用
  - 运行、调试和测试应用
  - 发布应用
- 编辑器使用技巧
  - 代码高亮
  - 代码错误检查
  - 代码自动跳转
  - 代码格式化
  - 代码折叠
  - 代码快速注释
- 程序调试
  - 设置调试类型(Debug type)
  - 检查config.json文件属性
  - 设置HAP安装方式
  - 启动调试

全景思维导图

1.1 鸿蒙操作系统简介

1.1.1 鸿蒙操作系统的相关知识

1. 引出

目前，市面上已经出现了很多智能设备，由于这些智能设备是由不同厂商所生产的，因此其操作方法不同，对于用户来说，管理这些设备是相当烦琐的。随着5G网络的普及，人们提出"万物互联"（Internet of Everything，IoE）的概念来解决此类设备的统一管理问题。

万物互联就是指利用物联网以及高新技术将不同的事物进行网络联动，能够实现在一个终端上进行操作。万物互联意味着未来将有海量的设备会接入互联网络，是下一代互联网的发展方向，其大大拓展了互联网的规模，最直观的感受是用户体验的提升。例如，家里的冰箱能自动感知到食材还剩多少，自动下单订货。万物互联更深层次的价值是让厂商和用户之间的关系变得更加紧密，以前，制造厂商（企业）生产出来的产品，通过层层分销商流到终端用户手里，厂商和终端用户之间是割裂的，厂商很难获取用户对于产品的反馈。随着万物互联时代的到来，厂商的每一个产品都将联网，能够做到实时、全天候、全球化、全量数据的反馈，跟踪每一个细节，任何一个用户使用产品的情况都能通过每一个终端反馈给厂商。

万物互联定义为将人、流程、数据和事物结合在一起使得网络连接变得更加相关、更有价值。万物互联将信息转化为行动，给企业、个人和国家创造新的功能，并带来更加丰富的体验和前所未有的经济发展机遇。

2. 初识鸿蒙

鸿蒙这个名字有着深入骨髓的中国血统，其来源于中国神话传说并且寓意深远。传说在盘古开天辟地之前，世界是一团混沌的自然的元气，这种自然的元气就叫作鸿蒙。华为HarmonyOS的中文名字取作鸿蒙，寓意将带领中国人在操作系统领域开天辟地，摆脱对iOS和安卓两大生态、两座大山的依赖，走出国人自己的软件生态之路。

3. 鸿蒙操作系统的定义

鸿蒙操作系统是华为开发的一款"面向未来"、面向全场景（移动办公、运动健康、社交通信、媒体娱乐等）的分布式智慧操作系统，它将逐步覆盖1+8+N全场景终端设备，以实现万物互联。其中的1和8由华为公司完成，1是指手机，8是指平板电脑、PC、穿戴、智慧屏、AI音箱、耳机、VR/AR、车机，N是泛指IoT（Internet of Things，物联网）设备。

对消费者而言，鸿蒙操作系统能够将生活场景中的各类终端进行能力整合，形成一个"超级虚拟终端"，可以实现不同终端设备之间的快速连接、能力互助、资源共享，匹配合适的设备、提供流畅的全场景体验。

对应用开发者而言，鸿蒙操作系统采用了多种分布式技术，使得应用程序的开发实现与不同终端设备的形态差异无关，降低了开发难度和成本，这能够让开发者聚焦上层业务逻辑，更加便捷、高效地开发应用。

对设备开发者而言，鸿蒙操作系统采用了组件化的设计方案，可以根据设备的资源能力和业务特征进行灵活裁剪，满足不同形态的终端设备对操作系统的要求。

鸿蒙操作系统作为一款面向未来的崭新操作系统，必将在万物互联、万物智能的全连接世界中发挥至关重要的作用，期待广大开发者伙伴积极加入鸿蒙操作系统，共同见证全场景智慧生态的无限可能。

4. 鸿蒙操作系统的主要特点

鸿蒙操作系统是面向万物互联时代的全场景分布式操作系统，其具备分布式能力并打开了焕然一新的全场景世界。其主要特点如下：

（1）新硬件。人、设备、场景不再孤立地存在，设备围绕人进行安全高效的连接，基于场景组合出最佳体验。手机已经不再仅仅是手机，更是打开全场景世界的一把钥匙。

（2）新交互。设备不断增多，但交互依然简单高效。全场景交互以人为核心，打造万物互联的流畅体验，由于各设备交互方法一致，智能协同，使用户能在不同的设备场景中自如切换。

（3）新服务。应用与服务因人而变，按需呈现；在设备组合中轻松调用不同能力，充分发挥不同设备优势，服务跟随场景无缝流转，让用户摆脱设备束缚，化繁为简。

5. 鸿蒙操作系统的应用程序包

鸿蒙操作系统的应用程序包以App Pack（Application Package）形式发布，是由一个或多个HAP（HarmonyOS Ability Package）以及描述每个HAP属性的pack.info组成，如图1-1所示。HAP是Ability的部署包，鸿蒙操作系统应用代码围绕Ability组件展开。在每一个HAP内都可以部署多个Ability以及所依赖的lib库和资源文件，还可以包含HAP的配置文件config.json。

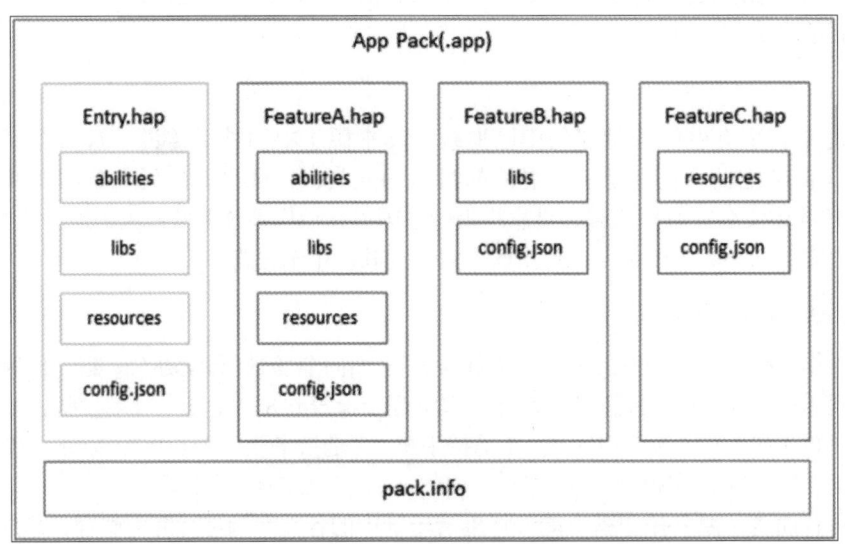

图1-1　鸿蒙应用程序包

6. 全场景系统的实现

鸿蒙操作系统的核心技术就是一次开发多端部署，也就是说手机、计算机、平板电脑、电视等设备共用同一个操作系统。支撑这一优异体验的是华为独创的分布式软总线技术（见图1-2）。分布式软总线融合了近场和远场通信技术，并充分发挥了近场通信技术的优势。

分布式软总线包含了任务总线、数据总线和总线中枢三大功能。任务总线负责将应用程序在多个终端上进行快速分发，数据总线负责数据在设备间的高性能分发和同步。华为近场通信技术支撑的数据总线具备低延时（端到端为20~60ms）、高吞吐（600Mbit/s至1.2Gbit/s）、高可靠性（数据丢包率为1%~5%）等特点。

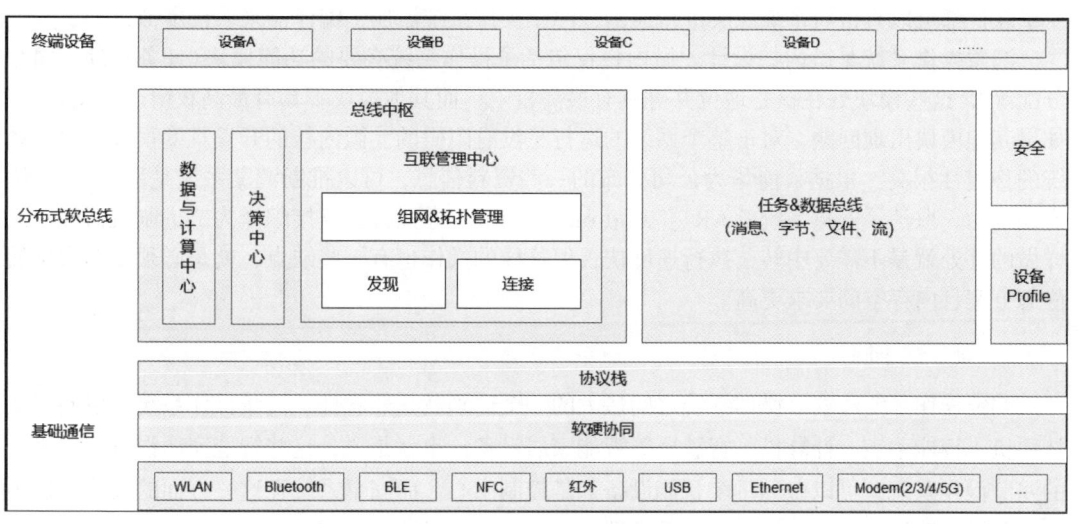

图1-2 分布式软总线技术

分布式鸿蒙轻应用（FA/AA）具备免安装、可迁移、可重用等特性。应用的业务特性由FA（Feature Ability）承载，FA通过AA（Atom Ability）使用各种元能力。鸿蒙轻应用采用界面、数据、逻辑分离的框架，正是因为这三者的分离，鸿蒙轻应用才能够在设备之间实现全部或者部分的迁移。鸿蒙轻应用支持独立运行、被搜索、推荐、分享等特点，这有点类似于微信小程序。

LiteOS作为鸿蒙操作系统的内核部分，对标亚马逊的FreeRTOS、ARM的Mbed、苹果的X-Darwin、谷歌的Fuchsia。在设计理念上，LiteOS达到了类似Linux的开发体验，同时具备RTOS的运行效果。在保持原有的小体积、高性能的同时，LiteOS致力于降低开发门槛和难度，促进生态发展。为了达到这一目的，LiteOS支持全量Musl库（C库），实现GNU/Linux软件组件易移植。LiteOS提供了HDF统一驱动框架，解决了第三方器件驱动难以移植的问题。LiteOS还增加了多进程、虚拟内存、系统调用等功能，实现了应用与应用、内核与应用分离。

到2023年，包括感知制造、网络传输、智能信息服务在内的总体物联网产业规模将突破1.5万亿元。鸿蒙操作系统的诞生，必将极大地提升我国在物联网生态领域的国际竞争力，为国内众多中小企业参与国内、国际物联网产业的竞争提供基础能力的支撑。

1.1.2 鸿蒙操作系统和安卓操作系统的对比

1. 架构不同

安卓（Android）操作系统与鸿蒙操作系统基本都是基于Linux开发的，但两者的架构是不同的。

安卓操作系统是基于Linux的宏内核设计。宏内核包含了操作系统绝大多数的功能和模块，而且这些功能和模块都具有最高的权限，只要一个模块出错，就会促使整个系统崩溃，但好处是系统开发难度低。安卓是用Java语言编写的且很容易学习。但有一个很大的缺点就是不能与系统底层直接进行通信活动，必须通过虚拟机来运行，虚拟机相当于传递者。安卓应用程序在运行前要先安装在虚拟机上，然后从虚拟机传输到机器的底部。如果虚拟机出了问题，则整个系统就会被卡住。而鸿蒙系统中的方舟编译器就是用于解决这个问题的，任何由编译器编译的安卓软件都可以直接与系统底层进行通信，鸿蒙操作系统添加了编译器来取代虚拟机。

鸿蒙操作系统是微内核设计。微内核仅包括了操作系统必要的功能模块（任务管理、内存分配等），这些模块处在核心地位并且具有最高权限，而其他模块不具有最高权限。也就是说，如果其他模块出现问题，对于整个系统的运行是没有阻碍的。微内核的开发难度很大，但是系统的稳定性很高。根据目前华为公司公布的一些资料信息，可以推断鸿蒙系统是用C、C++语言编写的，取消了安卓系统的ART（Android runtime）虚拟机，直接编译为二进制机器码，这样做的好处就是不需要中转，执行速度快；但这样的操作也有一些缺点，就是必须要有大量的静态方案且内存空间要求更高。

2. 兼容性不同

鸿蒙操作系统和安卓操作系统之间最大的一个区别就是兼容性。鸿蒙操作系统可以同时支持手机、智能手表、计算机、智慧屏等智能家居设备，也就是说，这些智能家居设备使用统一的鸿蒙操作系统，可以做到每个智能设备都是控制中心。而安卓系统在这一方面的表现就远不如鸿蒙操作系统，基本上只适用于手机端。

随着5G网络的不断普及，大家的交流方式也发生了很大的改变，其中最重要的一点就是万物互联，万物互联要基于高速的网络连接。因此，鸿蒙才是面向5G和物联网时代的操作系统，在未来系统大战中，鸿蒙操作系统已经抢先立于不败之地。

3. 安全性不同

鸿蒙操作系统采用微内核，不需要超级用户权限（Root权限），细粒度权限控制从源头提升系统安全。而安卓操作系统有Root权限，用户可以完全掌控经过Root之后的安卓操作系统。同时根据华为公司的官微上的消息，鸿蒙基于微内核技术的可信执行环境，以及通过形式化方法显著提升了内核安全等级，全面提升了全场景终端设备的安全能力。从全球最权威的安全机构的评测来看，现在安卓操作系统只能达到2、3级，而鸿蒙操作系统能达到5和5+最高级别，所以鸿蒙操作系统的安全性远高于安卓操作系统。

1.1.3 鸿蒙操作系统的技术架构

鸿蒙操作系统整体遵从分层设计，从下向上依次为内核层、系统服务层、框架层和应用层，系统功能按照"系统→子系统→功能/模块"逐级展开，在多设备部署场景下支持根据实际需求裁剪某些非必要的子系统或功能模块。鸿蒙操作系统的技术架构如图1-3所示。

1. 内核层

（1）内核子系统：鸿蒙操作系统采用多内核设计，支持针对不同资源受限设备选用合适的OS内核。内核抽象层（Kernel Abstract Layer，KAL）通过屏蔽多内核差异，对上层提供基础的内核能力，包括进程/线程管理、内存管理、文件系统、网络管理和外设管理等。

（2）驱动子系统：硬件驱动框架（Hardware Driver Foundation，HDF）是鸿蒙操作系统硬件生态开放的基础，提供统一外设访问能力和驱动开发、管理框架。

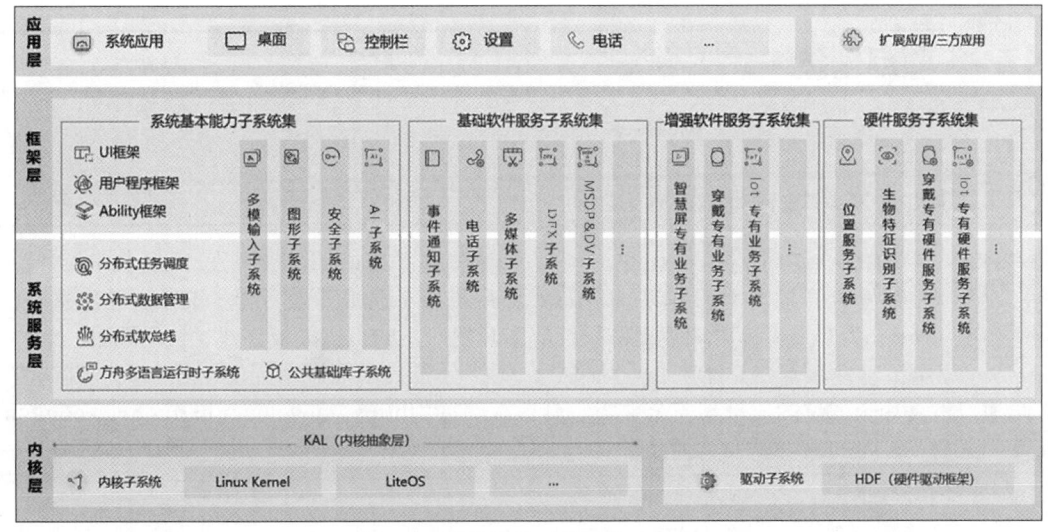

图 1-3 鸿蒙操作系统的技术架构

2. 系统服务层

系统服务层是鸿蒙操作系统的核心能力集合，通过框架层对应用程序提供服务。该层包含以下几个部分。

（1）系统基本能力子系统集：为分布式应用在鸿蒙操作系统多设备上的运行、调度、迁移等操作提供了基础能力，由分布式软总线、分布式数据管理、分布式任务调度、方舟多语言运行时、公共基础库、多模输入、图形、安全、AI等子系统组成。其中，方舟多语言运行时子系统提供了 C、C++、JS多语言运行时和基础的系统类库，也为使用方舟编译器静态化的Java程序（即应用程序或框架层中使用Java语言开发的部分）提供了运行时。

（2）基础软件服务子系统集：为鸿蒙操作系统提供公共的、通用的软件服务，由事件通知、电话、多媒体、DFX（Design For X）、MSDP&DV等子系统组成。

（3）增强软件服务子系统集：为鸿蒙操作系统提供针对不同设备的、差异化的能力增强型软件服务，由智慧屏专有业务、穿戴专有业务、IoT专有业务等子系统组成。

（4）硬件服务子系统集：为鸿蒙操作系统提供硬件服务，由位置服务、生物特征识别、穿戴专有硬件服务、IoT专有硬件服务等子系统组成。

根据不同设备形态的部署环境，基础软件服务子系统集、增强软件服务子系统集、硬件服务子系统集内部可以按子系统粒度裁剪，每个子系统内部又可以按功能粒度裁剪。

3. 框架层

框架层为鸿蒙操作系统应用开发提供了Java、C、C++、JS等多语言的用户程序框架和Ability框架，两种UI框架（包括适用于Java语言的Java UI框架和适用于JS语言的JS UI框架），以及各种软硬件服务对外开放的多语言框架API。根据系统的组件化裁剪程度，鸿蒙操作系统设备支持的API也会有所不同。

4. 应用层

应用层包括系统应用和第三方非系统应用。鸿蒙操作系统的应用由一个或多个FA或PA（Particle Ability）组成。其中，FA有用户接口UI界面，提供与用户交互的能力；而PA没有用户接口UI界面，提供后台运行任务的能力以及统一的数据访问抽象。FA在进行用户交互时所需的后台数据访问也需要由对应的PA提供支撑。基于FA/PA开发的应用，能够实现特定的业务功能，支持跨设备调度与分发，为用户提供一致的、高效的应用体验。

1.2 项目创建

1.2.1 开发环境搭建

扫一扫，看视频

　　HUAWEI DevEco Studio是官方鸿蒙操作系统应用集成开发环境（IDE），旨在为开发者开发鸿蒙操作系统分布式应用提供一体化开发平台。HUAWEI DevEco Studio为开发者提供鸿蒙操作系统应用开发所需的工程模板创建、代码编辑、编译、调试、发布等E2E的应用开发服务，支持分布式多端应用开发、分布式多端调测、多端模拟仿真和全方位的质量与安全保障。其下载网址为https://developer.harmonyos.com/cn/develop/deveco-studio，如图1-4所示。

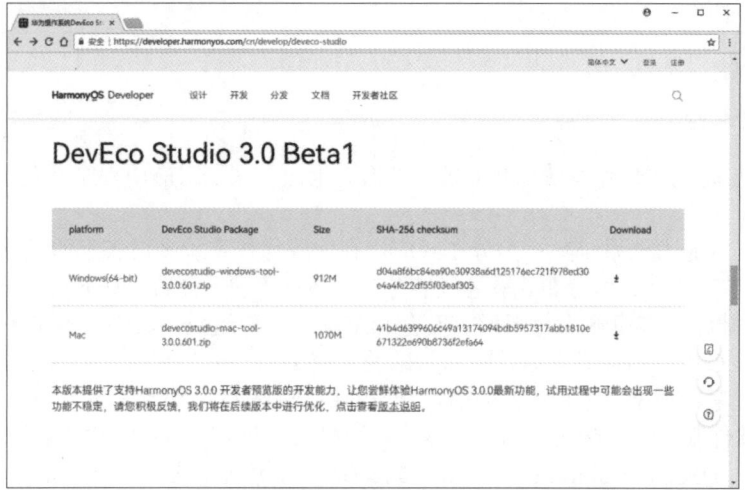

图1-4　鸿蒙官网DevEco Studio下载页面

　　在图1-4中，根据用户安装的操作系统不同单击不同的下载图标，此处需要下载DevEco Studio 3.0 Beta1 Windows（64-bit）版，下载前必须注册华为开发者账号并登录，如图1-5所示。

图1-5　华为账号的注册与登录

将下载之后的zip压缩包解压之后，就得到了扩展名为.exe的Windows安装包。安装步骤如下：

（1）双击下载的devecostudio-windows-tool-xxxx.exe，进入DevEco Studio安装向导，如图1-6所示。

（2）在图1-6中单击Next按钮，打开如图1-7所示的选择安装路径窗口。这里直接用默认的路径安装，单击Next按钮，打开如图1-8所示的窗口。

（3）在图1-8中有三个复选框，分别是：是否创建桌面快捷方式、是否加载目录到PATH环境变量、是否在鼠标的右击菜单里面增加以项目打开的文件夹。用户可根据需要进行选择，选择完成后单击Next按钮，打开如图1-9所示的窗口。

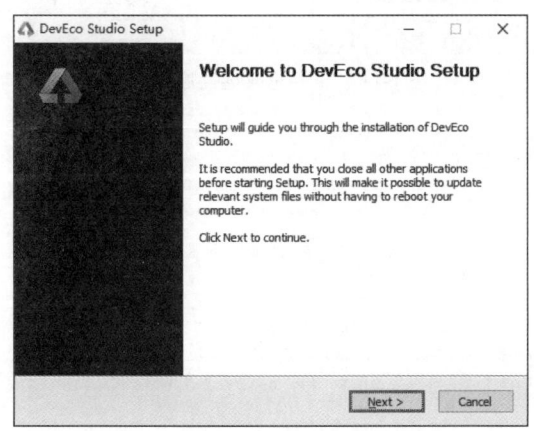

图1-6　开始安装DevEco Studio

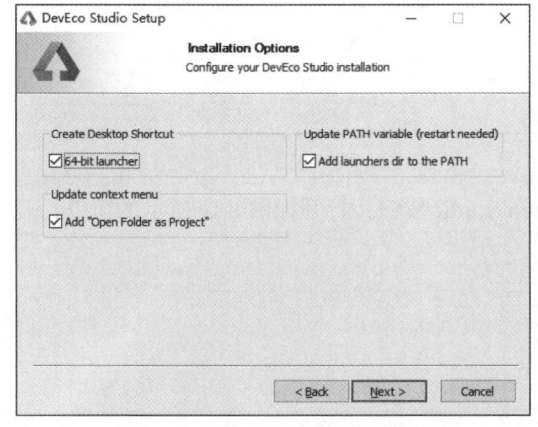

图1-8　DevEco Studio安装选项

图1-7　选择安装路径

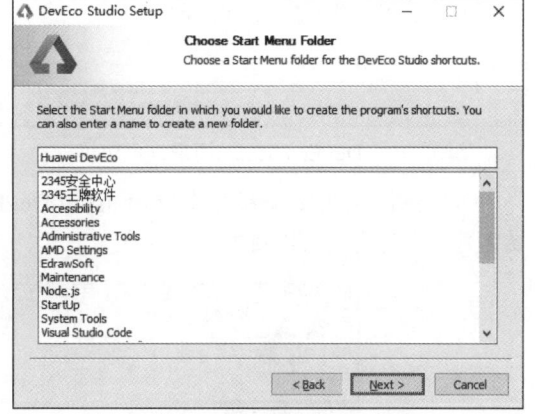

图1-9　选择开始菜单的文件夹

（4）在图1-9中，可以选择一个开始菜单的文件夹，也可以输入一个新的文件夹名字，这里选择默认的新文件夹名Huawei DevEco，然后单击Next按钮，打开如图1-10所示的窗口。

（5）图1-10中显示正在安装DevEco Studio。安装完成之后，会打开如图1-11所示的窗口。

（6）在图1-11中显示DevEco Studio安装完成，让用户选择是立即启动还是稍后手工启动DevEco Studio。此处选择后者，并单击Finish按钮，完成安装。

（7）双击安装好的DevEco Studio图标，打开如图1-12所示的窗口。

（8）在图1-12中，需要确认已经阅读并且接受用户许可协议中的条款和条件，阅读完成之后单击Agree（同意）按钮，打开如图1-13所示的窗口。

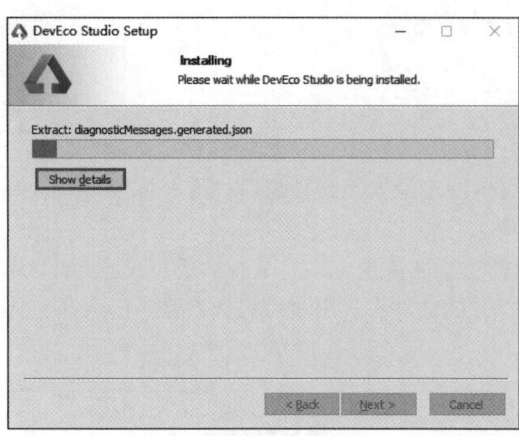

图1-10　开始安装DevEco Studio

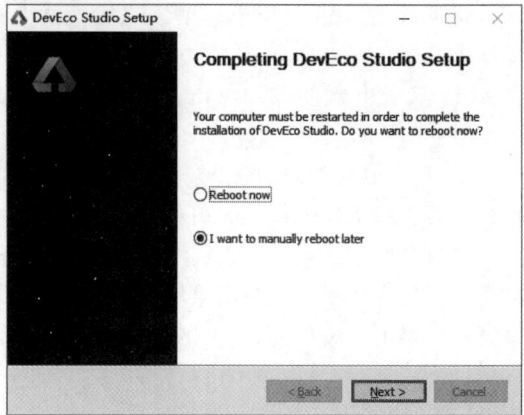

图1-11　安装完成选择启动方式

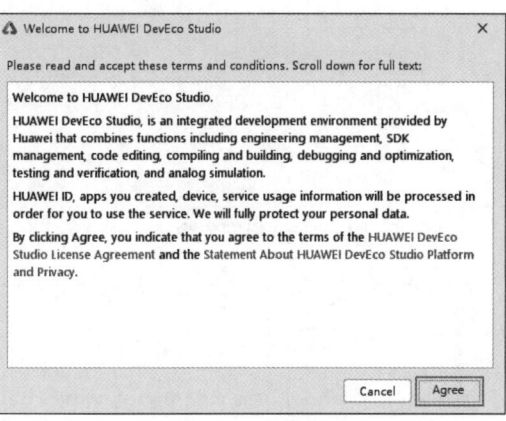

图1-12　DevEco Studio用户许可协议

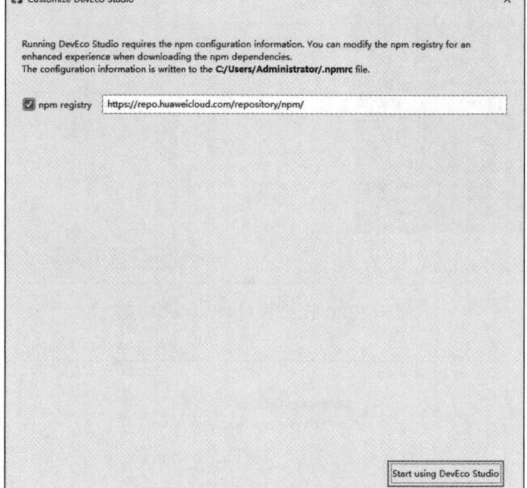

图1-13　设置npm配置信息

（9）在图1-13中，直接单击Start using DevEco Studio按钮，打开如图1-14所示的窗口，开始创建或者打开鸿蒙项目。

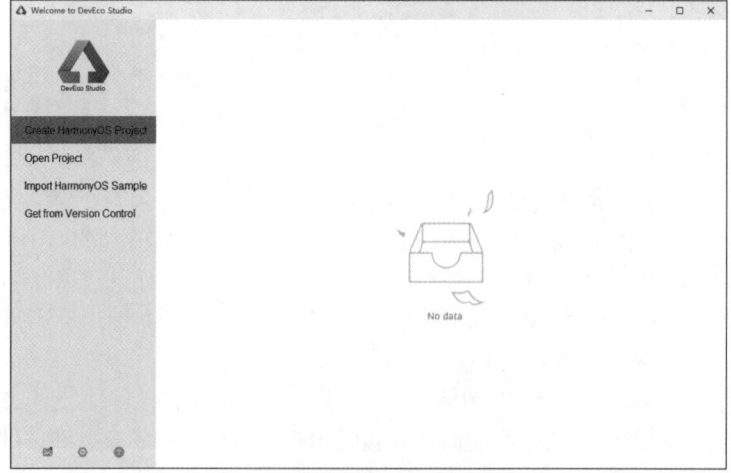

图1-14　配置DevEco Studio

1.2.2 Hello World 项目

1. 创建项目

搭建好开发环境之后，就可以创建一个新的项目。

（1）在图1-14中单击Create HarmonyOS Project菜单，打开如图1-15所示的窗口。

（2）在图1-15中，选择可用的Ability模板，此处选择Empty Ability。然后单击 Next按钮，打开如图1-16所示的窗口。

扫一扫，看视频

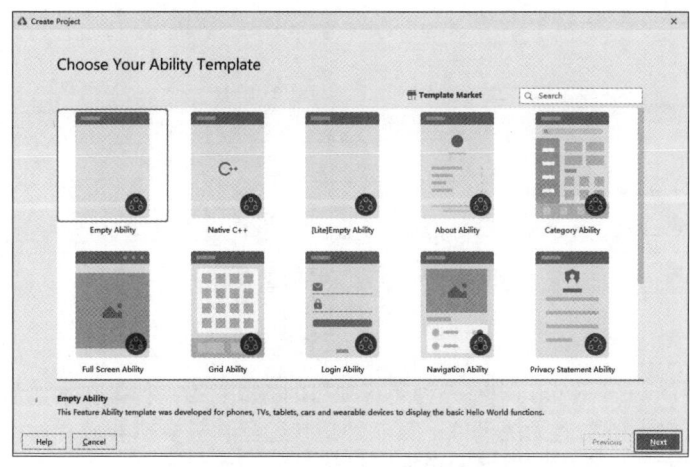

图1-15　选择可用的Ability模板

（3）在图1-16中对新创建的项目进行相关配置，包括项目名、项目类型、包名、存储位置、开发语言、Compatible API version和设备类型等。本例中定义的项目名是LydApplication；项目类型是Application；包名采用默认值com.example.lydapplication；存储位置可以任意设定，但在存储路径上不要有中文；开发语言目前支持三种：JS（JavaScript）、eTS（Extended TypeScript）、Java，此处选择JS，本书主要采用JS语言进行程序开发；Compatible API version 选择SDK：API Version 6；设备类型选择项目有Phone（手机）、Tablet（平板电脑）、TV（电视）和Wearable（穿戴设备），此处全部选中。配置完成之后单击窗口右下角的Finish按钮，此时，便创建了一个新的鸿蒙项目，如图1-17所示。

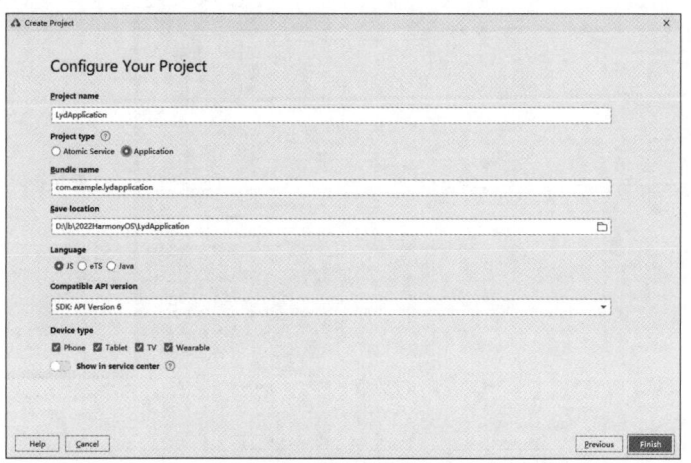

图1-16　配置项目

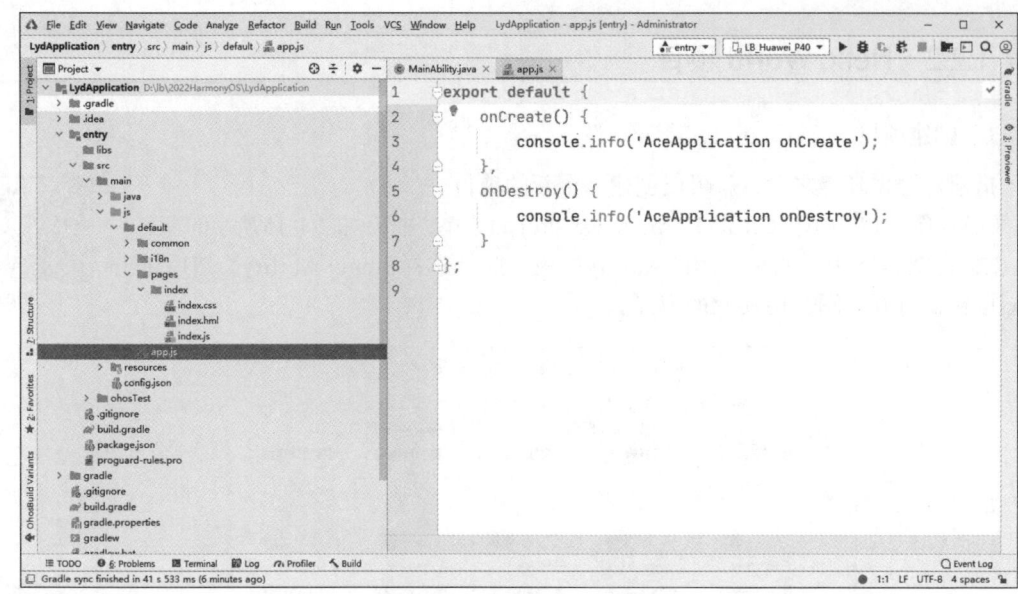

图1-17　开发工具的主页面

2. 运行项目

扫一扫，看视频

在DevEco Studio中有三种运行项目的方式：第一种是在本地预览器上进行，但其有很多设备功能无法模拟；第二种是在远程真机模拟器或者远程真机上运行；第三种是在本地真机模拟器上运行。

（1）本地预览器。使用本地预览器运行时，单击图1-17右边栏中的Previewer快捷按钮，实现的结果如图1-18所示。可以通过图1-18中的手机上方的图形按钮切换在手机、平板电脑、电视和穿戴设备上的运行结果，图1-18是在手机上的运行结果，在其他三个设备上的运行结果如图1-19所示。

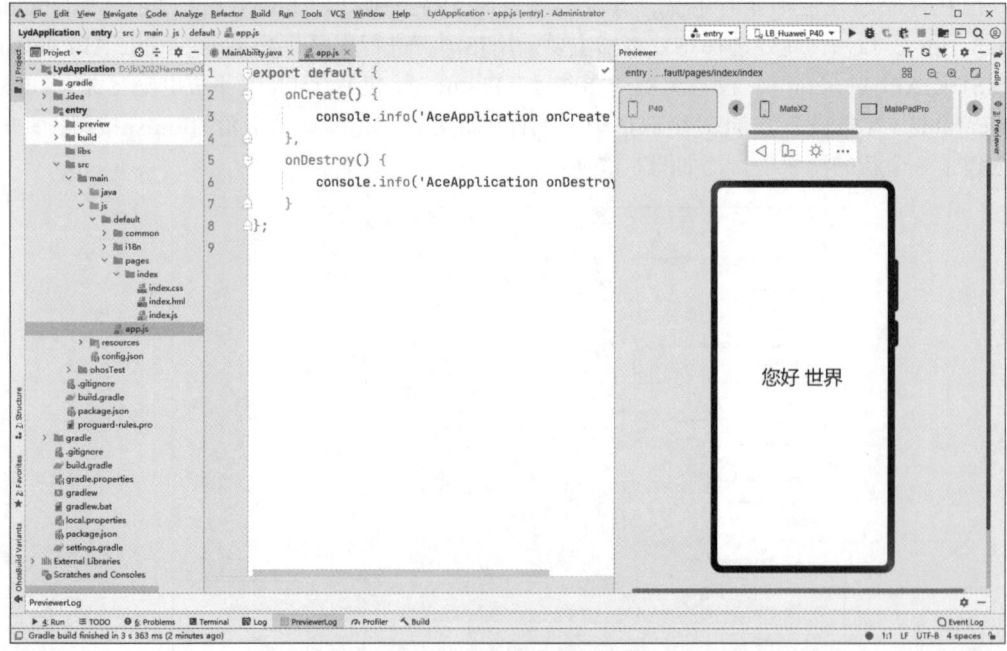

图1-18　在手机上的运行结果

图1-19 在平板电脑、电视和穿戴设备上的运行结果

（2）远程真机模拟器或者远程真机。远程真机模拟器或者远程真机是在图1-17所示的菜单中选择Tools→Device Manager，打开如图1-20所示的页面。这两种方式都需要拥有鸿蒙的账号，如果没有，则需要注册才能进行程序设计。

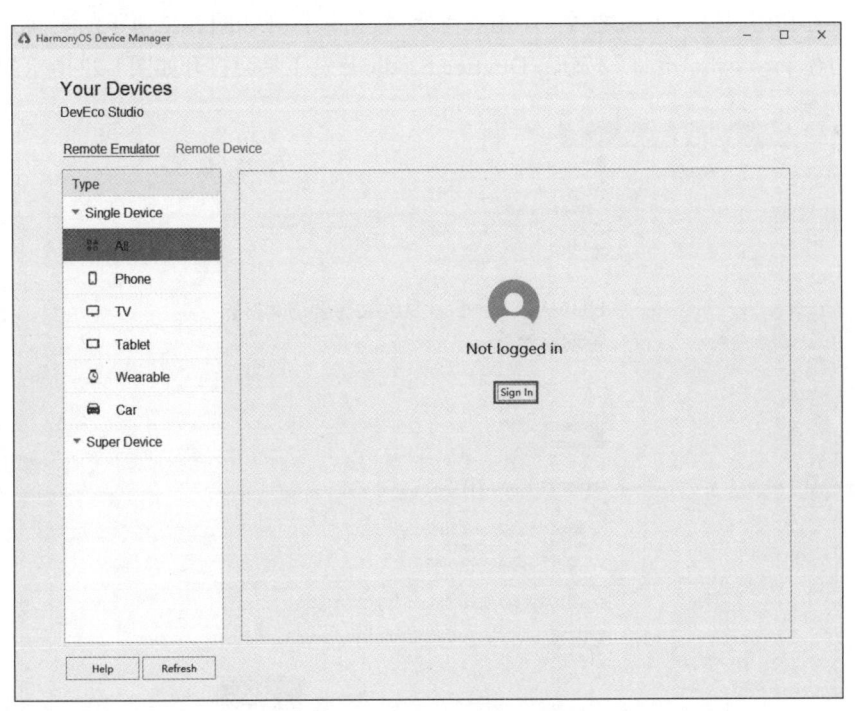

图1-20 选择远程真机模拟器

在图1-20中单击Sign In按钮，打开如图1-21所示的页面，按照提示进行登录。如果没有华为账号，单击页面中的"注册"链接去注册一个账号，如果有账号，则可以直接输入手机号和密码进行登录。如果有华为手机，则会默认自动拥有华为账号，在手机端通过"设

置"→"华为账号"扫码进行登录。

图1-21　华为账号登录

　　当手机号和密码输入正确之后，单击"登录"按钮，打开如图1-22所示的页面，让用户确认是否真的登录。单击"允许"按钮，DevEco Studio开发工具会打开如图1-23所示的页面。

图1-22　确认登录

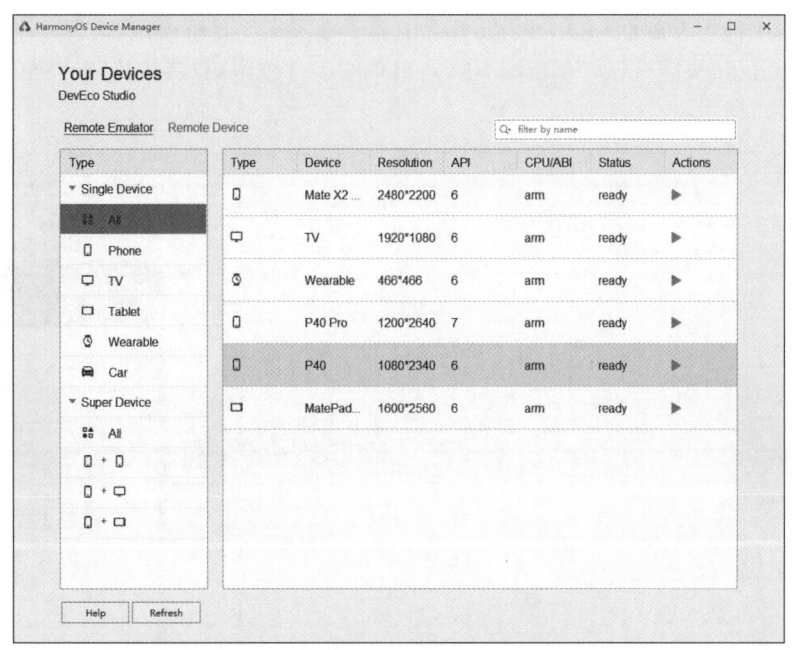

图1-23　可以运行的远程真机模拟设备

在图1-23中显示了当前版本的DevEco Studio开发工具所支持的全部远程真机模拟设备，其中P40手机设备的API支持版本6，此处必须选择支持版本6的真机设备，因为在创建本例项目时选择了API的支持版本是6（见图1-16中的Compatible API version选项）。选择需要运行的设备后单击该设备Actions下的运行▶按钮，运行当前的程序代码，如图1-24所示。

图1-24　远程真机模拟器

在图1-24中能够看到DevEco Studio开发工具呈现了远程真机模拟器，并在右边栏多了一个Remote Emulator快捷按钮。单击图1-24右上角的运行按钮▶或者按快捷键Shift+F10，其运行结果如图1-25所示。

图1-25　程序在远程真机模拟器上的运行结果

（3）本地真机模拟器。前面说明的两种方法都有各自的缺点，本地预览器有很多鸿蒙终端功能无法展示，远程真机或远程真机模拟器都必须要有鸿蒙账号，而且注册及验证非常麻烦。针对这些缺点，本书推荐使用本地真机模拟器（见图1-26左侧）进行程序验证，本地真机模拟器有以下主要优点。

图1-26　本地真机模拟器

● 本地运行，真机性能：本地真机模拟器直接运行在用户本地的个人计算机上，不需要登录授权，零延迟，也不受使用时长限制，拥有和真机一样的性能。用户可以在模拟器管理设备上根据需要的硬件类型来创建自己的专属模拟器。例如，选择模拟器的手机种类，用户可以自行调整手机模拟器的分辨率、屏幕尺寸和像素密度等参数。

● 器件仿真，全能模拟：一个完整的应用调测环境，离不开各种硬件和驱动设备，本地模拟器为鸿蒙操作系统开发者补齐了这一短板。本地真机模拟器提供了audio、battery、location等多种通用器件模拟，为开发者提供了一个近似真机的运行环境。

此外，本地真机模拟器还对华为设备提供产品专属模拟，如智能手表的旋转按压功能键，以及智慧屏的遥控器模拟等。

● 数据注入，快捷方便：本地真机模拟器提供了单独的数据注入页面，方便开发者对特定传感器进行操作，图1-26右侧的窗口为虚拟传感器模拟的操作窗口，用户可以根据需要在右侧对指定的传感器设置参数。

下面说明本地真机模拟器的安装方法。

（1）在图1-17的菜单中选择File→Settings，打开如图1-27所示的DevEco Studio的设置页面。

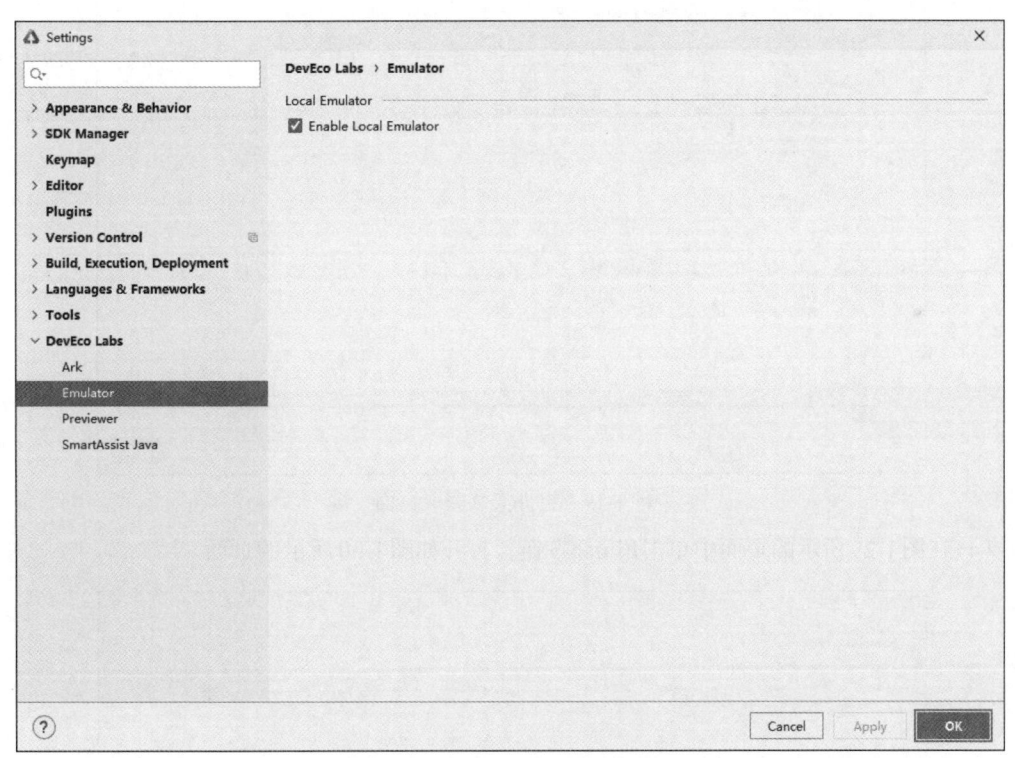

图1-27　DevEco Studio的设置页面

（2）在图1-27的左侧选择DevEco Labs→Emulator，然后勾选窗口右侧的Enable Local Emulator复选框，接着单击OK按钮，此时图1-27这一页面将消失。接下来在图1-17的菜单中选择Tools→Device Manager，打开如图1-28所示的选择安装设备的页面。

（3）将图1-28与图1-20进行对比，可以看出多了一个Local Emulator选项卡，在该选项卡中单击Install按钮来安装目前本地真机模拟器所支持的硬件设备。安装完成后会显示如图1-29所示的页面。

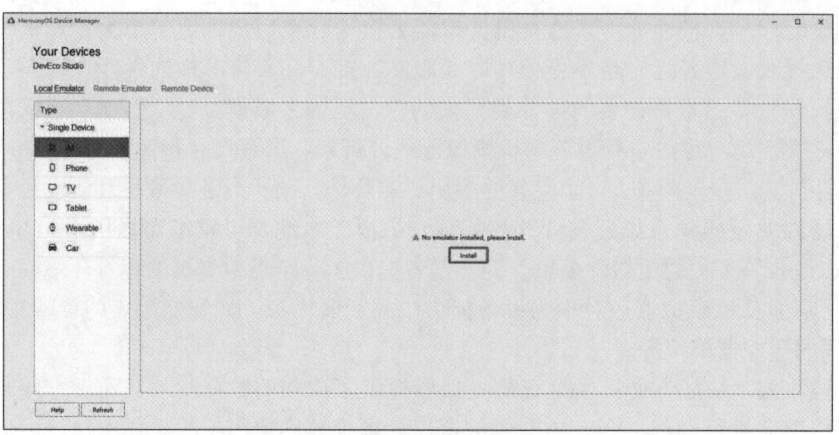

图 1-28 选择安装设备的页面

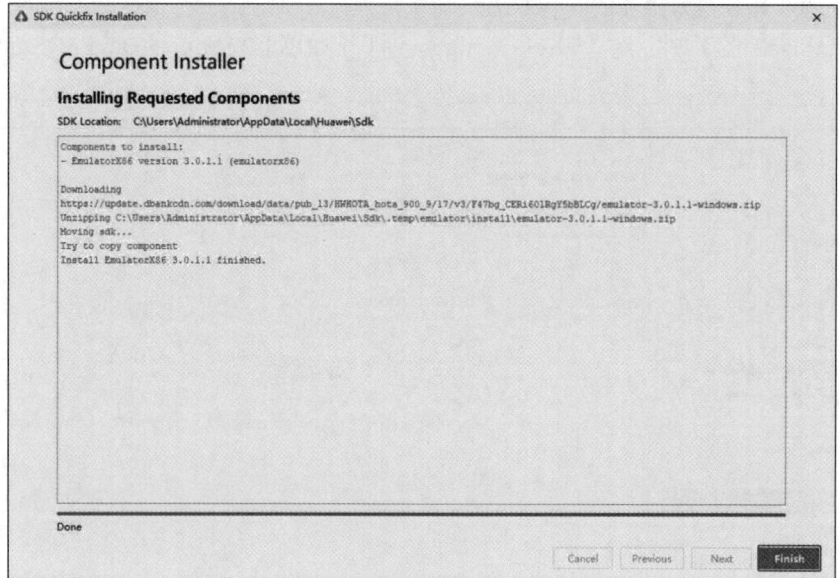

图 1-29 组件安装完成页面

(4)在图 1-29 所示的页面中单击 Finish 按钮，打开如图 1-30 所示的页面。

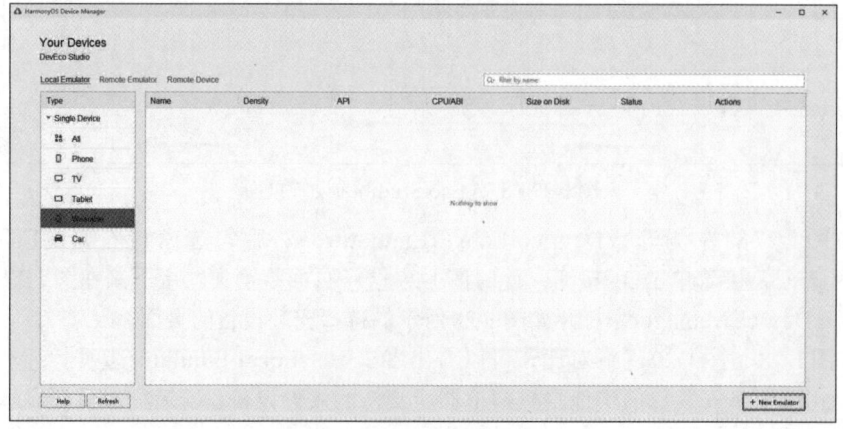

图 1-30 选择设备页面

（5）在图1-30的右下角有一个New Emulator按钮，通过该按钮可以添加新的本地真机模拟器，单击此按钮，打开如图1-31所示的页面。

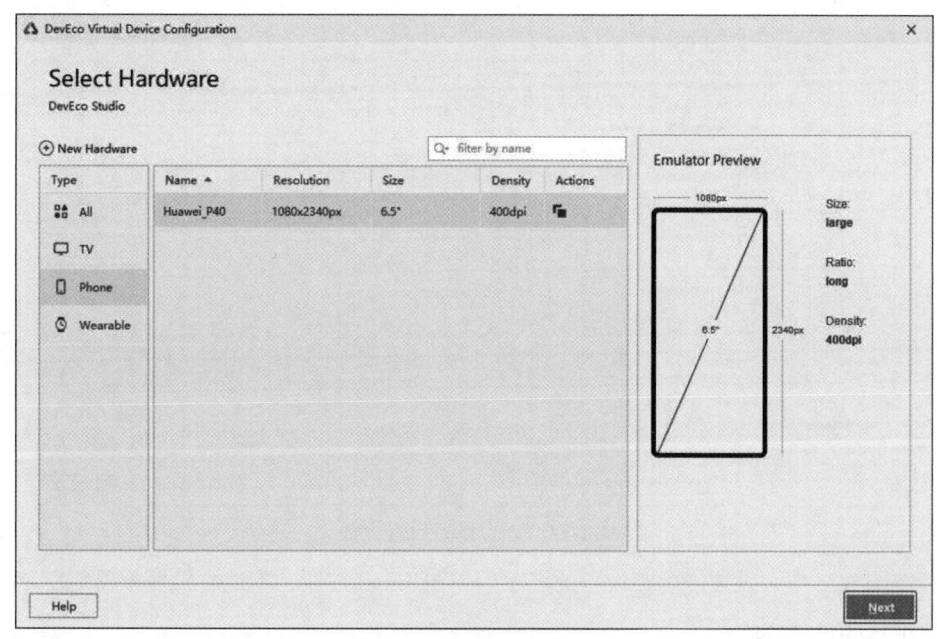

图1-31　选择硬件页面

（6）在图1-31的左侧，单击所需要添加的硬件类型。此处选择手机类型（Phone），目前的手机类型仅支持华为P40（Huawei_P40）手机设备，选中该设备并单击Next按钮打开系统镜像页面，如图1-32所示。

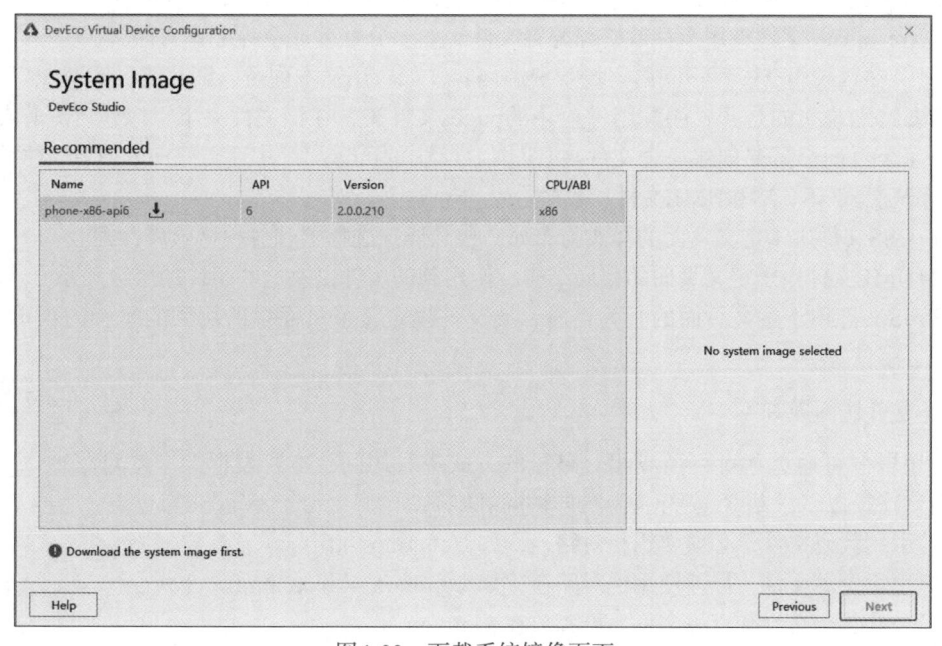

图1-32　下载系统镜像页面

（7）在图1-32中单击列表Name下的下载图标，开始下载支持本地模拟器的phone-x86-api6。下载完成后，单击图1-32右下角的Next按钮，打开如图1-33所示的虚拟设备设置页面。

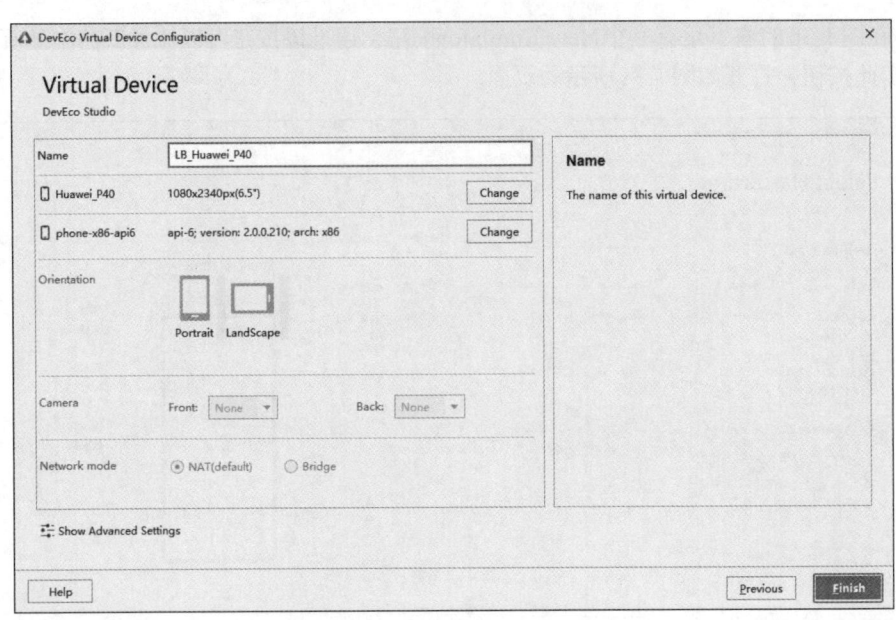

图1-33 虚拟设备设置页面

（8）在图1-33中，设置好虚拟设备的名字后单击Finish按钮，本地真机模拟器便安装成功。

3. 项目的目录结构

从图1-17中可以看到整个项目的目录结构，其中：

（1）app.js文件用于管理全局JavaScript逻辑和应用生命周期。

（2）pages文件夹用于存放所有组件页面。

（3）common文件夹用于存放公共资源文件，如媒体资源、自定义组件和JS文件。

（4）resources文件夹用于存放资源配置文件，如多分辨率加载等配置文件。

（5）i18n目录用于配置不同语言场景资源内容，如应用文本词条、图片路径等资源。

需要特别说明的是开发鸿蒙组件应用的pages文件夹，在该文件夹下可以包含1个或多个页面，每个页面都需要创建一个文件夹（见图1-17中的index），并且文件夹下包含3种类型的文件，分别是CSS、JS和HTML文件，其中：

（1）CSS文件用于定义页面的样式与布局，包含样式选择器和各种样式属性等。

（2）HTML文件用于定义页面的布局结构、使用到的组件以及这些组件的层级关系。

（3）JS文件用于定义页面的行为逻辑，此文件里定义了页面里所用到的所有的逻辑关系，如数据、事件等。

4. 文件访问规则

应用资源可通过绝对路径或相对路径的方式进行访问，本开发框架中绝对路径以"/"开头，相对路径以"./"或"../"开头。具体访问规则如下：

（1）引用代码文件，必须使用相对路径，如../common/utils.js。

（2）引用资源文件，推荐使用绝对路径，如/common/×××.png。

（3）公共代码文件和资源文件，推荐放在common下。

需要强调的是，当代码文件A需要引用代码文件B时，如果代码文件A和代码文件B位于同一目录下，则代码文件B引用资源文件时可使用相对路径，也可使用绝对路径。

如果代码文件A和代码文件B位于不同目录下，则代码文件B引用资源文件时必须使用绝对路径。因为Webpack打包时，代码文件B的目录会发生变化。另外，在JavaScript文件中通过数据绑定的方式指定资源文件路径时，必须使用绝对路径。

1.2.3 config.json 配置文件

在鸿蒙应用的每个HAP根目录中都存在一个config.json配置文件，这个配置文件主要涵盖三个方面的内容。

1. app对象的内部结构

app对象的内部结构说明如下：

（1）bundleName：表示应用的包名，用于标识应用的唯一性。包名是由字母、数字、下划线和点号组成的字符串，并且必须以字母开头，支持的字符串长度为7~127B（如com.example.myfirstapp）。

（2）vendor：表示对应用开发者的描述，并且字符串长度不超过255B，如example。

（3）version：表示应用的版本信息。其中name表示应用的版本号，取值可以自定义，长度不超过127B，自定义规则如下：

- API 5 及更早版本：推荐三段式数字版本号（也兼容两段式版本号），如A.B.C（也兼容A.B），其中A、B、C为0~999的整数。除此之外，不支持其他格式。

A段一般表示主版本号;B段一般表示次版本号;C段一般表示修订版本号。

- API 6 版本起：推荐四段式数字版本号，如A.B.C.D，其中A、B、C为0~99的整数，D为0~999的整数。

A段一般表示主版本号;B段一般表示次版本号;C段一般表示特性版本号;D段一般表示修订版本号。

例如：

```
"app": {
  "bundleName": "com.example.myfirstapp",    //包名
  "vendor": "example",                       //应用开发者
  "version": {                               //版本号
    "code": 1000000,
  } "name": "1.0.0"
}
```

2. deviceConfig对象的内部结构

deviceConfig表示在不同设备上使用何种应用配置信息，包含应用的备份恢复、网络案例等能力。例如：

```
"deviceConfig": {
  "default": {
    "network": {
      "cleartextTraffic": true              //默认支持https，设置支持http
    }
  }
}
```

3. module对象的内部结构

module对象包含HAP的配置信息，内部结构说明如下：

（1）package：表示HAP的包结构名称，在应用内需要保证唯一性，并采用反向域名格式（建议与HAP的工程目录保持一致）。

（2）name：表示HAP的类名。采用反向域名方式表示，前缀需要与同级的package标签指定的包名一致，也可采用"."开头的命名方式。

（3）mainAbility：表示HAP的入口的Ability名称。该标签的值应配置为"module > abilities"中存在的Page类型的Ability名称。

（4）description：表示HAP的描述信息。字符串长度不超过255B。如果字符串超出长度或者需要支持多语言，可以采用资源索引的方式添加描述内容。

（5）deviceType：表示允许Ability运行的设备类型。系统预定义的设备类型包括phone、tablet、tv、car（车机）、wearable、liteWearable（轻量级智能穿戴）等。

（6）distro：表示HAP发布的具体描述。

● deliveryWithInstall：表示当前HAP是否支持随应用安装。true表示支持随应用安装；false表示不支持随应用安装。

● moduleName：HAP的名称。

● moduleType：表示当前HAP的类型，包括entry、feature和har三种类型。

● installationFree：表示当前该FA是否支持免安装特性。true表示支持免安装特性，且符合免安装约束；false表示不支持免安装特性。

（7）abilities：表示当前模块内所有Ability。采用对象数组格式，每个元素表示一个Ability对象。其取值如下：

● skills：表示Ability能够接收的Intent的特征。其子属性entities表示能够接收的Intent的Ability的类别（如视频、桌面应用等），可以包含一个或多个entity；子属性actions表示能够接收的Intent的action值，可以包含一个或多个action。

● name：表示Ability名称。取值可采用反向域名方式表示，由包名和类名组成，如com.example.myfirstapp.MainAbility。

● icon：表示Ability图标资源文件的索引。取值示例：$media:ability_icon。如果在该Ability的skills属性中，actions的取值中包含action.system.home，entities的取值中包含entity.system.home，则该Ability的icon将同时作为应用的icon。如果存在多个符合条件的Ability，则取位置靠前的Ability的icon作为应用的icon。

● description：表示对Ability的描述。取值可以是描述性内容，也可以是对描述性内容的资源索引，以支持多语言。

● label：表示Ability对用户显示的名称。取值可以是Ability名称，也可以是对该名称的资源索引，以支持多语言。

● type：表示Ability的类型。取值包括page（表示基于Page模板开发的FA，用于提供与用户交互的能力）、service（表示基于Service模板开发的PA，用于提供后台运行任务的能力）、data（表示基于Data模板开发的PA，用于对外部提供统一的数据访问抽象）。

● launchType：表示Ability的启动模式。其中，standard表示该Ability可以有多个实例，standard模式适用于大多数应用场景；singleMission表示此Ability在每个任务栈中只能有一个实例；singleton表示该Ability在所有任务栈中仅可以有一个实例。

（8）js：表示基于JS UI框架开发的JS模块集合，集合中的每个元素都代表一个JS模块的信息。其中：

● pages：定义每个页面的路由信息，每个页面由页面路径和页面名组成，页面的文件名就是页面名，并且新建的页面必须在pages数组中进行定义，否则将无法在设备上运行。例如：

```
{
    ...
    "pages": [
        "pages/index/index",                                    //index页面
        "pages/detail/detail"                                   //detail页面
    ]
    ...
}
```

需要特别说明的是，pages列表中第一个页面是应用的首页，即entry入口。也就是说，必须把项目中第一个运行的页面放在pages数组的首位。另外，页面文件名不能使用组件名称，如text.hml、button.hml等。

● window：用于定义与显示窗口相关的配置。对于屏幕适配问题，有两种配置方法。

方法一：指定designWidth（屏幕逻辑宽度，在手机和智慧屏上默认为720px，智能穿戴上默认为454px），所有与大小相关的样式（如width、font-size）均以designWidth和实际屏幕宽度的比例进行缩放。例如，当designWidth为720时，如果设置width为100px，在实际宽度为1440px的屏幕上，width实际渲染为200px。

方法二：设置autoDesignWidth为true，此时designWidth字段将会被忽略，渲染组件和布局时按屏幕密度进行缩放。屏幕逻辑宽度由设备宽度和屏幕密度自动计算得出，在不同设备上可能不同，请使用相对布局来适配多种设备。例如，在466px×466px的分辨率为320dpi的设备上，屏幕密度为2（以160dpi为基准），1px等于渲染出2px。

例如：

```
"module": {
    "package": "com.example.myfirstapp",                    //包名
    "name": ".MyApplication",                               //类名
    "mainAbility": "com.example.myfirstapp.MainAbility",    //类型
    "deviceType": [                                         //运行的设备类型
        "phone",
        "tablet",
        "tv",
        "wearable"
    ],
    "distro": {
        "deliveryWithInstall": true,        //是否在应用安装时，安装此模块的 HAP
        "moduleName": "entry",
        "moduleType": "entry",              //现在是有 entry、feature、har 三种
        "installationFree": false
    },
    "abilities": [                          //Ability提供的能力
        {
            "skills": [
                {
                    "entities": [
                        "entity.system.home"
                    ],
                    "actions": [
                        "action.system.home"
                    ]
                }
            ],
            "name": "com.aos.learning.MainAbility",         //Ability名称
            "icon": "$media:icon",                          //Ability图标
            "description": "$string:mainability_description",   //Ability描述
```

```
        "label": "Learning",          //Ability标题
        "type": "page",    //Ability类型：PageAbility、ServiceAbility、DataAbility
        "launchType": "standard"  //启动模式，目前支持 standard、singleMission、singleton
      }
    ],
    "js": [
      {
        "pages": [                      //App页面的地址，第一条是启动页面
          "pages/index/index"
        ],
        "name": "default",
        "window": {
          "designWidth": 720,
          "autoDesignWidth": true
        }
      }
    ]
  }
```

config.json配置文件采用JSON文件格式，由属性和属性值两部分组成。其中，属性出现的顺序不分先后，且每个属性最多只允许出现一次；每个属性值为JSON的基本数据类型（数值、字符串、布尔值、数组、对象或者null类型）。

1.2.4 编写第一个鸿蒙程序

【例1-1】第一个鸿蒙程序

扫一扫，看视频

在本例的页面内有一个文本框组件和一个按钮框组件，通过text和button组件来实现。在文本框组件内显示"Hello World"，当用户单击button按钮组件后文本框组件的内容变成"您好，鸿蒙"并显示在设备屏幕上。本例在手机和穿戴设备预览器上执行前后的显示结果如图1-34所示。

图1-34　第一个鸿蒙程序的执行结果

本例程序的制作过程如下：

（1）在图1-17左侧的项目目录导航中右击entry → src → main → js → default → pages文件夹，打开如图1-35所示的快捷菜单。

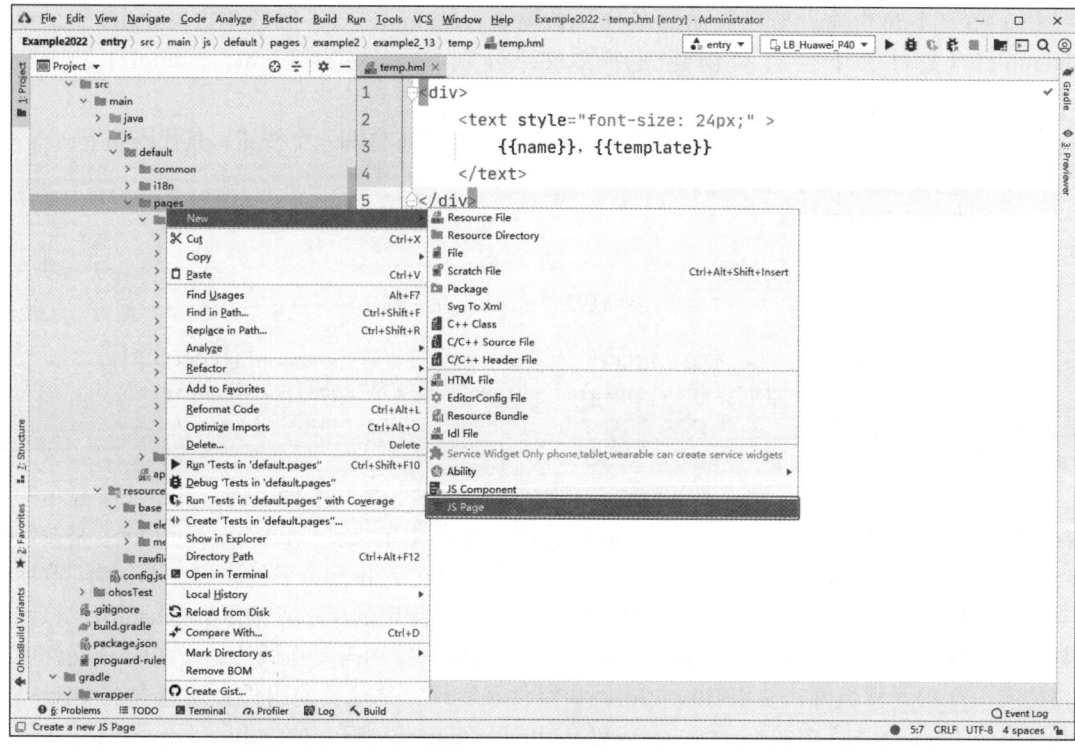

图1-35　快捷菜单

（2）在图1-35的快捷菜单中选择New→JS Page，单击JS Page后打开如图1-36所示的新建页面。

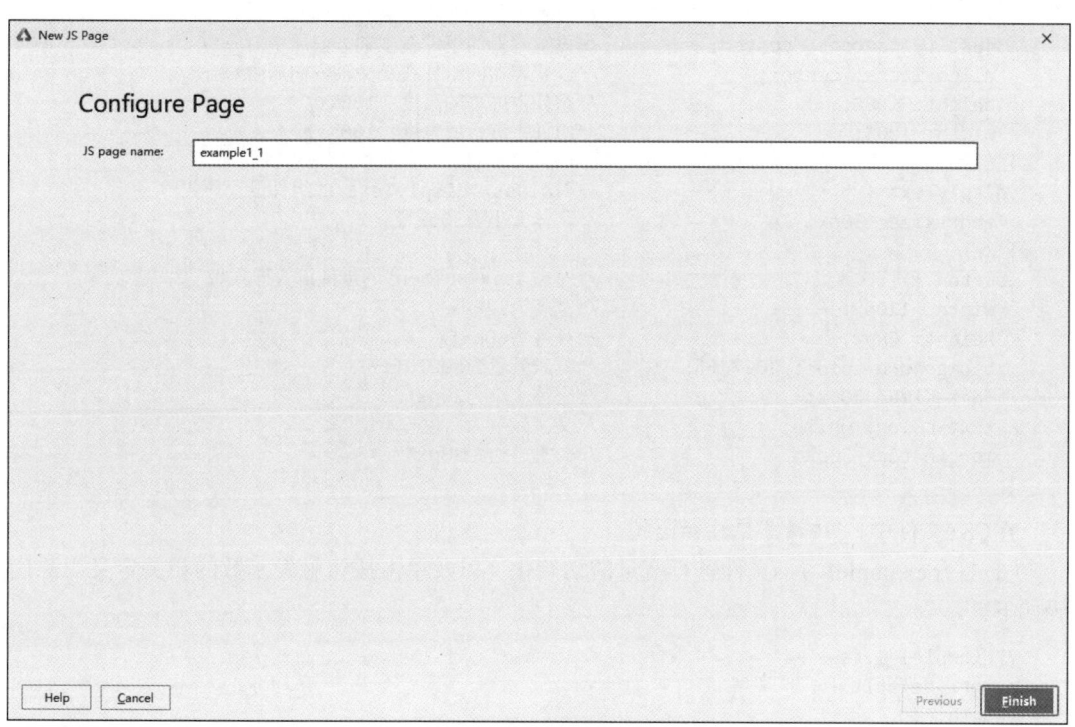

图1-36　新建页面

（3）在图1-36中输入新建页面的名称，本例输入example1_1，然后单击Finish按钮，在example1_1文件夹下会自动创建三个文件，分别是example1_1.html、example1_1.css和example1_1.js。

（4）打开example1_1.html文件，在该文件中添加一个文本框和一个按钮，其代码如下：

```html
<!-- example1_1.html -->
<div class="container">
<!-- 添加一个文本框 -->
  <text class="displyText">
    {{ myData }}           <!-- myData是文本框中显示的数据内容 -->
  </text>
  <!-- 按钮类型是capsule（胶囊形按钮），文本显示为"改变文字"，绑定onclick单击事件 -->
  <button class="button" type="capsule" value="改变文字" onclick="handle">
  </button>
</div>
```

在HTML文件中，"<!-- -->"是注释语句；"<text></text>"是文本框组件，其中文本显示的样式由displyText样式类决定，并在example1_1. css文件中定义；"<button></button>"是按钮组件，按钮类型是capsule（胶囊形按钮），按钮上显示的文字由value属性决定，本例为"改变文字"，单击按钮后的处理函数由onclick属性指定，本例指定的单击处理函数是handle，该函数的执行内容在JS文件中编写；"<div></div>"是块组件，特别需要强调的是，在HTML文件中仅能有一个根元素组件，使用<div></div>块组件来实现，其他页面组件必须包含在<div></div>块组件内，如本例中的<text></text>和<button></button>都包含在<div></div>块组件内。

（5）打开example1_1.css文件，设置文本框和按钮的样式，源代码如下：

```css
/*example1_1.css*/
.container {                    /*根组件中的样式定义*/
  flex-direction: column;       /*设置容器内的项目纵向排列*/
  justify-content: center;      /*设置容器的组件在主轴方向居中对齐*/
  align-items: center;          /*设置容器的组件在交叉轴方向居中对齐*/
  height: 100%;                 /*组件占屏幕的高度：100%*/
  width: 100%;                  /*组件占屏幕的宽度：100%*/
}
.displyText {                   /*对class="displyText"的组件设置样式*/
  font-size: 30px;              /*字体大小为30px*/
}
.button {                       /*对class="button"的组件设置样式*/
  width: 120px;                 /*宽度为120px*/
  height: 60px;                 /*高度为60px*/
  background-color: #007dff;    /*背景颜色为#007dff*/
  font-size: 20px;              /*字体大小为20px*/
  text-color: white;            /*文字颜色为白色*/
  margin-top: 20px;             /*离上外边距20px*/
}
```

在CSS文件中，"/* */"是注释语句。

（6）打开example1_1.js文件进行变量的初始化，以及单击按钮触发函数的相关定义，源代码如下：

```js
//example1_1.js
export default {
  data: {
    myData: "",                 //定义text组件上显示数据的变量
    flag: true                  //定义当前text组件上显示内容的状态标志
```

```
    },
    handle(){                                  //按钮单击事件处理函数
      if(this.flag)                            //flag标志为true
        this.myData="您好，鸿蒙"                 //则myData内容置为"您好，鸿蒙"
      else                                     //flag标志为false
        this.myData= "Hello World"             //则myData内容置为"Hello World"
      this.flag=!this.flag                     //flag标志取反
    },
    //生命周期函数onInit，当页面初始化完毕并在显示组件之前执行该函数
    onInit(){
      this.myData="Hello World"                //初始化数据myData的内容是"Hello World"
    }
}
```

在JS文件中，"//"是注释语句。

1.3 DevEco Studio开发工具的使用

1.3.1 鸿蒙操作系统应用开发流程

使用DevEco Studio，只需要按照如下几步，即可轻松开发并上架一个鸿蒙操作系统应用到华为应用市场。

1. 开发准备

在进行鸿蒙操作系统应用开发前，开发者需要注册一个华为开发者账号，并完成实名认证，实名认证方式分为"个人实名认证"和"企业实名认证"。关于注册和实名认证的指导可以参考注册与实名认证华为开发者账号。

下载HUAWEI DevEco Studio，一键完成开发工具的安装。开发工具安装完成后，还需要设置开发环境，对于绝大多数开发者来说，只需要下载HarmonyOS SDK即可；只有少部分开发者，如在企业内部访问Internet受限，需要通过代理进行访问，那么就需要设置对应的代理服务器才能下载HarmonyOS SDK。

2. 开发应用

DevEco Studio集成了Phone、Tablet、TV、Wearable、LiteWearable等设备的典型场景模板，可以通过工程向导轻松创建一个新工程。

接下来还需要定义应用的UI、开发业务功能等编码工作，可以根据鸿蒙操作系统应用开发概述来查看具体的开发过程，通过查看API接口文档查阅需要调用的API接口。

在开发代码的过程中，可以使用预览器来查看UI布局效果。预览器支持实时预览、动态预览、双向预览等功能，可以使编码的过程更加高效。

3. 运行、调试和测试应用

应用开发完成后，使用真机进行调试或者使用模拟器进行调试，支持单步调试、跨设备调试、跨语言调试、变量可视化调试等功能，可以使应用调试的过程更加高效。

鸿蒙操作系统应用开发完成后，在发布到应用市场前，还需要对应用进行测试，主要包括漏洞、隐私、兼容性、稳定性、性能等测试，确保鸿蒙操作系统应用纯净、安全，从而给用户

带来更好的使用体验。

4. 发布应用

鸿蒙操作系统应用开发一切就绪后，需要将应用发布至华为应用市场，以便应用市场对应用进行分发，普通消费者就可以通过应用市场获取到对应的鸿蒙操作系统应用。

1.3.2 编辑器使用技巧

扫一扫，看视频

DevEco Studio编辑器（以下简称"编辑器"）支持多种语言对鸿蒙操作系统进行应用开发，包括Java、JS、eTS。在编写应用阶段，可通过掌握代码编写的各种常用技巧来提升编码效率。

1. 代码高亮

编辑器支持对代码关键字、运算符、字符串、类名称、接口名、枚举值等进行高亮颜色显示，可以在菜单栏中选择File→Settings，在弹出的设置窗口的左侧选择Editor→Color Scheme自定义各语义高亮显示颜色（见图1-37）。

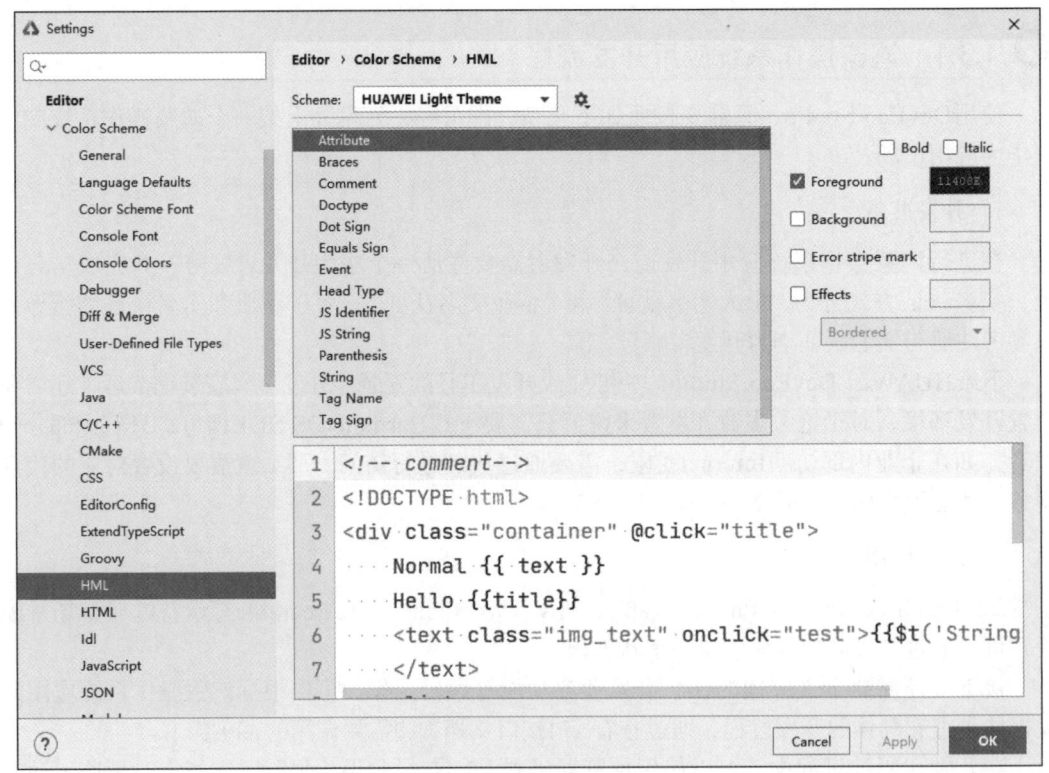

图1-37　代码高亮设置

同时还可以对变量名和参数名进行语义高亮显示，默认情况下为关闭状态。在图1-37中选择Editor→Color Scheme→Language Defaults→Semantic highlighting，在打开的页面中把语义高亮开关打开即可。

2. 代码错误检查

如果输入的语法不符合编码规范，或者出现拼写错误，编辑器会实时地进行代码分析，并在代码中突出显示错误或警告，并给出对应的修改建议，如图1-38所示。

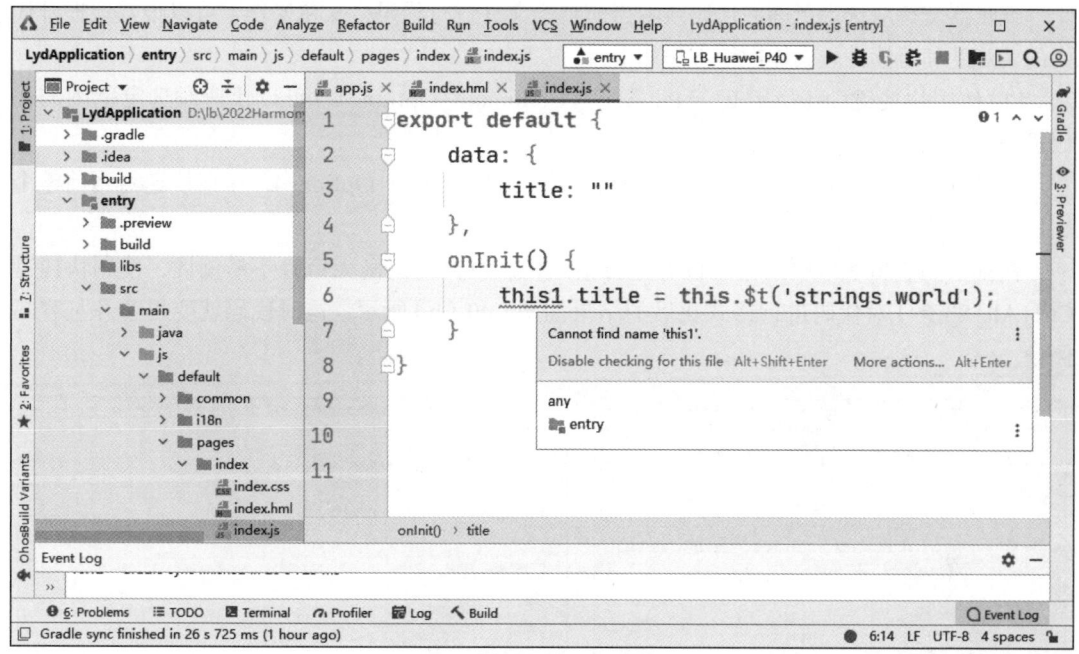

图1-38 代码错误检查

3. 代码自动跳转

在编辑器中，按住Ctrl键，并单击代码中的函数、参数、变量等名称，就可以自动跳转到定义处。

例如，在图1-39中需要知道strings.hello定义的内容，按住Ctrl键并单击strings.hello变量，此时弹出了选择定义位置的快捷菜单，因为在本项目中有两处strings.hello变量，编辑器会给出提示让用户来选择。如果仅有一处变量定义，将会直接跳转到定义的位置。

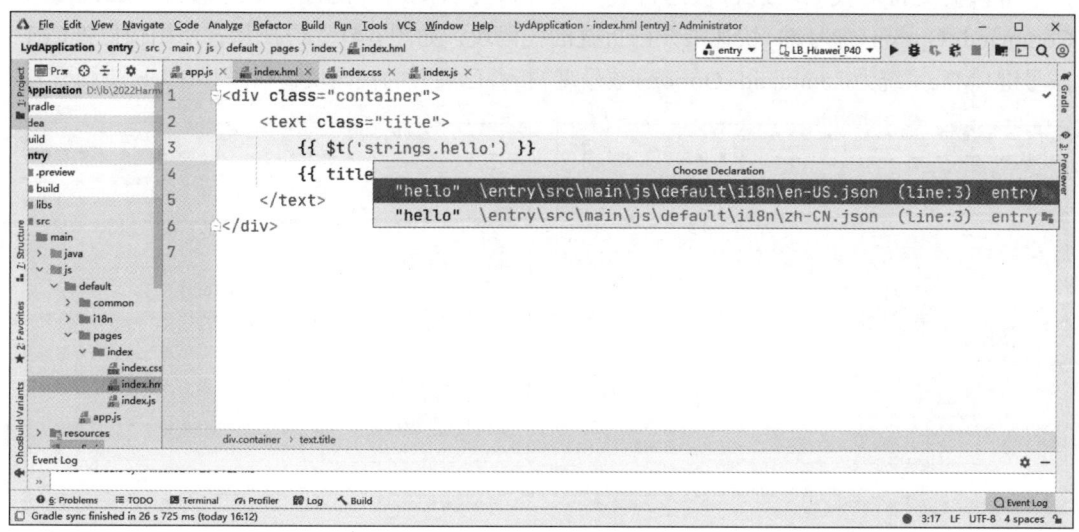

图1-39 代码自动跳转

鸿蒙系统概述

4. 代码格式化

编辑器支持对选定范围的代码或者当前整个文件进行代码格式化操作，可以很好地提升代码的美观度和可读性。具体操作方法如下：

（1）使用快捷键Ctrl+Alt+L（Mac系统为Command+Option+L）可以快速对选定范围的代码进行格式化。

（2）使用快捷键Ctrl+Alt+Shift+L（Mac系统为Command+Option+L）可以快速对当前整个文件进行格式化。

例如，图1-40（a）中的代码没有进行格式化，就显得杂乱无章且不易阅读，使用快捷键Ctrl+Alt+Shift+L对代码进行格式化后的结果如图1-40（b）所示，这时代码就变得整齐且容易阅读。

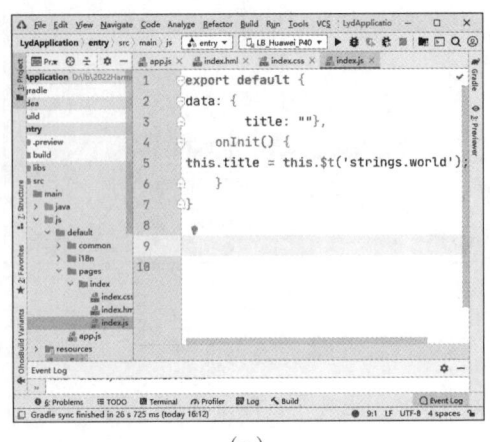

（a）　　　　　　　　　　　　　　　（b）

图1-40　代码格式化

5. 代码折叠

编辑器支持对代码块进行快速折叠和展开，可以使用快捷键Ctrl+加号键（Mac系统为Command+Option+加号键）快速展开已折叠的代码块，如图1-41（a）所示；使用快捷键Ctrl+减号键（Mac系统为Command+Option+减号键）折叠已展开的代码块，如图1-41（b）所示。

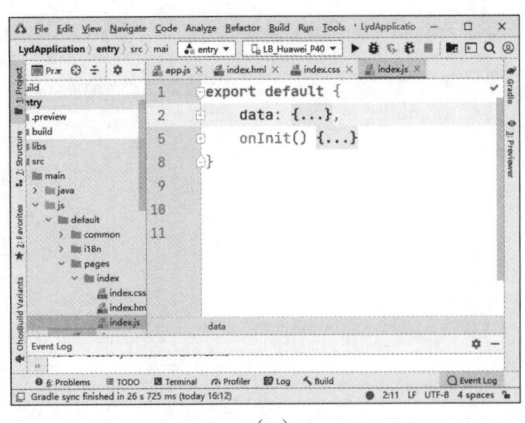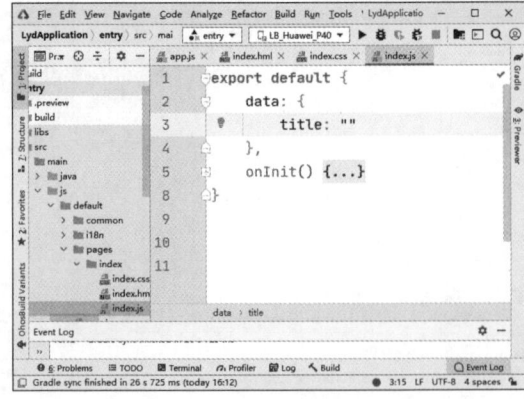

（a）　　　　　　　　　　　　　　　（b）

图1-41　代码块的折叠和展开

6. 代码快速注释

编辑器支持对选择的代码块进行快速注释，使用快捷键Ctrl+ /（Mac系统为Command+ /）快速对代码进行注释，如图1-42（a）所示，对于已注释的代码块，再次使用快捷键Ctrl+ /可以取消注释，如图1-42（b）所示。

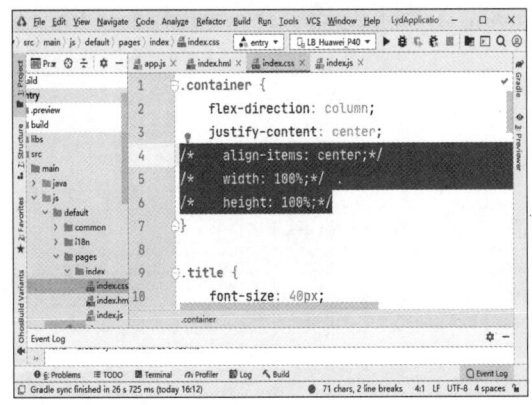
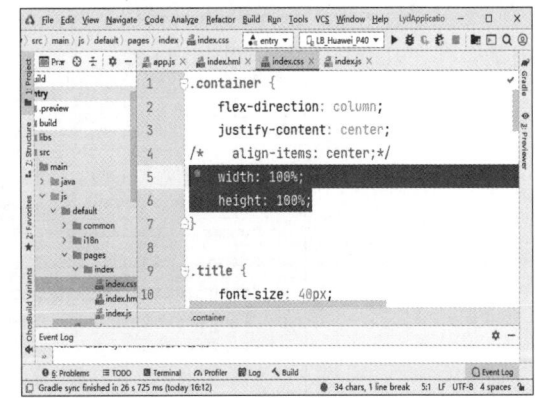

（a）　　　　　　　　　　　　　　（b）

图1-42　代码快速注释

1.3.3　程序调试

1. 设置调试类型（Debug type）

调试类型在默认情况下为Detect Automatically，编辑器支持对Java、JS、JS+Java混合工程进行调试。在JS+Java混合工程中，如果需要单独调试Java代码，就要手动修改Debug Type为Java。修改调试类型的方法是选择Run→Edit Configurations→Debugger，打开如图1-43所示的对话框，在HarmonyOS App中选择相应模块，即可进行Java/JS的调试配置。

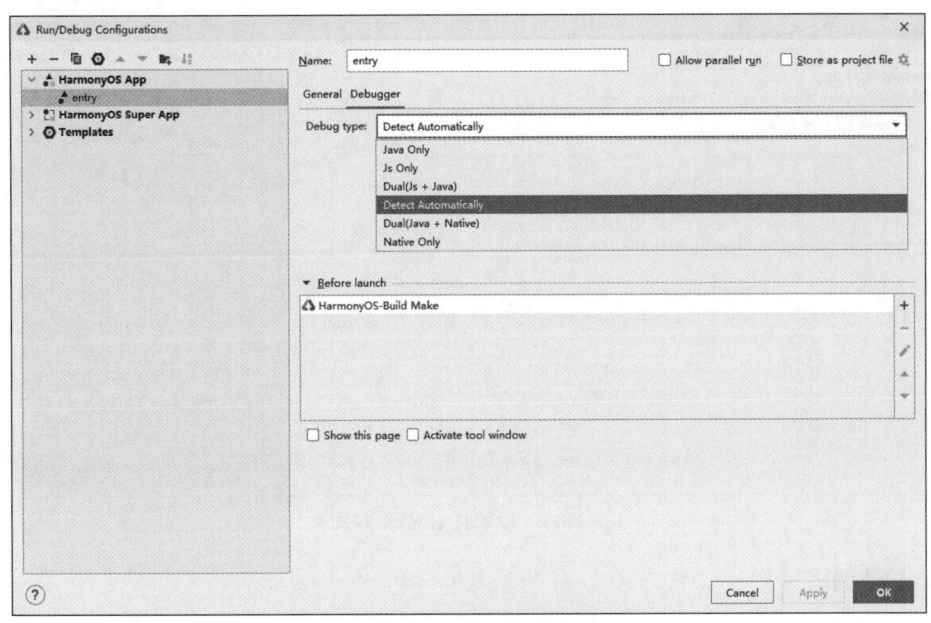

图1-43　设置调试类型

2. 检查config. json文件属性

在启动Feature模块调试前，请检查Feature模块下的config.json文件的abilities数组是否存在visible属性，如果不存在，则需要手动添加，否则Feature模块的调试无法进入断点。Entry模块的调试不需要做该检查。

在工程目录中，选择Feature模块下的src → main → config.json文件，可以检查abilities数组是否存在visible属性，如图1-44所示。

```
"abilities": [
  {
    "skills": [...],
    "visible": true,
    "name": "com.example.lydapplication.MainAbility",
    "icon": "$media:icon",
    "description": "$string:mainability_description",
    "label": "$string:entry_MainAbility",
    "type": "page",
    "launchType": "standard"
  }
],
```

图1-44　检查config.json文件

3. 设置HAP安装方式

在调试阶段，HAP在设备上的安装方式有两种，可以根据实际需要进行设置。这两种方式如下：
（1）先卸载应用后，再重新安装，该方式会清除设备上所有应用的缓存数据（默认安装方式）。
（2）采用覆盖安装方式，不卸载应用，该方式会保留应用的缓存数据。

设置方法是选择Run→Edit Configurations，设置指定模块的HAP安装方式，如图1-45所示，勾选 Replace existing application复选框，则表示采用覆盖安装方式，保留应用的缓存数据。

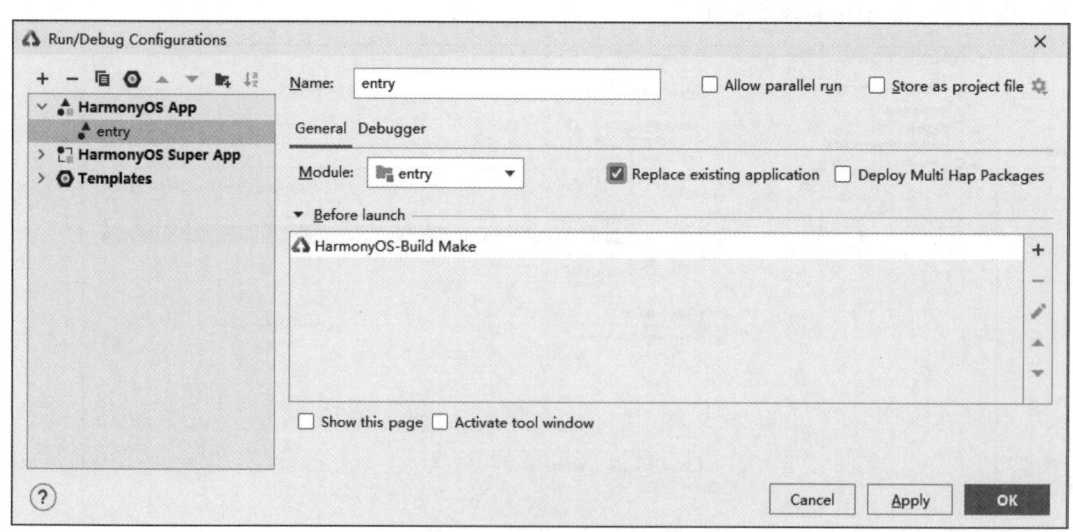

图1-45　设置HAP安装方式

4. 启动调试

（1）在工具栏中（见图1-46）选择调试的设备并单击Debug按钮 或Attach Debugger to

Process按钮🐞启动调试。

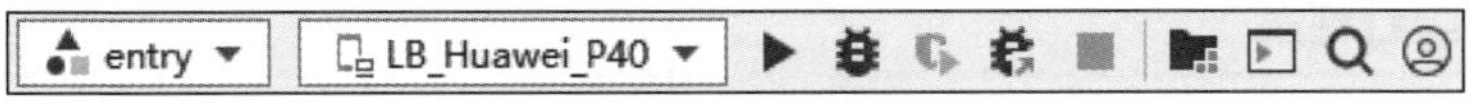

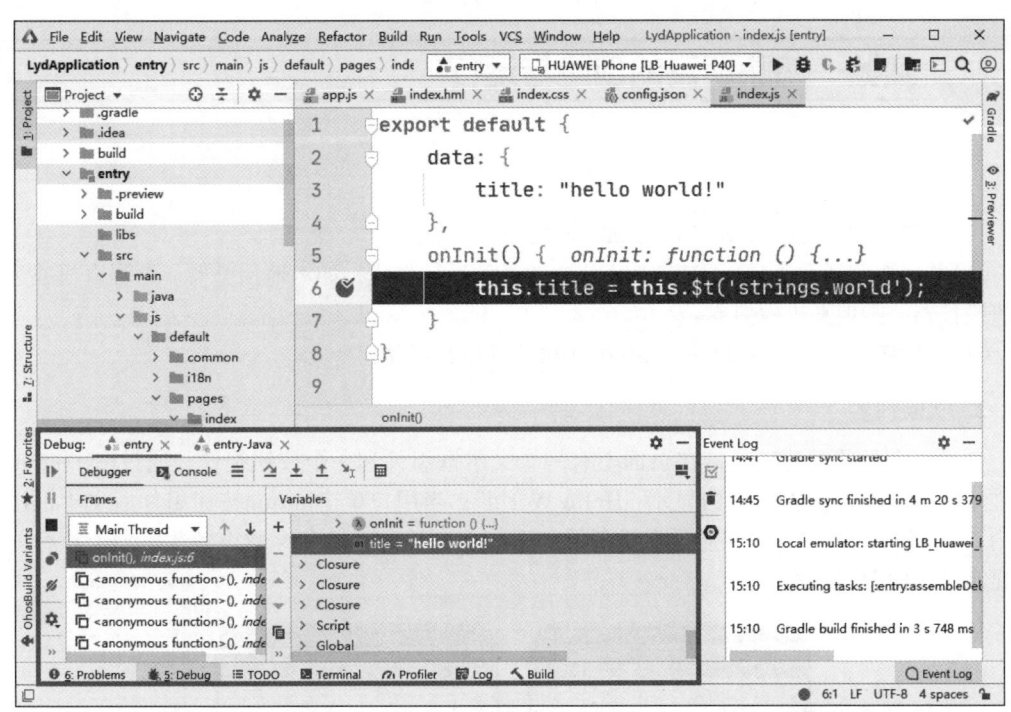

图1-46 启动调试

需要说明的是，Attach Debugger to Process可以先运行应用，然后再启动调试，或者直接启动设备上已安装的应用进行调试；而Debug则是直接运行应用后立即启动调试。目前JS代码不支持Attach Debugger to Process调试。

（2）如果需要设置断点调试，则需要选定要设置断点的有效代码行，在行号（如第6行）后的区域，单击设置断点（见图1-47中的🐞），设置断点后调试能够在正确的断点处中断，并高亮显示该行。

图1-47 设置断点调试

（3）启动调试后，开发者可以通过调试器（在图1-47左下方的粗体矩形框内）进行代码调试。调试器按钮的功能说明见表1-1。

表1-1 调试器按钮的功能

按钮	名 称	快捷键	功 能
▷	Resume Program	F9	当程序执行到断点时停止执行，单击此按钮后，程序会继续执行
⌒	Step Over	F8	在单步调试时，直接前进到下一行（如果在函数中存在子函数，不会进入子函数内单步执行，而是将整个子函数当作一步执行）
⤓	Step Into	F7	在单步调试时，遇到子函数后，进入子函数并继续单步执行
⤒	Step Out	Shift+F8	在单步调试执行到子函数内时，单击此按钮会执行完子函数剩余部分，并跳出返回到上一层函数
■	Stop	Ctrl+F2	停止调试任务

1.4 本章小结

　　鸿蒙操作系统是新一代的智能终端操作系统，为不同设备的智能化、互联与协同提供了统一的语言，给用户带来简捷、流畅、连续、安全可靠的全场景交互体验。

　　本章主要讲解了鸿蒙应用开发的一些基本概念，主要包括鸿蒙开发工具DevEco Studio的安装方法、DevEco Studio的使用技巧、DevEco Studio创建和调试项目的方法。在本章中，读者应重点体会HML、CSS和JS文件在一个页面中各自起到的作用，以及如何在多个页面中指定一个页面作为项目应用的首页面。

1.5 实验　鸿蒙项目的创建与运行

1. 实验目的

　　（1）掌握鸿蒙开发工具DevEco Studio的使用方法。

　　（2）掌握鸿蒙开发工具DevEco Studio中的各种运行方式，如本地预览器、远程真机或远程真机模拟器、本地真机模拟器。

　　（3）掌握鸿蒙开发工具DevEco Studio中的运行调试方法。

2. 实验内容

　　创建一个新的鸿蒙项目，在页面上有一个文本框组件和一个按钮组件，通过text和button组件来实现。在文本框组件内显示"Hello World"，当用户单击button按钮组件后文本框组件的内容变成"Hello 鸿蒙"并显示在设备屏幕上。本实验在手机和穿戴设备预览器上执行前后的显示结果如图1-48所示。

图1-48　实验执行前后的显示结果

第 2 章

页面内容——HML 基础

本章学习目标：

HML 是在鸿蒙应用开发中用于在鸿蒙设备上显示页面内容的文件。通过对本章的学习，大家应该掌握以下主要内容：

- HML 的文件结构。
- HML 的常用组件。
- HML 的语法。
- HML 的事件处理。

本章知识结构

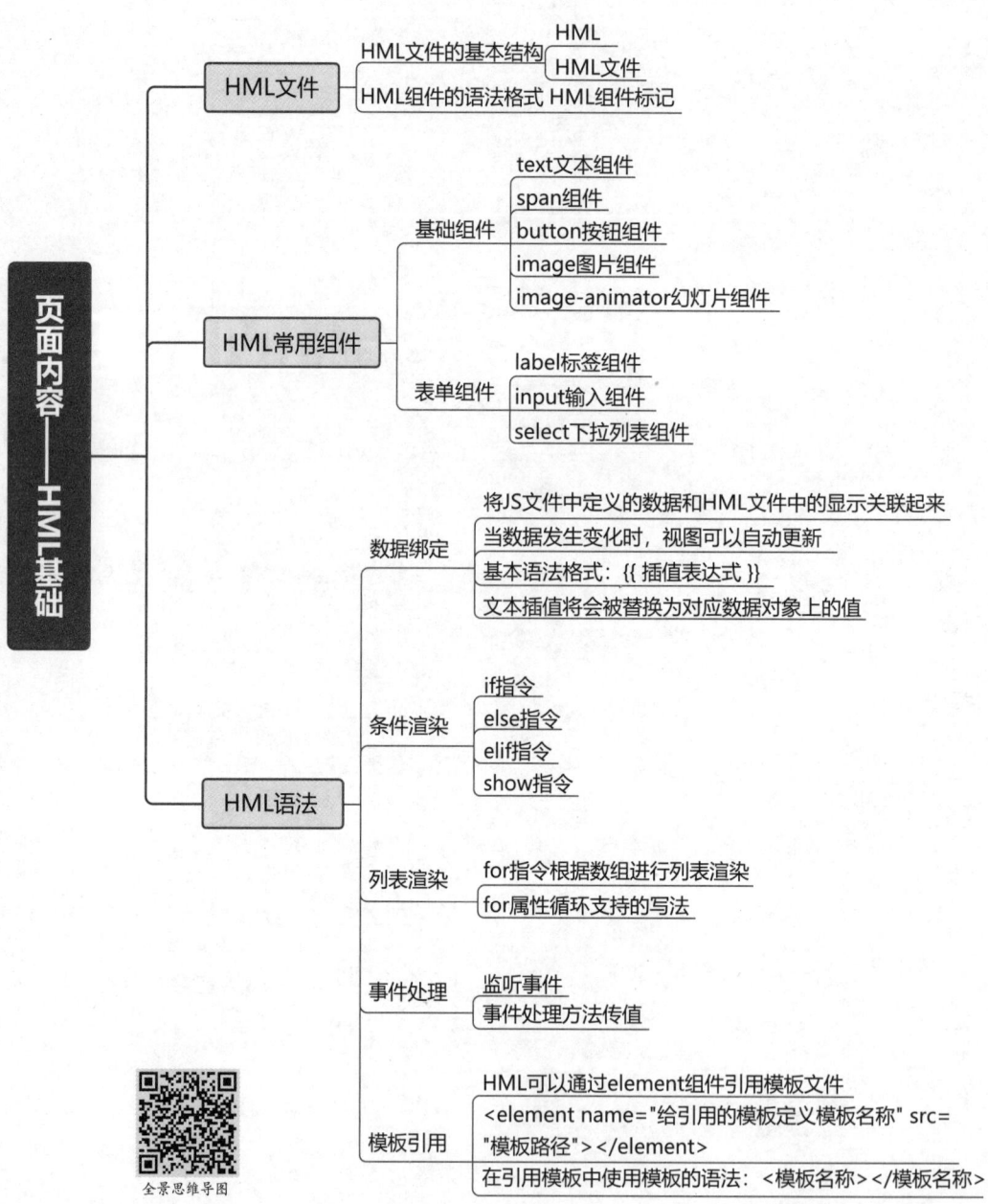

- 页面内容——HML基础
  - HML文件
    - HML文件的基本结构
      - HML
      - HML文件
    - HML组件的语法格式 HML组件标记
  - HML常用组件
    - 基础组件
      - text文本组件
      - span组件
      - button按钮组件
      - image图片组件
      - image-animator幻灯片组件
    - 表单组件
      - label标签组件
      - input输入组件
      - select下拉列表组件
  - HML语法
    - 数据绑定
      - 将JS文件中定义的数据和HML文件中的显示关联起来
      - 当数据发生变化时，视图可以自动更新
      - 基本语法格式：{{ 插值表达式 }}
      - 文本插值将会被替换为对应数据对象上的值
    - 条件渲染
      - if指令
      - else指令
      - elif指令
      - show指令
    - 列表渲染
      - for指令根据数组进行列表渲染
      - for属性循环支持的写法
    - 事件处理
      - 监听事件
      - 事件处理方法传值
    - 模板引用
      - HML可以通过element组件引用模板文件
      - <element name="给引用的模板定义模板名称" src="模板路径"></element>
      - 在引用模板中使用模板的语法：<模板名称></模板名称>

全景思维导图

2.1 HML文件

⬡ 2.1.1 HML 文件的基本结构

HML（HarmonyOS Markup Language，鸿蒙操作系统标记语言）是一套类HTML（超文本标记）的标记语言，通过组件、事件构建出页面的内容。页面具备数据绑定、事件绑定、列表渲染、条件渲染和逻辑控制等高级能力。

HML文件是标准的ASCII文件，其后缀名为.hml，并且HML文件中的标记一般采用小写，标准的HML文件标记一般都是成对出现的。在HML文件中，必须且仅能有一个标记元素`<div></div>`作为根组件标记，其中`<div>`是HML文件的开头，`</div>`表示HML文件的结尾，其他的组件标记都必须包含在根组件标记中。

【例2-1】HML文件的基本结构

在本例中定义HML文件的基本结构，并显示一段文字。其在手机设备上的显示结果如图2-1所示。

```
<!--example2_1.hml-->
<div>                          <!--HML文件的根元素-->
  <text style="color: red;">    <!--<text>元素，用于在页面上显示文字，并且为红色-->
    Hello HarmonyOS World!
  </text>
</div>
```

扫一扫，看视频

图2-1　程序执行结果

需要说明的是，在`<div>`组件标记内是不能够直接在设备上显示文字的，必须把要显示的文字放在`<text>`组件标记内。`<text>`组件中的style属性用于定义在`<text>`组件标记内的文字的颜色，由图2-1可以看出，文字Hello HarmonyOS World!使用红色显示（由于本书采用双色印刷，所设置的颜色无法按实际结果显示，读者在操作过程中注意运用即可，余同）。

2.1.2 HML 组件的语法格式

HTML组件用于描述页面内容，也可以对页面对象样式进行简单的设置。所有组件都是由一对尖括号（"<"和">"）和标记名构成的，并分为开始标记和结束标记。开始标记使用"<标记名>"表示，结束标记使用"</标记名>"表示。在开始标记中使用"属性="属性值""格式进行属性设置，结束标记不能包含任何属性。组件标记中的标记名用来在页面中描述页面对象，属性和属性值用来提供HTML组件标记的相关信息。

HTML组件标记的语法格式如下：

<标记名 属性="属性值" 属性="属性值"...> ... </标记名称>　　　　　（语法2-1）

例如，把页面的背景颜色设置为黄色：

```
<div  style="background-color: yellow;" >
    ...
</div>
```

通常组件标记都具有默认属性，当一个组件标记中只包含标记名时，组件将使用其默认属性。例如，文本框<text>存在一个默认的居左对齐样式。

HTML组件标记对之间的内容通常就是HTML组件设置的内容，其中的内容可以是普通的文本，也可以是嵌套的其他组件标记。组件的style属性可以对组件所设置的内容进行一些简单样式的设置，如对文字颜色、字号、字体等样式进行设置。通过给属性设置不同的值，可以获得不同的样式效果。一个组件标记中可以包含任意多个属性，不同属性之间使用空格分隔，例如：

```
<input type="button" style="color:#ff0000;">登录</input>
```

对于HTML组件标记，属性值可以使用引号括起来，其中引号既可以是单引号，也可以是双引号。例如，type='button'及type="button"都是正确的。但需注意的是，引号必须成对使用，不能一边使用双引号，另一边使用单引号，并且要保证使用的引号必须是在英文输入法状态下输入的。

在<input type="button" style="color:#ff0000;">中定义的属性，含义是按钮文字颜色为红色。在HTML中对颜色定义可使用三种方法，即直接颜色名称、十六进制颜色代码、十进制RGB码。

（1）直接颜色名称：可以在代码中直接写出颜色的英文名称。例如，<text style="color: blue;" ></text>表示在设备上显示的文字为蓝色。

（2）十六进制颜色代码：语法格式为"#RRGGBB"。参数值前的"#"号表示后面使用的是十六进制颜色代码，这种颜色代码由三部分组成，前两位十六进制数代表红色，中间两位十六进制数代表绿色，最后两位十六进制数代表蓝色。不同的取值代表不同的颜色，取值范围是一个字节所能表示的十六进制数（即00~FF）。例如，<text style="color: #ff0000;" >正文</text>表示在设备上显示的"正文"文字为红色。

（3）十进制RGB码：语法格式为RGB(RRR,GGG,BBB)。在这种表示法中，后面3个参数分别是红色、绿色、蓝色，其取值范围是一个字节数的十进制表示方法，即0~255。以上两种表达方式可以相互转换，标准是十六进制与十进制的相互转换。例如，<text style="color: rgb(255,0,0);" ></text>表示在设备上显示的文字为红色。

2.2 HML常用组件

2.2.1 基础组件

1. text文本组件

text文本组件用于显示一段文本，一般把需要显示的文本内容写在该组件内，例如：

```
<text>
  Hello HarmonyOS World!
</text>
```

该组件内仅允许嵌套<span>子组件，不支持<text>组件内同时存在文本内容和<span>子组件，如果同时存在，则只显示<span>子组件内的内容。<text>组件支持的常规属性见表2-1。

表2-1　<text>组件支持的常规属性

名　称	类　型	默认值	必　填	描　述
id	string	—	否	组件的唯一标识
style	string	—	否	组件的样式声明
class	string	—	否	组件的样式类，用于引用样式表
ref	string	—	否	用来指定指向子元素或子组件的引用信息，该引用将注册到父组件的 $refs 属性对象上
disabled	boolean	false	否	当前组件是否被禁用，在禁用场景下，组件将无法响应用户交互
focusable	boolean	false	否	当前组件是否可以获取焦点。当 focusable 为 true 时，组件可以响应焦点事件和按键事件。当组件额外设置了按键事件或者单击事件时，框架会设置该属性为 true

2. span组件

span组件作为<text>子组件提供文本修饰能力，支持常规的通用属性，但不支持focusable和disabled属性。

【例2-2】文字的修饰

在本例中，将一段文字的前面半句使用默认颜色文字（如手机是黑色，穿戴设备是白色），后面半句使用红色。该例在手机和穿戴设备上的显示结果如图2-2所示。

扫一扫，看视频

```
<!--example2_2.html-->
<div class="container">
  <text>
    <span>默认颜色文字</span>
    <span style="color: red;">红色文字</span>
  </text>
</div>
```

图2-2　文字的修饰

需要说明的是，如果没有最外层的<text>组件，则<span>子组件内的文字将不能正常显示。

3. button按钮组件

<button>是按钮组件标记。根据<button>组件中type属性的取值不同，按钮将呈现出不同的样式，包括胶囊形按钮、圆形按钮、文本按钮、弧形按钮、下载按钮等。另外，type属性不支持动态修改，如果该属性默认，则显示为胶囊形按钮，该属性取值如下：

（1）capsule：胶囊形按钮，带圆角按钮，有背景色和文本。

（2）circle：圆形按钮，支持放置图标。

（3）text：文本按钮，仅包含文本显示。

（4）arc：弧形按钮，仅支持智能穿戴。

（5）download：下载按钮，额外增加下载进度条功能，仅支持手机和智慧屏。

value属性用于设置按钮上显示的文字，但circle类型的按钮不支持value属性；icon属性用于设置图标按钮的图片路径，图标格式为jpg、png和svg；如果将waiting属性设置为true，则会展现等待中并转圈的效果，位于文本左侧，对于download类型的按钮不生效，不支持智能穿戴设备。

【例2-3】按钮样式

扫一扫，看视频

　　在本例中，定义了鸿蒙设备所能使用的按钮样式，并且对其中的下载按钮制作了点击事件触发，也就是说，当用户点击该按钮时，将在JS文件中执行setProgress( )函数，在该函数中设置当前下载的进度值，每点击一次加10%。大家应重点体会HTML文件中按钮的设置方法以及相关属性的使用方法。其在手机设备上的显示结果如图2-3所示。

```
<!--example2_3.hml-->
<div class="div-button">
  <button class="button" type="capsule" value="新用户注册"></button>
  <button class="button" style="background-color: white;"
```

```
          type="circle" icon="/common/images/job.png" ></button>
  <button class="button download" type="download" id="download-btn"
        onclick="setProgress">{{downloadText}}</button>
  <button class="button" type="capsule" waiting="true">Loading</button>
</div>
```
```
/*example2_3.css*/
.div-button {
  flex-direction: column;                    /*组件按列排*/
  align-items: center;                        /*交叉轴上居中对齐*/
}
.button {
  margin-top: 15px;                           /*上外边距是15px*/
}
```
```
<!--example2_3.js-->
export default {
  data: {                                    //定义数据变量, 变量定义之间用逗号隔开
    progress: 5,                             //变量progress的初值是5
    downloadText: "Download"                 //变量downloadText的初值是"Download"
  },
  setProgress(e) {                           //按钮的事件处理函数
    this.progress += 10;                     //变量progress加10
    this.downloadText = this.progress + "%"; //设置进度条中显示的文字
    //设置进度条的背景色进度
    this.$element('download-btn').setProgress({progress: this.progress});
    if (this.progress >= 100) {
      this.downloadText = "Done";            //当下载的数据大于100时, 显示完成Done
    }
  }
}
```

图2-3　按钮

需要特别说明的是，在JS文件中所定义的函数如果要读取Data对象中定义的变量或其他函数，需要使用this指针进行访问，示意语句如下：

```
this.变量
this.函数名(参数)
```

4. image图片组件

是图片组件，用来渲染展示图片。用<image>组件的src属性指出图片的路径，该路径支持本地和云端路径，允许的图片格式包括png、jpg、bmp、svg和gif。<image>组件除支持通用样式外，还有一个非常重要的object-fit属性，其取值如下：

（1）cover：保持宽高比进行缩小或放大，使得图片两边都大于或等于显示边界，居中显示。

（2）contain：保持宽高比进行缩小或放大，使得图片完全显示在显示边界内，居中显示。

（3）fill：不保持宽高比进行缩小或放大，使得图片填充显示边界。

（4）none：保持原有尺寸进行居中显示。

（5）scale-down：保持宽高比居中显示，图片缩小或保持不变。

【例2-4】设置图片显示风格

在本例中，设置了几种不同object-fit属性值的图片，大家应仔细体会这几种属性值图片在鸿蒙设备上的显示结果，如图2-4所示。

扫一扫，看视频

```
<!--example2_4.hml-->
<div class="container">
  <image  src="/common/images/bg-tv.jpg"  style="object-fit: contain;">
  </image>
  <image  src="/common/images/bg-tv.jpg"  style="object-fit: cover;">
  </image>
  <image  src="/common/images/bg-tv.jpg"  style="object-fit: fill;">
  </image>
  <image  src="/common/images/bg-tv.jpg"  style="object-fit: none;">
  </image>
  <image  src="/common/images/bg-tv.jpg"  style="object-fit: scale-down;">
  </image>
</div>
----------------------------------------------------------------------
<!--example2_4.css-->
.container {
  flex-direction: column;          /*容器内的组件垂直排列*/
  justify-content: center;         /*容器内的组件垂直方向居中对齐*/
  align-items: center;             /*容器内的组件水平方向居中对齐*/
  left: 0px;                       /*与左边界的距离是0*/
  top: 0px;                        /*与顶端的距离是0*/
  width: 100%;                     /*宽度占屏幕宽度的100%*/
  height: 100%;                    /*高度占屏幕高度的100%*/
}
.container image{
  width: 150px;                    /*图片组件宽度为150px*/
  height: 150px;                   /*图片组件高度为150px*/
  border: 1px solid red;           /*图片组件边框宽度为1px、实心线、红色*/
  margin-top: 5px;                 /*图片组件上外边距为5px*/
}
```

图2-4　图片显示

5.　image-animator幻灯片组件

<image-animator>幻灯片组件是图片帧动画播放器。该组件的images属性用于设置图片的帧信息集合，每一帧的帧信息包含图片路径、图片大小和图片位置信息，目前支持的图片格式有png、jpg。需要特别说明的是，使用时需要用到数据绑定的方式，如images = {{imageFrame}}，JS文件中用对象数组方式进行数据定义，其使用的语句如下：

```
imageFrame: [
  {src: "/common/heart-rate01.png"},
  {src: "/common/heart-rate02.png"}
]
```

在鸿蒙App6以上的版本中可以单独说明每一帧图片的时长（单位为ms），声明变量的方法如下：

```
images: [
  {src: "/common/heart-rate01.png", duration: "100"},
  {src: "/common/heart-rate02.png", duration: "200"}
]
```

<image-animator>组件的fixedsize属性用于设置是否将图片大小固定为组件大小。设置为true时，表示图片大小与组件大小一致，此时设置图片的width、height、top 和left属性是无效的；设置为false时，表示每一张图片的 width、height、top和left属性都要单独设置。

<image-animator>组件的duration属性用于设置单次播放时长，默认单位为ms。当duration取值为0时，表示不播放图片，并且值改变只会在下一次循环开始时生效。

<image-animator>组件支持的方法见表2-2。

表2-2 <image-animator> 组件支持的方法

名 称	描 述
start	开始播放图片帧动画。再次调用，重新从第1帧开始播放
pause	暂停播放图片帧动画
stop	停止播放图片帧动画
resume	继续播放图片帧
getState	获取播放状态。取值有 playing（播放中）、paused（已暂停）、stopped（已停止）

【例2-5】幻灯片的制作

扫一扫，看视频

　　在本例中，制作8张图片交替更换的幻灯片，交替完成的时间是32s。大家应当仔细体会图片的路径设置方法以及时间的定义。其在穿戴设备上的几种图片交替的显示结果如图2-5所示。

```
<!--example2_5.hml-->
<div class="container">
  <image-animator class="animator" images="{{frames}}" duration="32s" />
</div>
----------------------------------------------------------------
/*example2_5.css*/
.container {
  flex-direction: column;
  justify-content: center;
  align-items: center;
}
.animator {
  width: 70px;
  height: 70px;
}
----------------------------------------------------------------
//example2_5.js
export default {
  data: {
    frames: [
      {src: "/common/images/homelb.png"},
      {src: "/common/images/home.png"},
      {src: "/common/images/joblb.png"},
      {src: "/common/images/job.png"},
      {src: "/common/images/melb.png"},
      {src: "/common/images/me.png"},
      {src: "/common/images/vadiolb.png"},
      {src: "/common/images/vadio.png"}
    ],
  }
}
```

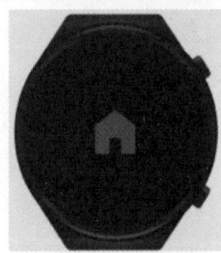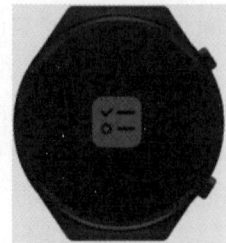

图2-5 幻灯片

2.2.2 表单组件

1. label标签组件

label标签组件为input、button、textarea组件定义相应的标注，点击该标注时会触发绑定组件的点击效果。该组件除了支持通用属性外，还支持target属性，该属性的取值是绑定组件的属性ID值。该组件的使用示例如下：

```
<label target="radioId">radio</label>
<input id="radioId" type="radio" name="group" value="group"></input>
```

2. input输入组件

<input>组件是用于与用户进行交互的组件，即供用户输入信息，包括单选按钮、复选框、普通按钮和单行文本框等。input标记定义的语法格式如下：

```
<input type="..." name="..." value="..." checked="...">
```

其中，type属性用来说明提供给用户进行信息输入的类型，其可能的取值见表2-3。

表 2-3　input 标记中的 type 属性值及说明

属 性 值	说 明
text	定义单行文本框
password	定义密码输入框
radio	定义单选按钮
checkbox	定义复选框
button	定义普通按钮
email	定义用于 E-mail 地址的字段
date	定义 date 控件（包括年、月、日，不包括时间）
time	定义用于输入时间的控件（不带时区）
number	定义用于输入数字的字段

需要特别说明的是，智能穿戴仅支持button、radio、checkbox2类型。

【例2-6】注册页面的制作

注册页面中包括用户名和密码的输入以及性别和爱好的选择，用户输入完成后点击"注册"按钮，把用户输入或选中的选项以对话框的形式显示出来。在此例中，大家应着重注意制作这些输入组件的方法。关于组件的显示样式和读取输入数据的方法，则要结合后续章节进行学习。该例在手机上的显示结果如图2-6所示。

扫一扫，看视频

```
<!--example2_6.html-->
<div class="content">
  <input id="inputUser1" class="input" type="text" maxlength="20"
      placeholder="请输入用户名" onchange="changeUser"></input>
  <input id="inputPwd1" class="input" type="password"
      placeholder="请输入密码"></input>
  <div class="myRow">
    <text class="title">性别：</text>
    <input id="inputMan" type="radio"  name="sex" value="0"
          onchange="onRadioChange('0')"></input>
    <label target="inputMan">男</label>
```

```
            <input id="inputWoman" type="radio" name="sex" value="1"
                   onchange="onRadioChange('1')" ></input>
            <label target="inputWoman" >女</label>
        </div>
        <div class="myRow">
            <text class="title">爱好: </text>
            <input id="music" type="checkbox"  name="hobby1" onchange="onCheckboxChange(0)">
            </input>
            <label target="music">音乐</label>
            <input id="badminton" type="checkbox" name="hobby2" onchange=
            "onCheckboxChange(1)"></input>
            <label target="badminton">羽毛球</label>
            <input id="football" type="checkbox" name="hobby3" onchange=
            "onCheckboxChange(2)"></input>
            <label target="football">足球</label>
        </div>
        <input type="button" onclick="buttonClick" value="注    册"></input>
</div>
```

```css
/*example2_6.css*/
.content {
  flex-direction: column;
  justify-content: center;
  width: 100%;
  height: 100%;
}
.input {
  placeholder-color: gray;
  font-weight: 600;
  margin-top: 30px;
}
label{
  font-size: 16px;
  margin-right: 10px;
}
.title{
  font-size: 18px;
  font-weight: 600;
}
.myRow{
  margin: 20px 15px;
}
```

```js
//example2_6.js
import prompt from '@system.prompt'
export default {
  data:{
    inputUser:'123',
    inputPwd:'123',
    inputSex: '',
    myHobby:['','',''],
    hobbys:['音乐','羽毛球','足球']
  },
  changeUser(e){
    this.inputUser=e.value
  },
```

```
changePwd(e){
  this.inputPwd=e.value
},
onRadioChange(value,e){
  if(e.value==='0') this.inputSex='男'
  else this.inputSex='女'
},
onCheckboxChange(value,e){
  if(e.checked){
    this.myHobby[value]=this.hobbys[value]
  } else {
    this.myHobby[value]=""
  }
},
buttonClick(){
  prompt.showToast({
    message:"用户名: " + this.inputUser+",密码: " + this.inputPwd+', 性别: '+this.
    inputSex+', 爱好: '+this.myHobby,duration: 6000,
  });
}
}
```

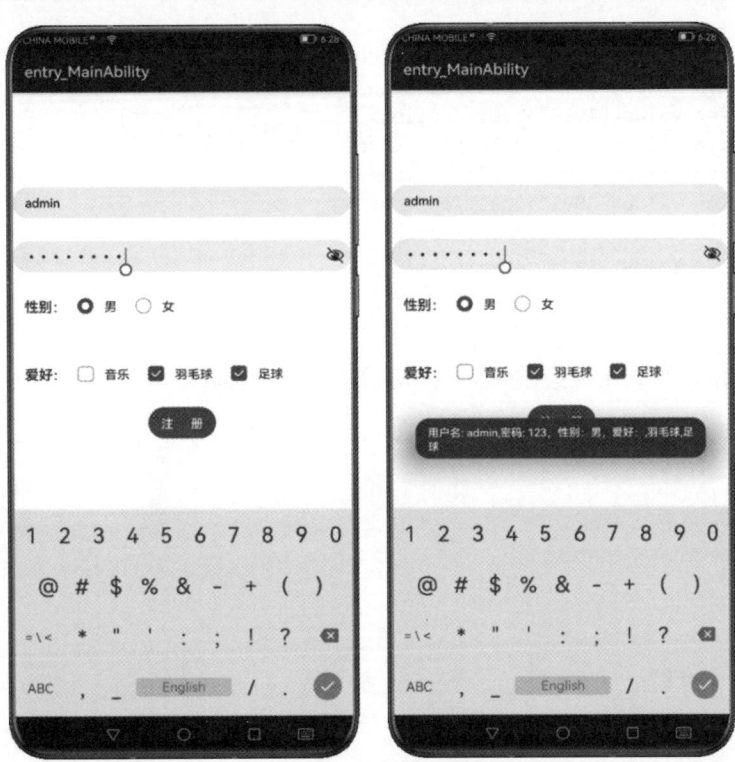

图2-6 输入数据并点击"注册"按钮前后的显示结果

3. select下拉列表组件

<select>是下拉列表组件，可让用户在多个选项之间进行选择。<select>组件标记的语法格式如下：

```
<select name="" >
```

```
      <option value="选项1">选项1</option>
        ...
      <option value="选项n">选项n</option>
</select>
```

在\<select\>组件的开始标记和结束标记之间，通过option组件确定下拉列表选项，有几个选项就需要有几个option组件，选项的具体内容写在每个option之后。option组件的某个选项如果需要默认被选中，可以在该option组件中定义selected属性为true。

需要强调的是，智能穿戴设备不支持\<select\>组件，option组件只能作为select下拉列表组件和menu目录组件的子组件，并且\<select\>组件不支持click事件。

【例2-7】下拉列表的制作

在本例中利用\<select\>组件制作列表，供用户选择出生年份，并将选择的结果显示出来。该例在手机上的选择年份前后的显示结果如图2-7所示。

```
<!--example2_7.hml-->
<div class="container">
  <div>
    <text class="title">
        出生年：
    </text>
    <select name="birthYear" onchange="changeSelected">
      <option value="1998">1998</option>
      <option value="1999">1999</option>
      <option value="2000" selected="true">2000</option>
      <option value="2001">2001</option>
      <option value="2002">2002</option>
      <option value="2003">2003</option>
      <option value="2004">2004</option>
      <option value="2005">2005</option>
    </select>
  </div>
  <text  class="title">您选择的是：{{mySelected}}</text>
</div>
--------------------------------------------------------------
/*example2_7.css*/
.container {
  flex-direction: column;
  justify-content: center;
}

.title {
  font-size: 20px;
  text-align: center;
}
--------------------------------------------------------------
//example2_7.js
export default {
  data: {
    mySelected: '2000'
  },
  changeSelected(e){              //下拉列表选择发生变化后触发该事件
    this.mySelected=e.newValue    //读取用户所选中的值e.newValue
  }
}
```

图2-7　下拉列表

2.3 HML语法

2.3.1 数据绑定

数据绑定就是将JS文件中定义的数据和HTML文件中的显示关联起来，当数据发生变化时，视图可以自动更新。数据绑定最常见的形式就是使用Mustache语法（双大括号）的文本插值，其基本语法格式如下：

```
{{插值表达式}}
```

文本插值将会被替换为对应数据对象上的值。当绑定数据对象上的值发生变化时，插值处的内容也会被更新。

例如，在JS文件中定义title数据，使用的语句如下：

```
export default {
  data: {
    title: 'World'
  }
}
```

在HTML文件中利用"{{}}"输出title数据对象上的值，使用的语句如下：

```
<div class="container">
  <text class="title">
```

```
    Hello {{title}}
  </text>
</div>
```

双大括号内的title会被相应的数据对象（即在JS文件中定义的title数据值）替换，当JS文件中的title数据值发生变化时，HML文件中的双大括号内的title值也会随之变化，并且会自动更新HML文件显示的内容。

【例2-8】电子表的制作

在本例中，通过修改JS文件中定义的数据，让其自动在HML文件中刷新页面以达到显示电子表的效果。该例在手机和穿戴设备上的显示结果如图2-8所示。

```html
<!-- example2_8.hml -->
<div class="container">
    <text class="title">
        {{getTime}}
    </text>
</div>
```

扫一扫，看视频

```css
/*example2_8.css*/
.container {
  justify-content: center;
  align-items: center;
  height: 100%;
  width: 100%;
}
.title {
  font-size: 30px;
  text-align: center;
}
```

```js
//example2_8.js
export default {
  data: {
    getTime: ''                          //定义数据getTime
  },
  two(x){
    return x>9?x:'0'+x                    //当参数大于9时返回原值，否则返回前面加0的两位字符
  },
  setTime(){
    let now=new Date()                   //读取当前鸿蒙设备中的系统时间
    this.getTime=this.two(now.getHours())+':'+this.two(now.getMinutes())+
    ':'+this.two(now.getSeconds())       //把时间转换为"XX:XX:XX"的格式
  },
  onInit(){
    setInterval(this.setTime,1000)       //每秒读取一次时间
  }
}
```

图2-8　电子表

本例中使用JS的setInterval()函数，该函数的语法格式如下：

```
setInterval(函数名,定时时间)
```

该函数的含义是当到达定时时间（单位为ms）后执行指定的函数。

2.3.2　条件渲染

1. if指令

if指令用于有条件性地渲染内容，被渲染的内容只会在指令的表达式返回为true时进行显示。例如，下面的语句是当数据flag为true时，才会显示标签<text></text>之间的文本内容，其示意语句如下：

```
<text if="{{flag}}">
  Now you see me
</text>
```

2. else指令

使用else指令来表示if的"else 块"。例如，下面的语句是当数据flag为false值，才会显示第二个<text></text>标签之间的内容，其示意语句如下：

```
<text if="{{flag}}">
    flag取值为true时显示
</text>
<text else>
    flag取值为false时显示
</text>
```

另外，else元素必须紧跟在带if或elif的元素后面，否则将不会被识别。

3. elif指令

elif指令是充当if的"else-if 块"，可以连续使用。当if/elif/else三条分支中的某一条件成立时，其后的内容才会被显示。特别强调的是当使用if/elif/else写法时，节点必须是兄弟组件节点，并且这几个组件元素之间不能插有其他组件元素，否则编译无法通过。例如，下面的语句是当数据type取值为B时，会显示拥有elif属性的<text></text>标签之间的内容，其示意语句如下：

```
<text if="{{type === 'A'}}">
  A
</text>
<text elif="{{type === 'B'}}">
  B
</text>
<text elif="{{type === 'C'}}">
  C
</text>
<text else>
  Not A/B/C
</text>
```

【例2-9】电子表和日期的切换显示

扫一扫，看视频

在本例中，利用if/else指令实现电子表和日期的切换显示，实现方式是在JS文件中定义数据flag，然后通过一个按钮让数据flag的值在true/false之间不断切换，由if/else指令控制的<text>元素交替显示以实现电子表和日期的切换显示。其在穿戴设备上的显示结果如图2-9所示。

```html
<!-- example2_9.html -->
<div class="container">
  <text class="title" if="{{setFlag}}">
    {{getTime}}
  </text>
  <text class="title" else>
    {{getDate}}
  </text>
  <button onclick="changeDisplay">切换显示</button>
</div>
```
```css
/*example2_9.css*/
.container {
  flex-direction: column;
  justify-content: center;
  align-items: center;
  width: 100%;
  height: 100%;
}
.title {
  font-size: 24px;
  text-align: center;
  margin-bottom: 20px;
}
```
```javascript
//example2_9.js
export default {
    data: {
```

```
            getTime: '',
            getDate: '',
            setFlag: true,
        },
        two(x){
            return x>9?x:'0'+x
        },
        setTime(){
            let now=new Date()
            this.getTime=this.two(now.getHours())+':'+this.two(now.getMinutes())+
                    ':'+this.two(now.getSeconds())
            this.getDate=this.two(now.getFullYear())+'年'+
                    this.two(now.getMonth()+1)+'月'+this.two(now.getDate())+'日'
        },
        changeDisplay(){
            this.setFlag=!this.setFlag        //setFlag在true和false之间切换
        },
        onInit(){
            setInterval(this.setTime,1000)
        }
    }
```

图2-9　电子表和日期的切换显示

4. show指令

当show指令的取值为true时，节点正常渲染；当取值为false时，节点不渲染，其设置display样式为none，仍然占据原来在页面上的位置，其语法格式如下：

```
<div show=' '> ... </div>
```

2.3.3　列表渲染

for指令根据数组进行列表渲染，其语法格式如下：

```
<div for="" tid=""> ...</div>
```

其中，tid属性主要用来加速for循环的重渲染，当列表中的数据有变更时，可以提高重新渲染的效率。tid属性是用来指定数组中每个元素的唯一标识，如果未指定，数组中每个元素的索引为该元素的唯一id。例如，上述tid=""表示数组中的每个元素的id属性为该元素的唯一标识。for属性循环支持的写法如下：

（1）for="array"：array为数组对象，array的元素变量默认为$item。

（2）for="item in array"：item 为自定义的元素变量，元素索引默认为$idx。

（3）for="(index, item) in array"：元素索引为index，元素变量为item，遍历数组对象array。

需要特别说明的是，数组中的每个元素必须存在tid指定的数据属性，否则运行时可能会导致异常。数组中被tid指定的属性要保证唯一性，如果不是，则会造成性能损耗。另外，tid属性的取值不支持表达式。

【例2-10】对象数组数据的渲染

在本例中定义了array对象数组，在页面中使用for指令对array进行遍历，并用插值表达式来渲染当前遍历的对象，还为每一个元素对象定义了序号。其在手机设备上的运行结果如图2-10所示。

```html
<!-- example2_10.hml -->
<div class="container">
  <!-- div列表渲染 -->
  <!-- 默认$item代表数组中的元素，$idx代表数组中的元素索引 -->
  <text>默认方式</text>
  <div for="{{array}}" tid="{{$idx}}">
    <text>{{$idx}}---{{$item.name}}</text>
  </div>
  <text>自定义元素变量名称</text>
  <div for="{{value in array}}" tid="{{$idx}}">
    <text>{{$idx}}...{{value.name}}</text>
  </div>
  <text>自定义元素变量、索引名称</text>
  <div for="{{(index, value) in array}}" tid="{{index}}">
    <text>{{index}}==={{value.name}}</text>
  </div>
</div>
```

```css
/*example2_10.css*/
.container {
  flex-direction: column;
  justify-content: center;
  align-items: center;
}
.container div{
  justify-content: center;
}
.container>text{
  font-size:24px;
  text-align: left;
  border: 1px solid red;
  width: 100%;
}
```

```javascript
//example2_10.js
export default {
  data: {
    array: [
      {id: 1, name: '刘兵', age: 25},
      {id: 2, name: '王者', age: 18},
    ],
  }
}
```

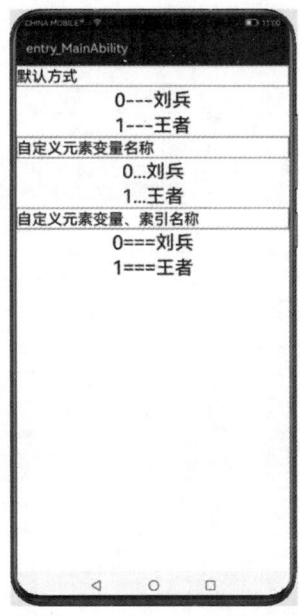

图2-10 对象数组数据的渲染

2.3.4 事件处理

1. 监听事件

在HML文件中使用on指令（通常缩写为@符号）来监听组件的事件，并在触发事件时执行事件处理函数，其示意代码如下：

```
<button onclick="handle">测试</button>
```

或者简写为以下形式：

```
<button @click="handleClick">测试</button>
```

也就是说，当用户点击 button 按钮后将会触发点击事件，并会执行JS文件中的 handleClick()方法，该方法在JS中进行定义，其定义的代码示例如下：

```
export default {
  handleClick(){
    //事件处理语句
  }
}
```

【例2-11】计分器

本例在页面中定义了一个计数器（用于计分）和两个按钮，当用户点击"+"按钮时其中的数字加1，当用户点击"-"按钮时其中的数字减1。其在手机和穿戴设备上的运行结果如图2-11所示。

扫一扫，看视频

```
<!-- example2_11.html -->
<div class="container">
  <button @click="sub">-</button>
  <text class="title">
    {{counter}}
```

```
    </text>
    <button @click="add">+</button>
</div>
```

```css
/*example2_11.css*/
.container {
  display: flex;
  justify-content: center;
  align-items: center;
  width: 100%;
  height: 100%;
}
.title {
  font-size: 30px;
  text-align: center;
  width: 100px;
}
button{
  width: 50px;
  font-size: 30px;
}
```

```js
//example2_11.js
export default {
  data: {
    counter: 0
  },
  add(){
    this.counter++
  },
  sub(){
    if(this.counter>0) this.counter--
  }
}
```

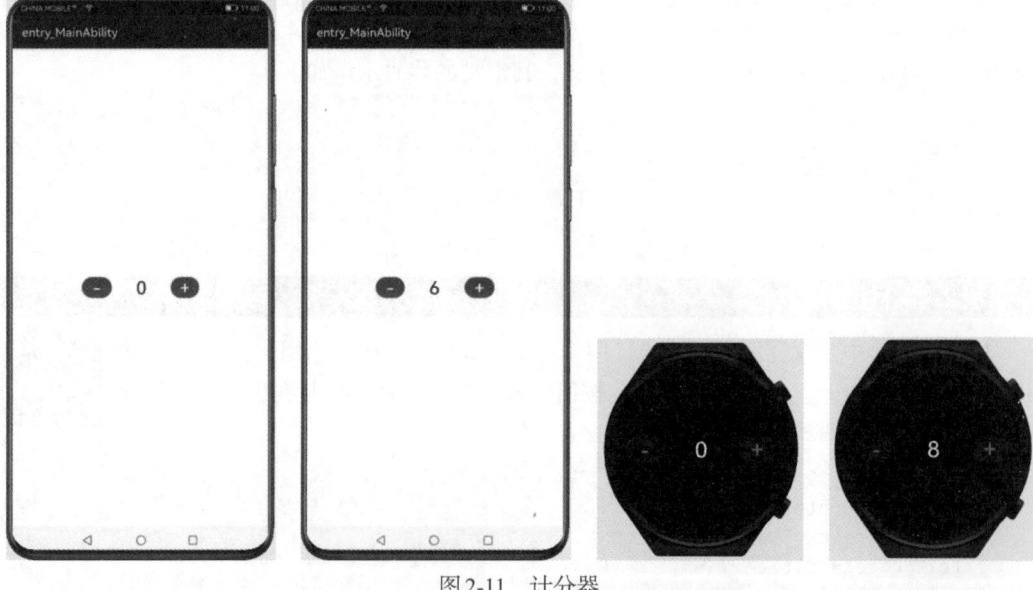

图2-11　计分器

2. 事件处理方法传值

在调用事件处理方法时，可以向事件处理方法传递参数。

【例2-12】修改按钮上的文字

在本例中，定义了一个按钮，当点击这个按钮后调用事件处理方法时传递参数，并把该参数的值写到按钮上。其在穿戴设备上的运行结果如图2-12所示。

```
<!-- example2_12.hml -->
<div class="container">
  <text class="title">
    {{msg}}
  </text>
  <button @click="setMsg('HarmonyOS')">{{msg}}</button>
</div>
----------------------------------------------------------------
/*example2_12.css*/
.container {
  flex-direction: column;
  justify-content: center;
  align-items: center;
  width: 100%;
  height: 100%;
}
.title {
  font-size: 30px;
  text-align: center;
}
button{
  width: 100px;
  background-color: white;
  margin-top: 20px;
}
----------------------------------------------------------------
//example2_12.js
export default {
  data: {
    msg: 'Hello'
  },
  setMsg(sendData){
    this.msg=sendData
  }
}
```

扫一扫，看视频

图2-12　修改按钮上的文字

2.3.5　模板引用

HML可以通过element组件引用模板文件。定义模板的方法与定义通常的页面文件没什么区别，也是在HML文件中定义页面内容、在CSS文件中定义页面样式、在JS文件中定义页面行为。另外，在模板文件中引用模板所传递的数据与在模板中定义的数据没什么区别，但不需要定义直接引用。引用模板的语法如下：

```
<element name="给引用的模板定义模板名称" src="模板路径"></element>
```

在引用模板中使用模板的语法如下：

```
<模板名称></模板名称>
```

【例2-13】多次引用模板

在本例中，先定义了一个模板文件，然后在主文件中引用模板文件，再多次使用这个模板。在使用模板的过程中，主文件向模板文件传递了name参数。该例在穿戴设备上的运行结果如图2-13所示。

```html
<!-- example2_13.hml -->
<element name="temp" src="./temp/temp"></element>
<div class="container">
  <temp name="hello"></temp>
  <temp name="您好"></temp>
</div>
```

```css
/*example2_13.css*/
.container {
  justify-content: center;
  align-items: center;
  flex-direction: column;
  width: 100%;
  height: 100%;
}
.title {
  font-size: 14px;
  text-align: center;
}
```

```html
<!-- temp.hml 模板文件 -->
<div>
  <text style="font-size: 24px;">
    {{name}} {{template}}
  </text>
</div>
```

```js
//temp.hml 模板的数据定义文件
export default {
  data: {
    template:'HarmonyOS'
  },
}
```

图2-13 多次引用模板

2.4 本章小结

  HML在鸿蒙应用开发中用于控制页面内容的显示。本章主要讲解HML语言的基本结构和HML组件标记的语法格式，同时还对常用组件进行了较为详细的讲解，主要包括基础组件（文本组件、按钮组件、图片组件、幻灯片组件等）和表单组件（文本框、密码框、单选按钮、复选框、下拉列表、重置按钮以及普通按钮等组件），另外，还对HML语法进行了举例说明，包括数据的插值显示、页面内容有条件渲染方法、页面的重复列表渲染，以及事件的处理方法，最后讲解了模板的引用方法。

  通过对本章的学习，大家能够掌握对各HML组件标记的基本使用方法，从而为后续章节的学习打下扎实的基础。

2.5 习题

一、选择题

1. 文本插值是数据绑定的最基本形式，使用（　　　）符号进行。

  A. [ ]　　　　　　　　B. { }　　　　　　　　C. {{ }}　　　　　　　　D. < >

2. if指令用于有条件性地渲染内容，内容只会在指令的表达式返回（　　　）值的时候被渲染。

  A. 0　　　　　　　　B. 1　　　　　　　　C. true　　　　　　　　D. false

3. 在鸿蒙的HML文档中，采用（　　　）指令来监听点击事件。

  A. ondbclick　　　　B. ontouchon　　　　C. onclick　　　　　　D. ontouchoff

4. 在鸿蒙的HML文档中，采用（　　　）组件进行模板引入。

  A. temp　　　　　　B. element　　　　　C. div　　　　　　　　D. template

5. 在鸿蒙的列表渲染指令for="(index, item) in array"中，item代表的是（　　　）。

  A. 索引　　　　　　B. 子元素　　　　　C. 数组　　　　　　　D. 对象

6. 在鸿蒙的表单组件中，（　　　）指令是用于输入密码的。

```
A. <label class="passworld"> passworld </label>

B. <input type="password" ></input>

C. <text> password </input>

D. <select name="password"></select>
```

7. 在鸿蒙中用来指定指向子元素或子组件的引用信息属性的是（　　　）。

  A. id　　　　　　　　B. ref　　　　　　　C. disabled　　　　　　D. style

二、程序阅读

1. 说明下面程序代码的运行结果。

```
<!--hml文件-->
<div class="container">
  <text class="title">hello: {{userName}} </text>
  <text class="title">运算结果是：{{2*i+4}}</text>
  <text class="title">返回结果是：{{15>20}}</text>
</div>
```

```css
————————————————————————————————————————————————————————
/*css文件*/
.container {
  flex-direction: column;
  justify-content: center;
  left: 0px;
  top: 0px;
  width: 100%;
  height: 100%;
}
.title {
  font-size: 24px;
  text-align: center;
}
————————————————————————————————————————————————————————
```

```js
//js文件
export default {
  data: {
    userName: 'LiuBing',
    i:12
  }
}
```

2. 说明下面程序代码的运行结果。

```html
<!--hml文件-->
<div class="container">
  <text class="title">hello</text>
  <text class="title" if="{{flag}}"> Harmony 3.0</text>
  <text class="title" else>Vue.js 3.0 </text>
</div>
————————————————————————————————————————————————————————
```

```css
/*css文件*/
.container {
  display: flex;
  justify-content: center;
  align-items: center;
  left: 0px;
  top: 0px;
  width: 100%;
  height: 100%;
}
.title {
  font-size: 24px;
  text-align: center;
}
————————————————————————————————————————————————————————
```

```js
//js文件
export default {
 data: {
  flag: true
 }
}
```

3. 说明下面程序代码的运行结果。

```html
<!--hml文件-->
<div>
```

```
    <div  class="contain">
      <text for='(index,item) in ballArray'>{{index}}:  {{item}} </text>
    </div>
</div>
────────────────────────────────────────────────────────────────
/*css文件*/
.contain {
    flex-direction: column;
    justify-content: center;
    left: 0px;
    top: 0px;
    width: 100%;
    height: 100%;
    margin-left: 150px;
}
.title {
    font-size: 30px;
    text-align: center;
}
────────────────────────────────────────────────────────────────
//js文件
export default {
 data: {
  ballArray: ['足球', '篮球', '排球', '羽毛球', '乒乓球', '冰球']
 }
}
```

4. 说明下面程序代码的运行结果。

```
<!--hml文件-->
<div class="container">
  <text class="title">
    鸿蒙{{msg}}
  </text>
<button @click="setMsg()">修改版本</button>
</div>
────────────────────────────────────────────────────────────────
//js文件
export default {
  data: {
    msg: '2.0'
  }
  setMsg(){
    this.msg='3.0'
  }
}
```

2.6 实验 数据渲染

1. 实验目的

（1）掌握鸿蒙HML的基础语法。

（2）掌握鸿蒙HML插值表达式的使用方法。

（3）掌握鸿蒙HML列表渲染的使用方法。

2. 实验内容

定义对象数组list，其定义内容如下：

```
list: [
  {
   name: "Tom",
   age: 18,
   displayFlag:true
  },
  {
   name: "Lili",
   age: 20,
   displayFlag:false
  },
  {
   name: "张三",
   age: 28,
   displayFlag:true
  },
]
```

根据每个对象中的displayFlag属性值的true和false来确定是否显示在设备上，本实验的显示结果如图2-14所示。

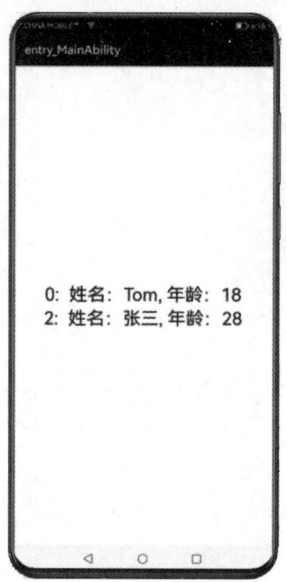

图2-14　实验显示结果

第 3 章

页面布局——CSS 样式

本章学习目标：

本章主要讲解鸿蒙设备上页面样式的定义方法，目的是使页面内容显示得更加酷炫，并能熟练进行页面布局。通过对本章的学习，大家应该掌握以下主要内容：

- CSS 的基础选择器。
- CSS 的各种样式属性。
- CSS 的盒子模型和弹性布局。

本章知识结构

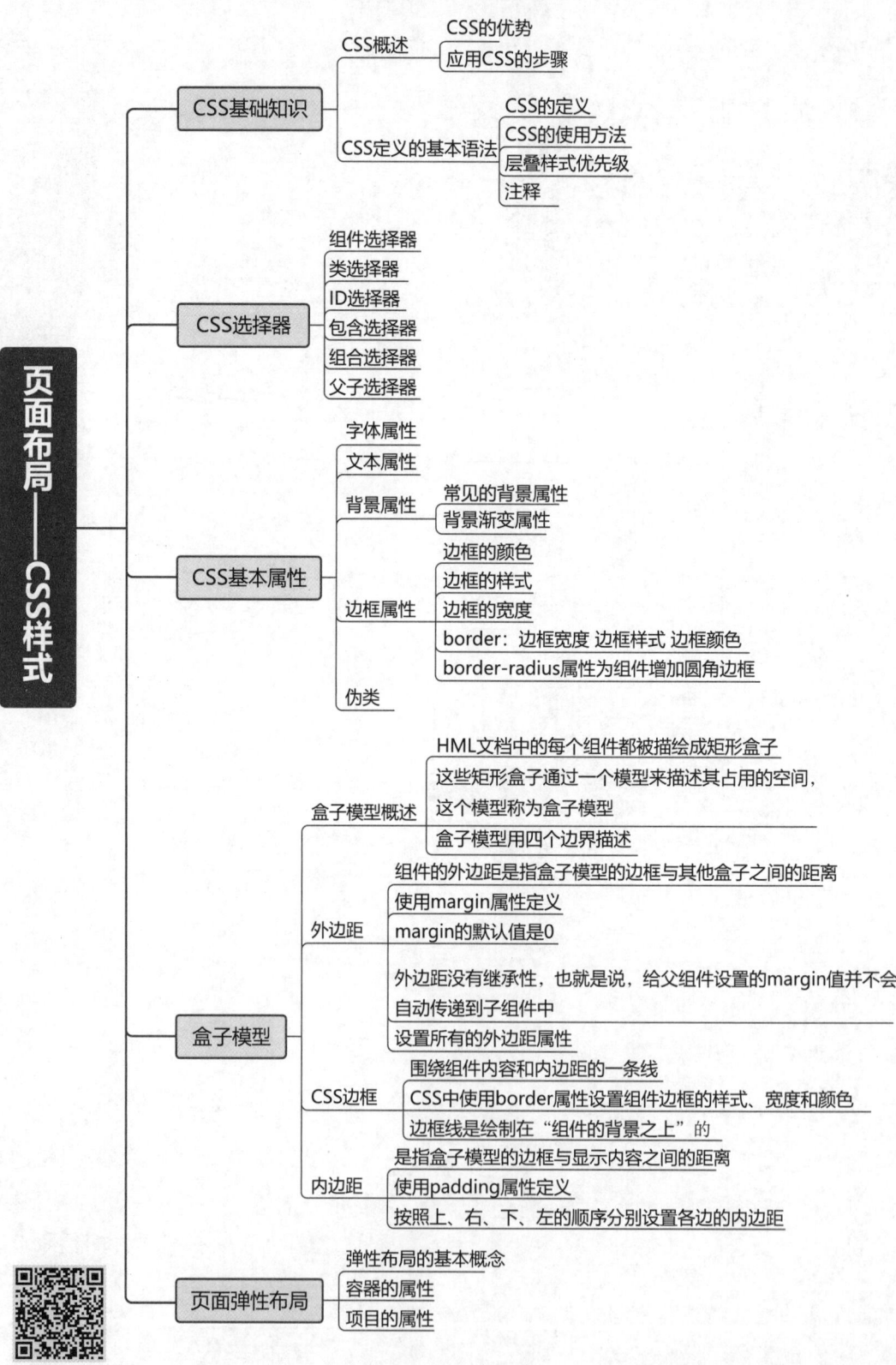

页面布局——CSS样式

- **CSS基础知识**
  - CSS概述
    - CSS的优势
    - 应用CSS的步骤
  - CSS定义的基本语法
    - CSS的定义
    - CSS的使用方法
    - 层叠样式优先级
    - 注释

- **CSS选择器**
  - 组件选择器
  - 类选择器
  - ID选择器
  - 包含选择器
  - 组合选择器
  - 父子选择器

- **CSS基本属性**
  - 字体属性
  - 文本属性
  - 背景属性
    - 常见的背景属性
    - 背景渐变属性
  - 边框属性
    - 边框的颜色
    - 边框的样式
    - 边框的宽度
    - border：边框宽度 边框样式 边框颜色
    - border-radius属性为组件增加圆角边框
  - 伪类

- **盒子模型**
  - 盒子模型概述
    - HML文档中的每个组件都被描绘成矩形盒子
    - 这些矩形盒子通过一个模型来描述其占用的空间，这个模型称为盒子模型
    - 盒子模型用四个边界描述
  - 外边距
    - 组件的外边距是指盒子模型的边框与其他盒子之间的距离
    - 使用margin属性定义
    - margin的默认值是0
    - 外边距没有继承性，也就是说，给父组件设置的margin值并不会自动传递到子组件中
    - 设置所有的外边距属性
  - CSS边框
    - 围绕组件内容和内边距的一条线
    - CSS中使用border属性设置组件边框的样式、宽度和颜色
    - 边框线是绘制在"组件的背景之上"的
  - 内边距
    - 是指盒子模型的边框与显示内容之间的距离
    - 使用padding属性定义
    - 按照上、右、下、左的顺序分别设置各边的内边距

- **页面弹性布局**
  - 弹性布局的基本概念
  - 容器的属性
  - 项目的属性

全景思维导图

3.1 CSS基础知识

3.1.1 CSS 概述

CSS（Cascading Style Sheets，层叠样式表）是一种格式化鸿蒙显示内容和页面布局的标准方式，是允许样式信息与鸿蒙显示内容（由HTML语言定义）分离的一种技术。CSS样式文件的后缀必须是.css。

1. CSS的优势

使用HML语言进行页面设计时存在大量缺陷，如果在HTML页面中引入CSS技术，情况将得到明显的改善，这种改善体现在以下两个方面：

（1）格式和结构分离：有利于格式的重用及页面的修改与维护。

（2）精确控制页面布局：能够对页面的布局、字体、颜色、背景等图文效果实现精确的控制。

2. 应用CSS的步骤

CSS文件与HTML文件一样，都是纯文本文件，因此一般的文字处理软件都可以对CSS文件进行编辑。使用CSS格式化页面，需要将CSS应用到HTML文档中，所以CSS的应用主要有两个步骤：

（1）定义CSS样式表。

（2）定义好的CSS样式文件与HTML文档文件必须在同一个目录中，且前缀名必须相同。例如，定义一个页面Home文件夹，其HTML文件的文件名是home.html，则其CSS样式文件名必须为home.css。

3.1.2 CSS 定义的基本语法

CSS的定义由三部分组成：选择器（selector）、属性（properties）、属性值（value），其定义的语法格式如下：

```
选择器 {
  属性1: 属性值1;
  属性2: 属性值2;
  ...
}
```

需要说明的是，选择器是选中HTML页面文件中的某些组件；属性是希望设置的样式属性，每个属性有一个属性值，属性和属性值之间用冒号隔开。如果要定义不止一个"属性：属性值"的声明时，需要用分号将每个声明分开，最后一条声明规则不需要加分号，但大多数有经验的程序员会在每条声明的末尾都加上分号，这样做的好处是当从现有的规则中增减声明时会减少出错的可能。另外，应该尽可能在每一行只描述一个属性和属性值的声明，这样可以增强CSS样式定义的可读性。

下面这段代码的作用是将页面中所有<text>组件内的文字颜色定义为红色，同时将字体大小设置为14px。

```
text {                          /*选择器text选中网页的所有<text>组件*/
  color: red;                   /*设置文字颜色的属性值为红色*/
  font-size: 14px;              /*设置文字大小的属性值为14px*/
}
```

这里的text是选择器，用于选择页面中的所有<text>组件，color和font-size是属性，red和14px是属性值。需要说明的是，"/* */"是CSS中的注释语句。

3.1.3 CSS 的使用方法

在HTML页面中使用CSS主要有三种方法，即内联样式、内部样式以及使用CSS的@import标记导入的外部样式。

1. 内联样式

内联样式是指将CSS规则混合在HML组件中使用的方式。CSS规则作为HML组件style属性的属性值，其样式定义的语法格式如下：

```
<text style="属性:属性值; [属性:属性值;]">
  Hello World
</text>
```

内联样式只对其所在的组件起作用，对于其他组件没有影响。由于将样式和内容混杂在一起，内联样式会损失样式表的许多优势，所以不建议使用这种方法。

【例3-1】内联样式的使用方法

扫一扫，看视频

在本例中，使用内联样式对<div>组件定义两个样式，距离设备的上边界(margin-top)100px，距离设备的左边界(margin-left)20px。另外，对第一个<text>组件定义了内联样式，具体是文字颜色为红色，字体大小为14px，第二个<text>组件使用默认样式。其在手机和穿戴设备上的显示结果如图3-1所示。

```
<div style="margin-top:100px;margin-left: 20px;">
  <text style="color: red; font-size: 14px;">
    Hello World
  </text>
  <text>
    您好世界
  </text>
</div>
```

图3-1　CSS样式的使用

2. 内部样式

内联样式只能定义某一个组件的样式，如果需要对整个页面文档的某个组件进行特定样式的定义时，就需要使用内部样式。内部样式必须与HTML文件在同一个文件夹下，并且前缀名要完全相同，后缀名必须是.css，其样式定义的语法格式如下：

```
选择器{
  属性:属性值;
  ...
  属性:属性值;
}
```

【例3-2】内部样式的使用方法

本例的程序代码是使用内部样式实现与例3-1同样的功能，但是需要创建两个文件（example3_2.hml、example3_2.css）。其在手机和穿戴设备上的显示结果同图3-1。

```
<!--example3_2.hml-->
<div>
  <text id="txt">          <!--定义ID选择器-->
    Hello World
  </text>
  <text>
    您好世界
  </text>
</div>
_____
/*example3_2.css*/
div {                     /*组件选择器，选中HTML文档中的所有<div>元素*/
  margin-top:100px;       /*距离设备的上边界为100px*/
  margin-left: 20px;      /*距离设备的左边界为20px*/
}
#txt {                    /*ID选择器，选中HTML文档中的特定组件*/
  color: red;             /*设置文字颜色的属性值为红色*/
  font-size: 14px;        /*设置文字大小的属性值为14px*/
}
```

扫一扫，看视频

以上代码中的加粗部分使用的是ID选择器，表示仅选中第一个<text>组件标签。

3. 外部样式

外部样式提供利用特有语法生成CSS的程序，可以提供变量、运算等功能，令开发者更便捷地定义组件样式，目前支持LESS、SASS和SCSS的预编译。使用样式预编译时，需要将CSS文件后缀名改为.less、.sass或.scss，如index.css改为index.less、index.sass或index.scss。

一般把外部样式文件存放在一个公共目录，如/common/css/，让应用的所有页面通过@import指令均可引用此外部样式文件，以降低网站的维护成本，并可以让网站拥有统一的风格。使用@import指令引入外部样式文件的语法格式如下：

```
@import '外部样式文件的URL';
```

外部样式文件可以应用于整个项目的多个页面。当改变这个外部样式文件时，所有引用该外部样式的页面都会随之改变。样式表文件可以用任何文本编辑器（如记事本）打开并编辑，其内容就是定义的样式，不包含HTML标记。由此可以看出内联样式、内部样式、外部样式之间的本质区别如下：

（1）外部样式用于定义整个App应用的样式。

（2）内部样式用于定义整个页面的样式。

（3）内联样式用于定义某个组件的样式。

【例3-3】样式预编译的使用方法

扫一扫，看视频

本例的程序代码是使用外部样式完成图3-1所示的页面，外部样式文件名是page.css，引用该外部样式文件的文件是example3_3.css，example3_3.css中的样式将应用到example3_3.hml的HTML代码文件中。

```
<!--example3_3.hml-->
<div>
  <text id="txt">
    Hello World
  </text>
  <text>
    您好世界
  </text>
</div>
----------------------------------------------------------------------
/*example3_3.css*/
@import "../../common/css/page.css";
#txt{
  color:red;          /*设置选中组件的字体为红色*/
}
----------------------------------------------------------------------
/*文件: /common/css/page.css*/
div {
  margin-top:100px;
  margin-left: 20px;
}
#txt {
  font-size: 14px;
}
```

4. 层叠样式优先级

CSS层叠样式表中的层叠是指样式的优先级，当内联样式、内部样式、外部样式都对某个HTML标记进行了样式定义，即当样式定义发生冲突时，以优先级高的为最终显示效果。层叠就是鸿蒙设备页面对多个样式来源进行叠加，最终确定显示结果的过程。

鸿蒙设备页面会按照不同的方式确定样式的优先级，其原则如下：

（1）按照样式来源不同，其优先级为内联样式>内部样式>外部样式>默认样式。

（2）按照选择器不同，其优先级为内联样式>ID选择器>类选择器>组件选择器。

（3）当样式定义的优先级相同时，取后面定义的样式为最终显示效果的样式。

【例3-4】层叠样式优先级对比

扫一扫，看视频

本例引入了外部样式文件/common/css/style.css，在该样式文件中定义<text>组件的文字颜色为红色；在内部样式文件example3_4.css中定义<text>组件的字体大小为16px；在example3_4.hml文件中使用内联样式定义第一个<text>组件的字体颜色为蓝色，字母之间的间距为5px；第2个<text>组件使用内部样式和外部样式来决定。该例在手机和穿戴设备上的显示结果如图3-2所示。

```
<!--example3_4.hml-->
<div class="container">
  <text style="color:blue;letter-spacing: 5px;">
    Hello {{title}}
  </text>
  <text>
    Harmony OS
  </text>
</div>
```

```
/*example3_4.css*/
@import "../../common/css/style.css";
.container {
  flex-direction: column;          /*页面组件按列排布，也就是主轴是Y轴*/
  justify-content: center;         /*主轴方向上的组件居中显示*/
  align-items: center;             /*辅轴方向上的组件居中显示*/
  height:100%;                     /*高度为父级组件的100%*/
  Width:100%;                      /*亮度为父级组件的100%*/
}
text{
  font-size:16px;                  /*选中组件的字体为16px*/
}
```

```
/*文件: /common/css/style.css */
div{
  background-color:#fff;           /*选中组件的背景色为白色*/
}
text{
  color:red                        /*选中组件的字体颜色为红色*/
}
```

图3-2 样式优先级

5. 注释

注释用来说明所写代码的含义，以帮助用户理解这些代码。CSS用C/C++的语法进行注释，其中"/*"放在注释的开始处，"*/"放在结束处，如下面的CSS语句：

```
text {
    font-size: 14px;              /*这是一个CSS的注释*/
    color: red
}
```

当把一个页面样式提交给用户使用之后，当经过很长时间用户需要重新修改页面样式时，可能程序员已经忘记了代码的准确含义，这些注释可以帮助程序员唤起对这些样式定义的记忆。养成注释的习惯是一个程序员必须具备的基本素质，对团队工作的程序员来说更加重要。

3.2 CSS选择器

CSS最大的作用就是能将一种样式加载在多个组件标记上，方便管理与使用。CSS通过选择器选中页面的某些组件，并对这些组件进行相应的样式设置，以达到设计者对页面外观的显示要求。本节将详细讲述在CSS中如何进行组件的选择。

3.2.1 组件选择器

组件选择器是鸿蒙应用开发中最常见的CSS选择器，又称为类型选择器（type selector）。使用组件选择器选中的是本页面中所有相对应的组件。例如，组件选择器使用text组件标记，则选中本页面中所有`<text></text>`组件所包含的文字内容，再对文字内容设置相应的样式，就可以改变显示效果。设置组件选择器的基本语法格式如下：

```
HML组件名{
    属性：属性值；
    属性：属性值；
    ...
}
```

例如：

```
text {
    color:red;
    font-size:16px;
}
```

【例3-5】组件选择器的使用方法

在本例中，使用了组件选择器div、text和span，并对其进行相关样式的属性设置。其在手机和穿戴设备上的显示结果如图3-3所示。

```
<!--example3_5.html-->
<div>
  <text>
    hello
  </text>
```

扫一扫，看视频

```
  <text>
    <span> world</span>
  </text>
</div>
_____
/*example3_5.css*/
div{
  width: 100%;                 /*宽度占父组件的100%*/
  height: 100%;                /*高度占父组件的100%*/
  padding: 50px;               /*内边距上、右、下、右都是50px*/
  background-color: #fff;      /*设置背景色为白色*/
}
text{
  color: red;
}
span{
  color: blue;
  font-size: 20px;
}
```

图3-3　组件选择器

3.2.2　类选择器

　　使用HML组件选择器可以设置页面中所有相同组件的统一格式，但如果需要对相同组件中的某些组件进行特殊效果的设置时，使用HML组件选择器就无法实现，此时需要引入其他选择器来完成。

　　类选择器允许以一种独立于页面组件的方式来指定样式。类选择器可以单独使用，也可以与其他选择器结合使用。类选择器样式定义的语法格式如下：

```
.类选择器名称{
  属性: 属性值;
  属性: 属性值;
```

```
    ...
  }
```

需要强调的是，类选择器的定义以英文圆点开头。类选择器的名称可以是任意的(但是不能用中文)，该名称最好以驼峰方式命名，即名称由多个单词组成时，第一个单词的所有字母小写，从第二个单词开始往后的每个单词的首字母大写，其他字母小写。例如：

```
.myBoxColor{
  color:red;
}
.myBoxBackground{
  background-color:grey;                    /*设置背景色为灰色*/
}
```

类选择器样式的使用语法格式如下：

```
<组件名称 class="类选择器名称1  类选择器名称2 ...">
```

例如：

```
<div class="myBoxColor myBoxBackground"> </div>
```

上例中定义了两个类选择器myBoxColor和myBoxBackground，然后在HML的<div>组件中使用这两个类选择器。在使用两个以上的类选择器时，类选择器名称之间要用空格分隔，最终这两个选择器定义的样式会叠加，并在<div>组件中呈现。如果在两个类选择器中选中同一个组件，并对其同一个样式属性进行了样式定义，则最后定义的样式类起作用。

【例3-6】类选择器的使用方法

在本例中，使用了两个类选择器youClass和myClass，并对其进行相关样式属性的设置，请仔细体会样式定义呈现的结果。其在手机和穿戴设备上的显示结果如图3-4所示。

```
<!--example3_6.html-->
<div class="container">
  <text class="youClass">hello</text>
  <text class="myClass youClass">world</text>
</div>
------------------------------------------------------------
/*example3_6.css*/
.container{                        /*container类选择器，所包含的组件默认是行排列*/
  justify-content: center;         /*主轴居中对齐*/
  align-items: center;             /*辅轴居中对齐*/
  background-color: #fff;          /*背景颜色为白色*/
  height: 100%;                    /*高度为100%*/
  width: 100%;                     /*宽度为100%*/
}
.youClass {
  color:red;                       /*颜色为红色*/
}
.myClass {
  font-size:16px;                  /*字体大小为16px*/
  text-decoration:underline;       /*文字加下划线*/
}
```

图3-4　类选择器

3.2.3　ID 选择器

在某些方面，ID选择器类似于类选择器，但也有一些差别，主要表现在：

（1）在语法定义上，ID选择器前面使用"#"号，而不是类选择器的圆点。

（2）ID选择器在引用时不是通过class属性，而是使用id属性。

（3）在一个HML文件中，ID选择器一般仅允许使用一次，而类选择器可以使用多次。

（4）ID选择器不能结合使用，因为id属性不允许有以空格分隔的词列表。

需要强调的是，类选择器和ID选择器在定义和使用时都是区分大小写的。下面是定义ID选择器的语法格式：

```
#ID选择器名称{
    属性：属性值；
    属性：属性值；
    ...
}
```

使用ID选择器的语法格式如下：

```
<组件名称 id="ID选择器名称">
```

【例3-7】ID选择器的使用方法

在本例中，使用两个ID选择器，分别是youId和myId，并对其进行相关样式属性的设置，请仔细体会样式定义呈现的结果。其在手机和穿戴设备上的显示结果如图3-4所示，实现结果与例3-6相同。

扫一扫，看视频

```
<!--example3_7.hml-->
<div class="container">
    <text id="youId">hello</text>
    <text id="myId">world</text>
```

```
    </div>
    _____
    /*example3_7.css*/
    .container {
      justify-content: center;          /*主轴居中对齐*/
      align-items: center;              /*辅轴居中对齐*/
      background-color: #fff;           /*背景颜色为白色*/
      height: 100%;                     /*高度为100%*/
      width: 100%;                      /*宽度为100%*/

    }
    #youId{
      color:red;
    }
    #myId{
      color: red;
      font-size:16px;
      text-decoration:underline;        /*文字加下划线*/
    }
```

3.2.4 包含选择器

包含选择器又称后代选择器，该选择器可以选择作为某组件的后代组件。当HML标记发生嵌套时，内层组件标记就成为外层组件标记的后代。例如：

```
<div>
  <text>
    <span>World!</span>
  </text>
</div>
```

上例中，<text>和<span>组件被<div>组件包含，所以<text>和<span>组件是<div>组件的后代，且<text>组件是<div>组件的儿子组件，反过来，<div>组件是<text>组件的父组件；<span>组件是<text>组件的儿子组件，反过来，<text>组件是<span>组件的父组件。定义后代选择器的语法格式如下：

```
祖先选择器 后代选择器 {
  属性：属性值;
  属性：属性值;
  ...
}
```

父选择器和子选择器之间必须用空格进行分隔。另外，父选择器可以包含一个或多个用空格分隔的选择器，选择器之间的空格是一种结合符。每个空格结合符可以解释为"……在……找到""……作为……的一部分""……作为……的后代"，但是要求必须从左向右读选择器。例如：

```
div text span{
  color:red;
  font-size:28px;
}
```

div text span选择器选中的组件可以读作"选中div组件后代中text组件后代中的所有span组件"。

【例3-8】包含选择器的使用方法

在本例中，使用包含选择器对相应组件进行样式属性设置，请仔细体会样式定义呈现的结果。其在手机和穿戴设备上的显示结果如图3-5所示。

```
<!--example3_8.hml-->
<div class="container">
  <div class="header">
    <text>
      Hello
    </text>
  </div>
  <text>
    world
  </text>
</div>
_____

/*example3_8.css*/
.container {
    justify-content: center;        /*主轴居中对齐*/
    align-items: center;            /*辅轴居中对齐*/
    height: 100%;                   /*高度为100%*/
    width: 100%;                    /*宽度为100%*/
}
.header text{
    color:red;
    font-size:24px;
}
```

图3-5　包含选择器

3.2.5　组合选择器

　　组合选择器又称并集选择器，是各个选择器通过逗号连接而成的，任何形式的选择器（包括组件选择器、类选择器和ID选择器等）都可以作为组合选择器的一部分。如果某些选择器定义的样式完全相同或部分相同，就可以利用组合选择器为其定义相同的CSS样式。定义组合选择器的语法格式如下：

```
选择器1，选择器2，...，选择器n{
   属性：属性值；
   属性：属性值；
   ...
}
```

【例3-9】组合选择器的使用方法

扫一扫，看视频

在本例中，使用组合选择器对两个<text>组件进行相同样式属性的设置，即字体大小都是28px，并且居中对齐，然后再设置第二个<text>组件的字体为红色，请仔细体会样式定义呈现的结果。其在手机和穿戴设备上的显示结果如图3-6所示。

```
<!--example3_9.hml-->
<div class="container">
  <text class="title">
    Hello World
  </text>
  <text class="content">
    您好，世界
  </text>
</div>
————————————————————————————————————————————————
/*example3_9.css*/
.container {
  flex-direction: column;        /*主轴设置为竖轴*/
  justify-content: center;
  align-items: center;
  height: 100%;
  width: 100%;
}
.title,.content  {
  font-size: 28px;
  text-align: center;
}
.content{
  color: red;
}
```

图3-6　组合选择器

3.2.6 父子选择器

如果不希望选择所有的后代而是希望缩小范围，只选择某个组件的子组件，就需要使用父子选择器。父子选择器使用大于号作为选择器的分隔符，其语法格式如下：

```
父选择器 > 子选择器 {
    属性: 属性值;
    属性: 属性值;
    ...
}
```

其中父选择器包含子选择器，并且样式只能作用在子选择器上，而不能作用到父选择器上。

【例3-10】父子选择器的使用方法

在本例中，使用父子选择器对\<div>的子组件\<text>进行样式属性的定义，同时使用包含选择器对\<div>的后代组件\<text>进行样式属性的定义，请仔细体会父子选择器和包含选择器的区别。其在手机和穿戴设备上的显示结果如图3-7所示。

扫一扫，看视频

```html
<!--example3_10.hml-->
<div class="container">
  <div>
    <text>
      Hello World
    </text>
  </div>
  <text>
    您好世界
  </text>
</div>

/*example3_10.css*/
.container {
  flex-direction: column;
  justify-content: center;
  align-items: center;
  background-color: white;
  height: 100%;
  width: 100%;
}
.container text{
  color: red;
}
.container>text{
  font-size: 12px;
}
```

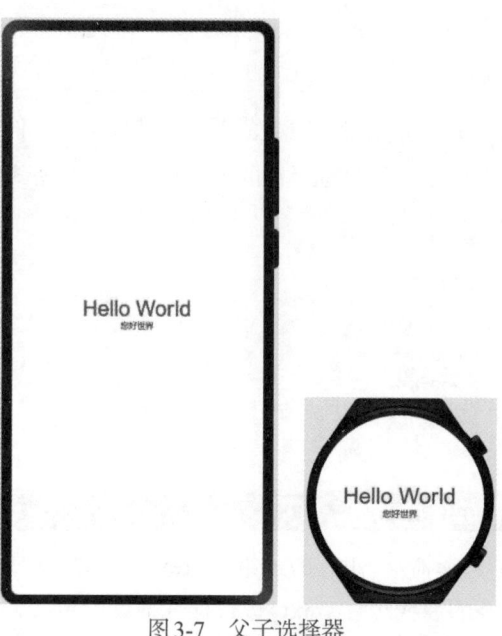

图 3-7　父子选择器

3.3　CSS基本属性

在 3.2 节已经讲了鸿蒙系统支持的几种选择器用法，通过这几种选择器选中了页面中的组件，就可以给这些组件设置相应的属性和属性值。本节主要讲解鸿蒙所支持的样式属性。

3.3.1　字体属性

在 CSS 中对文字样式的设置主要包括字体类型、字体尺寸、字体风格、字体粗细等。常用的字体属性及说明见表 3-1。

表 3-1　字体属性及说明

属　　性	说　　明
font-family	设置字体类型
font-size	设置字体尺寸。常用单位为 px
font-style	设置字体风格。normal 为正常、italic 为斜体、oblique 为倾斜
font-weight	设置字体粗细。normal 为正常、lighter 为细体、bold 为粗体、bolder 为特粗体

【例 3-11】设置字体

在本例中，使用通用字体属性进行样式属性的设置。其在手机和穿戴设备上的显示结果如图 3-8 所示。

```
<!--example3_11.html-->
<div class="container">
  <text>
    Hello World!
  </text>
```

扫一扫，看视频

```
  <text class="fontCSS1">
    Hello World!
  </text>
  <text class="fontCSS2">
    Hello World!
  </text>
</div>
```

```
/*example3_11.css*/
.container {
  flex-direction: column;
  justify-content: center;
  align-items: center;
  background-color: white;
  height: 100%;
  width: 100%;
}
text{
  color: black;
}
.fontCSS1{
  font-family:"Times New Roman",Georgia,Serif;    /*设置字体类型*/
  font-size:28px;                                 /*设置字体大小为28px*/
  font-weight: bold;                              /*设置字体为加粗*/
}
.fontCSS2{
  font-family:Arial,Verdana,Sans-serif;
  font-size:20px;
  font-style:italic;                              /*设置字体风格为倾斜*/
  font-weight: 900;
}
```

图 3-8　字体设置

3.3.2　文本属性

文本属性是对一段文字整体进行设置。文本属性的设置包括设置阴影效果、大小写转换、文本缩进、文本对齐方式等，其属性及说明见表3-2。

表 3-2　文本属性及说明

属　　性	说　　明
color	设置文本颜色。设置方式包括预定义颜色（如 red.green）、十六进制（如 #ff0000）、RGB 代码（如 RGB(255,0,0)）
line-height	设置行高，单位为 px。当此属性用于进行文字垂直方向对齐时，属性值与 height 属性值的设置相同
letter-spacing	设置字符间距，就是字符与字符之间的空白。其属性值可以是不同单位的数值，并且允许使用负值，默认值为 normal
text-align	设置文本内容的水平对齐方式。left 为左对齐（默认值）、center 为居中对齐、right 为右对齐
text-decoration	向文本添加修饰。none 为无修饰（默认值）、underline 为下划线、overline 为上划线、line-through 为删除线
text-overflow	设置对象内溢出的文本处理方法。clip 为不显示溢出文本、ellipsis 为用省略标记 "…" 表示溢出文本

【例3-12】设置文本

在本例中，对文本的常见属性进行样式定义。其在手机和穿戴设备上的显示结果如图3-9所示。

```html
<!--example3_12.hml-->
<div class="container">
    <text class="one">
        Hello World!
    </text>
    <text class="two">
        Hello World!
    </text>
    <text class="three">
        Hello
    </text>
</div>
--------------------------------------------------------------------------------
/*example3_12.css*/
.container {
    flex-direction: column;
    justify-content: center;
    align-items: center;
    background-color: white;
}
text{
    color: black;                      /*文本颜色设为黑色*/
    width: 100%;                       /*组件的宽度是父组件的整个宽度*/
```

扫一扫，看视频

```
    }
    .one{
        text-align:left;                 /*文本左对齐*/
        color: red;                      /*文本颜色设为红色*/
    }
    .two{
        text-align:center;               /*文本居中对齐*/
        text-decoration:underline;       /*文本修饰：加下划线*/
    }
    .three{
        text-align:right;                /*文本右对齐*/
        letter-spacing:15px;             /*字母之间的间距为15px*/
    }
```

图3-9　文本设置

🖈 3.3.3　背景属性

1. 常见的背景属性

CSS背景属性主要用于设置组件对象的背景颜色、背景图片、背景图片的重复性、背景图片的位置等。常见的背景属性及说明见表3-3。

表3-3　常见的背景属性及说明

属　性	说　明
background	两种渐变效果：线性渐变和重复线性渐变
background-color	设置组件的背景颜色
background-image	把图片设置为背景。其值可以为用绝对路径或相对路径表示的 URL
background-position	设置背景图片的起始位置。left 为水平居左、right 为水平居右、center 为水平居中或垂直居中、top 为垂直靠上、bottom 为垂直靠下，也可以是精确的数值
background-repeat	设置背景图片是否重复及如何重复。repeat-x 为横向平铺、repeat-y 为纵向平铺、norepeat 为不平铺、repeat 为平铺背景图片（该值为默认值）

页面布局——CSS样式

（1）使用background-color属性为组件设置背景色。这个属性接收任何合法的颜色值。例如，把<div>组件的背景设置为灰色：

```
div {
  background-color: gray;
}
```

（2）使用background-image属性把图片放入背景。background-image属性的默认值是none，表示背景上没有放置任何图片。如果需要设置一个背景图片，必须为这个属性设置一个URL值。例如，把<div>组件的背景图片设置为1.jpg（图片一般放在公共目录/common/images中），且引入该图片必须使用绝对路径，另外，设置背景图片之前还必须设置<div>组件的宽（width）和高（height）属性，其代码如下：

```
div {
  width:450px;
  height:150px;
  background-image: url("/common/images/1.jpg");   /*引入背景图片*/
}
```

（3）设置背景图片的起始位置需要使用background-position属性，该位置的属性值可以有多种形式，可以是X、Y轴方向的百分比或绝对值，也可以使用表示位置的英文名称，如left、center、right、top、bottom。例如，把背景图片放置在底部居中，必须先去除背景图片的重复属性，然后用background-position属性进行设置，代码如下：

```
background-repeat:no-repeat;                        /*设置背景图片不重复*/
background-position:center bottom;                  /*设置背景图片水平居中,底端对齐*/
```

【例3-13】显示五星好评

扫一扫，看视频

在本例中，先使用<div>组件把整个包含有9颗五角星的背景图片显示在页面上，然后再用一个<div>组件包含5个<div>子组件，其中第一个<div>子组件设置为图3-10左上角的五角星，另外四个<div>子组件设置的背景图片为图3-10右下角的五角星。其在手机上的显示结果如图3-11所示。

```
<!--example3_13.hml-->
<div class="container">
  <div class="star"></div>
  <div class="content">
    <div class="activeStar"></div>
    <div class="oneStar"></div>
    <div class="oneStar"></div>
    <div class="oneStar"></div>
    <div class="oneStar"></div>
  </div>
</div>
----------------------------------------------------------------------
/*example3_13.css*/
.container {
  flex-direction: column;
```

```
    justify-content: center;
    align-items: center;
    width: 100%;
    height: 100%;
}
.content{
    justify-content: center;
}
.star,.oneStar,.activeStar{
    width: 500px;
    height: 150px;
    background-image: url("/common/images/fivestar.jpg");
    background-size: 150px;
    background-repeat: no-repeat;
    margin-top: 30px;
}
.oneStar,.activeStar{
    width: 48px;
    height: 50px;
    background-position: -95px -95px;
}
.activeStar{
    background-position: 0px 0px;
}
```

图3-10　五角星背景图片　　图3-11　在<div>组件中显示背景

2. 背景渐变属性

渐变属性可以使两个或多个指定的颜色之间显示平稳的过渡，这种显示效果可以使用图片来实现，在鸿蒙中可以通过使用渐变来完成，减少了下载的数据和宽带的使用。CSS中定义了两种类型的渐变：一种是线性渐变，即向下、向上、向左、向右或对角方向；另一种是重复渐变，即把线性渐变的样式重复多次。

（1）线性渐变。为了创建一个线性渐变，必须定义两种以上的颜色节点。颜色节点为要呈现平稳过渡的颜色。同时，也可以设置一个起点和一个方向（或一个角度）。其定义的基本语法格式如下：

```
background: linear-gradient(direction, color-stop1, color-stop2, ...);
```

其中，direction指明线性渐变的方向，默认是从上到下。下面的语句演示了从顶部开始的线性渐变，起点是红色，慢慢过渡到黄色。

```
background: linear-gradient(red, yellow);
```

从左到右的线性渐变：

```
background: linear-gradient(to right, red, yellow);
```

也可以通过指定水平方向和垂直方向的起始位置来制作一个对角渐变。下面的语句演示了从左上角开始到右下角的线性渐变，起点是红色，慢慢过渡到黄色。

```
background: linear-gradient(to bottom right, red, yellow);
```

如果要在渐变方向上做更多的控制，可以定义一个角度，而不用预定义方向（to bottom、to top、to right、to left、to bottom right等）。角度是指水平线和渐变线之间的角度，按逆时针方向计算。例如，0deg将创建从下到上的渐变，90deg将创建从左到右的渐变。下面的语句是45°的线性渐变，起点是红色，慢慢过渡到黄色。

```
background: linear-gradient(45deg, red 30%, yellow 70%);
```

上例的渐变只有两种颜色，第一种颜色为红色且位置设置在n%（n=30）处，第二种颜色为黄色且位置设置在m%（m=70）处。页面会将0~n%的范围设置为第一种颜色的纯色，即红色，n%~m%的范围设置为第一种颜色到第二种颜色的过渡渐变色，m%~100%的范围设置为第二种颜色的纯色。

（2）重复渐变。repeating-linear-gradient()函数用于重复线性渐变，该函数的所有参数及语法与线性渐变相同。

【例3-14】背景渐变设置

本例制作了4个\<div>组件，并把这4个\<div>组件的背景设置为线性渐变和重复线性渐变的几种情况。其在手机设备上的显示结果如图3-12所示。

```
<!--example3_14.html-->
<div class="container">
  <div class="one"></div>
  <div class="two"></div>
  <div class="three"></div>
  <div class="four"></div>
```

扫一扫，看视频

```
</div>
------------------------------------------------------------------------
/*example3_14.css*/
.container {
  flex-direction: column;
  justify-content: center;
  align-items: center;
  width: 100%;
  height: 100%;
}
.container div{
  width: 100%;
  height: 150px;
  margin-top: 10px;
}
.one{
  /*从顶部开始向底部由红色向粉色再向黄色渐变*/
  background: linear-gradient(red, pink,rgb(255,255,0));
}
.two{
  /*45°夹角，从红色渐变到绿色*/
  background: linear-gradient(45deg, rgb(255,0,0),rgb(0, 255, 0));
}
.three{
  /*从左向右渐变，距离左边90px和距离左边360px（600×0.6）之间的270px宽度形成渐变*/
  background: linear-gradient(to right, rgb(255,0,0) 90px, rgb(0, 0, 255) 60%);
}
.four{
  /*从左向右重复渐变，重复渐变区域为30px（60-30），透明度为0.5*/
  background: repeating-linear-gradient(to right, rgba(255, 255, 0, 1) 30px,rgba(0,
  0, 255, .5) 60px);
}
```

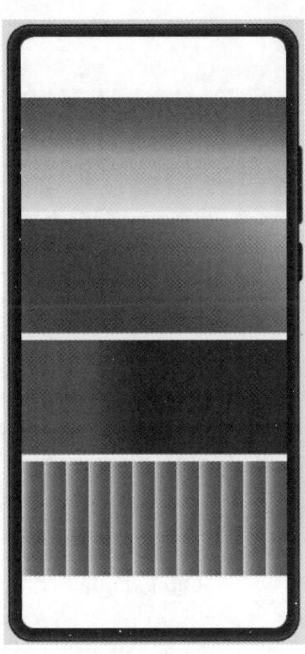

图3-12　背景渐变

085

◉ 3.3.4 边框属性

利用CSS边框属性可以设置组件对象边框的颜色、样式以及宽度。使用组件对象边框属性之前，必须先设定组件对象的高度及宽度。设置组件对象边框属性的语法格式如下：

```
border：边框宽度 边框样式 边框颜色
```

需要说明的是，border-width属性可以单独设置边框宽度；border-style属性可以单独设置边框样式；border-color可以单独设置边框颜色。其中边框样式的取值及说明见表3-4。

表3-4　边框样式的取值及说明

边框样式	说　　明
dotted	点线边框
dashed	虚线边框
solid	实线边框，默认值

在CSS中可以通过border-radius属性为组件增加圆角边框，定义该属性的语法如下：

```
border-radius：像素值
```

【例3-15】边框样式设置

扫一扫，看视频

本例为3个<div>组件设置边框样式：第1个<div>组件使用border属性直接设置边框，宽度为1px、线的类型为实心线、线的颜色为红色，并给边框加了20px的圆角；第2个<div>组件使用border-width属性设置边框的宽度为2px、使用border-width属性设置边框的网络为虚线边框、使用border-color属性设置边框的颜色为蓝色；第3个<div>组件使用宽度、高度、边框线圆角等属性制作圆形图片。其在手机设备上的显示结果如图3-13所示。

```html
<!--example3_15.hml-->
<div class="container">
  <div class="one"></div>
  <div class="two"></div>
  <div class="three"></div>
</div>
```
```css
/*example3_15.css*/
.container {
  flex-direction: column;
  justify-content: center;
  align-items: center;
  width: 100%;
  height: 100%;
}
.container .one,.container .two{
  width: 90%;
  height: 150px;
  margin: 10px;
}
.one{
  border: 1px solid red;          /*边框样式：1px、实心线、红色*/
  border-radius: 20px;            /*边框圆角：20px*/
}
.two{
```

```
    border-style: dashed;        /*边框是虚线边框*/
    border-width: 2px;           /*边框粗细: 2px*/
    border-color: blue;          /*边框颜色: 蓝色*/
}
.three{
    width: 100px;                /*边框宽度: 100px*/
    height: 100px;               /*边框高度: 100px, 宽高一样是正方形*/
    border-radius: 100px;        /*边框圆角: 100px, 与宽高相同显示圆形*/
    border: 5px dotted black;    /*边框样式: 5px、点线、黑色*/
}
```

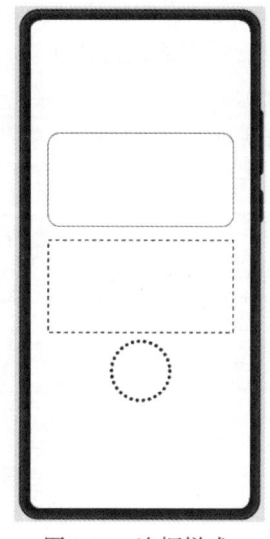

图3-13 边框样式

3.3.5 伪类

　　之所以引入伪类，是因为在页面文档树内有些信息无法用选择器选中。例如，CSS中没有"当按钮被点击时""组件不可用时"等选择器，而这在一些网页中又是必需的，这种情况下就引入了伪类。也就是说，CSS引入伪类的概念是为了实现基于文档树之外的信息格式化。

　　伪类是一种特殊的类选择符，其语法是在原有选择符后加一个伪类，其语法格式如下：

```
选择器: 伪类{
    属性: 属性值;
    属性: 属性值;
    ...
}
```

　　伪类是在CSS中已经定义好的，不能像类选择符那样使用自定义名字，可以解释为对象在某个特殊状态下的样式。常用的伪类见表3-5，各个伪类都不支持动画样式的设置。

表3-5 常用的伪类

名　称	支 持 组 件	描　　　述
:disabled	支持 disabled 属性的组件	表示 disabled 属性变为 true 时的组件
:focus	支持 focusable 属性的组件	表示获取 focus 时的组件
:active	支持 click 事件的组件	表示被用户激活的组件，如被用户点击的按钮、被激活的 tab-bar 页签

名　称	支 持 组 件	描　　述
:waiting	button	表示 waiting 属性为 true 的组件
:checked	input[type="checkbox"、type="radio"]、 switch	表示 checked 属性为 true 的组件
:hover	支持 mouseover 事件的组件	表示鼠标悬浮时的组件

【例3-16】根据数据真假设置input组件的显示样式

扫一扫，看视频

　　在本例中，设置了<input>组件的字体大小、颜色、背景色、边框线等属性，当<input>组件呈失效状态（即不能输入数据）时，修改<input>组件的字体颜色和背景色。在CSS中通过disabled伪类来获取当前<input>组件是否为有效状态，在JS文件中通过定义数据flag的真假来控制<input>组件在有效和无效状态之间的切换，数据flag的真假是由按钮进行控制的。其在手机上的有效和无效的两种显示结果如图3-14所示。

```
/*example3_16.hml*/
<div class="container">
  <input value="inputValue" disabled="{{flag}}" ></input>
  <button class="btn" @click="handleClick()">
    显示/隐藏
  </button>
</div>
--------------------------------------------------------------
/*example3_16.css*/
.container {
  flex-direction: column;
  justify-content: center;
  align-items: center;
  width: 100%;
  height: 100%;
}
input{
  font-size: 20px;
  color:white;
  background-color: orange;
  border: 0.5px solid gray;
  margin: 10px;
}
input:disabled{
  background-color: white;
  color: orange;
}
button{
  font-size: 20px;
  width: 200px;
  margin-top: 20px;
}
--------------------------------------------------------------
/*example3_16.js*/
export default {
  data: {
    flag: true
  },
  handleClick(){
    this.flag=!this.flag
  }
}
```

图3-14 伪类

3.4 盒子模型

3.4.1 盒子模型概述

HML文档中的每个组件都被描绘成矩形盒子，这些矩形盒子通过一个模型来描述其占用的空间，这个模型称为盒子模型。盒子模型用四个边界描述:margin（外边距）、border（边框）、padding（内边距）、content（内容区域），如图3-15所示。

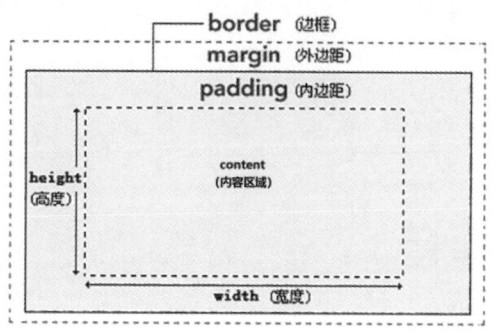

图3-15 盒子模型

盒子模型中最内部是实际显示组件的内容，内容所占高度由height属性决定，内容所占宽度由width属性决定，直接包围内容的是内边距（padding）。包围内边距的是边框（border），边框以外是外边距（margin）。如果设定背景色或背景图片，则会应用于由内容和内边距组成的区域。对于鸿蒙设备的页面来说，页面其实是由多个盒子嵌套排列的结果。

3.4.2 外边距

组件的外边距是指盒子模型的边框与其他盒子之间的距离，使用margin属性定义。margin的默认值是0。外边距没有继承性，也就是说，给父组件设置的margin值并不会自动传递到子组件中。margin属性是在一个声明中设置所有的外边距属性，该属性可以有1~4个值，具体如下：

（1）margin（10px）：表示4个方向（上、右、下、左）的外边距都是10px。

（2）margin（10px 5px）：表示上下外边距是10px，左右外边距是5px。

（3）margin（10px 5px 15px）：表示上外边距是10px，左右外边距是5px，下外边距是15px。

（4）margin（10px 5px 15px 20px）：表示上外边距是10px，右外边距是5px，下外边距是15px，右外边距是20px。

设置四个外边距的顺序从上开始，然后按照上、右、下、左的顺时针方向设置，也可以使用margin-top、margin-right、margin-bottom和margin-left四个属性对上外边距、右外边距、下外边距和左外边距单独进行设置。

【例3-17】两个组件的分隔

本例制作了两个<div>组件的页面布局，即两个<div>组件平分页面，然后通过外边距把两组件分开10px。其在手机设备上的显示结果如图3-16所示。

```
/*example3_17.hml*/
<div class="container">
  <div class="box lbMargin"></div>
  <div class="box"></div>
</div>
----------------------------------------------------------------
.container {
  flex-direction: row;
  justify-content: center;
  align-items: center;
  width: 100%;
  height: 100%;
}
.box{
  flex:1;
  height: 100%;
  background-color: orange;
}
.lbMargin{
  margin-right: 10px;
}
```

扫一扫，看视频

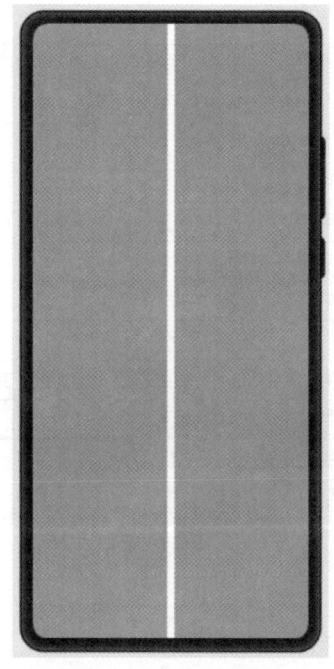

图3-16　两个组件的分隔

🌀 3.4.3　CSS 边框

组件的边框是围绕组件内容和内边距的一条线。CSS中使用border属性设置组件边框的样式、宽度和颜色。

CSS规范指出，边框线是绘制在"组件的背景之上"的。这样当有些边框是"间断的"时（如点线边框或虚线框），组件的背景就出现在边框的可见部分之间。每个边框有三个属性：宽度、样式、颜色，其简化定义方式如下：

```
border ：  宽度  样式   颜色;
```

在CSS边框的定义中，还可以对边框的四条边分别进行样式、宽度和颜色属性的定义，其属性及说明见表3-6。

表 3-6　CSS 边框的属性及说明

属　　性	说　　明
border	用于把针对四条边的属性设置在一个声明中
border-style	用于设置组件所有边框的样式，或者单独为各边设置边框样式
border-width	用于为组件的所有边框设置宽度，或者单独为各边框设置宽度
border-color	设置组件的所有边框中可见部分的颜色，或者单独为四条边设置颜色
border-bottom	用于把下边框的所有属性设置到一个声明中
border-bottom-color	设置组件的下边框的颜色
border-bottom-style	设置组件的下边框的样式
border-bottom-width	设置组件的下边框的宽度
border-left	简写属性，用于把左边框的所有属性设置到一个声明中

属　性	说　明
border-left-color	设置组件的左边框的颜色
border-left-style	设置组件的左边框的样式
border-left-width	设置组件的左边框的宽度
border-right	简写属性，用于把右边框的所有属性设置到一个声明中
border-right-color	设置组件的右边框的颜色
border-right-style	设置组件的右边框的样式
border-right-width	设置组件的右边框的宽度
border-top	简写属性，用于把上边框的所有属性设置到一个声明中
border-top-color	设置组件的上边框的颜色
border-top-style	设置组件的上边框的样式
border-top-width	设置组件的上边框的宽度

3.4.4　内边距

内边距是指盒子模型的边框与显示内容之间的距离，使用padding属性定义。例如，设置<text>组件的各边都有10px的内边距，其代码如下：

```
text{
    padding: 10px;
}
```

上面设置<text>组件的各边都有10px的内边距，如果需要设置各内边距不同时，可以按照上、右、下、左的顺序分别设置各边的内边距，各边均可以使用不同的宽度值，如下面的代码。

```
text{
    padding: 5px 6px 7px 8px;
}
```

上面代码中的四个值代表的含义是上内边距为5px、右内边距为6px、下内边距为7px、左内边距为8px。另外，可以通过padding-top、padding-right、padding-bottom、padding-left四个单独的属性，分别设置上、右、下、左内边距，即上面的代码可以使用下面的方式进行定义：

```
text {
    padding-top: 5px;
    padding-right: 6px;
    padding-bottom: 7px;
    padding-left: 8px;
}
```

【例3-18】内边距的使用

本例展示了CSS内边距属性在页面中的使用方法。其在手机设备上的显示结果如图3-17所示，由图中可以看出第2个文本框的字符与左边框的距离是50px。

扫一扫，看视频

```
/*example3_18.hml*/
<div class="container">
```

```
    <text class="title">
      Hello World
    </text>
    <text class="title borderPadding">
      您好鸿蒙
    </text>
</div>
——————————————————————————————————————————————————————
/*example3_18.css*/
.container {
  flex-direction: column;
  justify-content: center;
  align-items: center;
  width: 100%;
  height: 100%;
}
.title {
  width: 300px;
  height: 70px;
  border: 2px solid red;
  margin: 10px;
  font-size: 20px;
}
.borderPadding{
  padding: 0px 50px;          /*内边距：上下为0px，左右为50px*/
}
```

图3-17　CSS内边距

3.5 页面弹性布局

3.5.1 弹性布局的基本概念

Flex是Flexible Box的缩写，意为"弹性布局"，用来为盒子模型提供更大的灵活性，旨在提供更有效的布局和对齐方式，并且能够使容器中的子组件在大小未知或动态变化的情况下仍然能够分配好子组件之间的空间。

Flex布局的主要思想是使父组件容器能够调节子组件的宽度/高度（和排列顺序），从而能够更好地填充可用空间（主要是为了适应所有类型的显示设备和屏幕尺寸）。Flex布局容器能够放大子组件使之尽可能地填充可用空间，也可以收缩子组件使之不溢出。

把采用Flex布局的组件都称为 Flex 容器，简称"容器"。它的所有子组件自动成为容器成员，称为 Flex 项目（flex item），简称"项目"。

容器默认有两根轴，默认水平轴是主轴（main axis），垂直轴是交叉轴（cross axis）。主轴的开始位置（与边框的交叉点）叫作main start，结束位置叫作main end；交叉轴的开始位置叫作cross start，结束位置叫作cross end。

项目默认沿主轴排列。单个项目占据的主轴空间叫作main size，占据的交叉轴空间叫作cross size。

需要说明的是，鸿蒙设备中的页面组件默认都是采用弹性布局。如果需要将某一组件设置为弹性布局，可以使用如下指令：

```
.box{
  display: flex;              /*定义box样式类使用弹性布局*/
}
```

3.5.2 容器的属性

1. flex-direction属性

flex-direction属性决定主轴的方向（即项目的排列方向）。其定义的语法格式如下：

```
.box {
  flex-direction: column | row;
}
```

其中，column表示主轴为垂直方向，起点在上沿;row（默认值）表示主轴为水平方向，起点在左端。

2. justify-content属性

justify-content属性定义了项目在主轴上的对齐方式。其定义的语法格式如下：

```
.box {
  justify-content: flex-start|flex-end|center|space-between|space-around;
}
```

该属性的5个取值的具体对齐方式与主轴定义的方向有关。下面假设主轴为从左到右，其取值含义如下：

（1）flex-start（默认值）：左对齐。

（2）flex-end：右对齐。

（3）center：居中对齐。

（4）space-between：两端对齐，项目之间的间隔都相等。

（5）space-around：每个项目两侧的间隔相等，项目之间的间隔比项目与边框的间隔大一倍。

3. align-items属性

align-items属性定义了项目在交叉轴上的对齐方式。其定义的语法格式如下：

```
.box {
  align-items: flex-start | flex-end | center | stretch;
}
```

该属性的4个取值的具体对齐方式与交叉轴定义的方向有关。下面假设交叉轴从上到下，其取值含义如下：

（1）flex-start：交叉轴的起点对齐。

（2）flex-end：交叉轴的终点对齐。

（3）center：交叉轴的中点对齐。

（4）stretch（默认值）：如果项目未设置高度或设为auto，将占满整个容器的高度。

【例3-19】设置组件的摆放位置

本例先定义了一个container样式类的\<div\>组件作为整体容器，并在整体容器中增加了两个\<div\>组件的项目，让其以列为主轴，在主轴方向居中对齐，在交叉轴方向也是居中对齐，宽度占设备的全部大小；将第一个\<div\>组件当作Flex容器，并在其中增加3个\<text\>组件的项目，该容器以列为主轴，在主轴方向居中对齐，在交叉轴方向也是居中对齐；将第2个\<div\>组件也当成Flex容器，并在其中增加3个\<text\>组件的项目，该容器以行为主轴，在主轴方向两端对齐，在交叉轴方向居中对齐。其在手机设备上的显示结果如图3-18所示。

扫一扫，看视频

```
/*example3_19.hml*/
<div class="container">
  <div class="fatherDiv" >
    <text class="title">
      1
    </text>
    <text class="title">
      2
    </text>
    <text class="title">
      3
    </text>
  </div>
  <div class="otherFatherDiv">
    <text class="title">
      4
    </text>
    <text class="title">
      5
    </text>
    <text class="title">
      6
```

```
        </text>
    </div>
</div>
----------------------------------------------------------------
/*example3_19.css*/
.container {
    flex-direction: column;
    justify-content: center;
    align-items: center;
    width: 100%;
    height: 100%;
}
.fatherDiv{
    flex-direction: column;
    justify-content: center;
    align-items: center;
}
.otherFatherDiv{
    flex-direction: row;
    justify-content: space-between;
    align-content: center;
    width: 100%;
}
.title {
    font-size: 30px;
    text-align: center;
    width: 100px;
    height: 100px;
    border: 2px solid red;
}
```

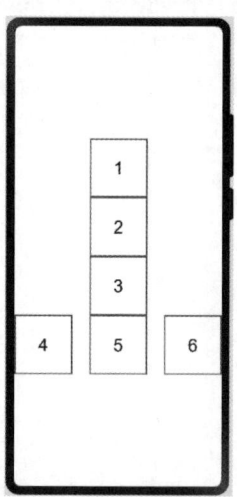

图3-18 设置组件的摆放位置

4. flex-wrap属性

默认情况下，项目都排在一条线(又称"轴线")上。flex-wrap属性定义了当一条轴线上排不下所有项目时进行换行的方式。其定义的语法格式如下：

```
.box{
    flex-wrap: nowrap | wrap;
}
```

该属性的2个取值的含义如下：

● nowrap（默认）：不换行。

● wrap：换行，第一行在上方。

【例3-20】制作数字键盘

在本例中，制作了12个文本框，并设定其高度、宽度、边框、字体等样式，在这个包含12个文本框的父组件上设定弹性布局的主轴、交叉轴、宽度等属性，最重要的是，将flex-wrap属性设置为wrap（换行）。其在手机设备上的显示结果如图3-19所示。

扫一扫，看视频

```
/*example3_20.hml*/
<div class="container">
  <div class="fatherDiv">
    <text class="title">
      1
    </text>
    <text class="title">
      2
    </text>
    <text class="title">
      3
    </text>
    <text class="title">
      4
    </text>
    <text class="title">
      5
    </text>
    <text class="title">
      6
    </text>
    <text class="title">
      7
    </text>
    <text class="title">
      8
    </text>
    <text class="title">
      9
    </text>
    <text class="title">
      *
    </text>
    <text class="title">
      0
    </text>
    <text class="title">
      #
    </text>
```

```
    </div>
</div>
-----------------------------------------------------------------------
/*example3_20.css*/
.container {
  flex-direction: column;
  justify-content: center;
  align-items: center;
  height: 100%;
}
.fatherDiv{                              /*父组件样式类，也就是弹性布局的容器，默认为弹性布局*/
  flex-wrap: wrap;                       /*当一行容不下所有项目时，进行换行*/
  justify-content: center;              /*弹性布局默认是行排列，本行设置为水平方向居中对齐*/
  align-content: center;                /*垂直方向居中对齐*/
}
.title {
  font-size: 38px;
  font-weight: bold;
  text-align: center;
  width: 100px;
  height: 100px;
  border: 1px solid orange;
  margin: 10px;
}
```

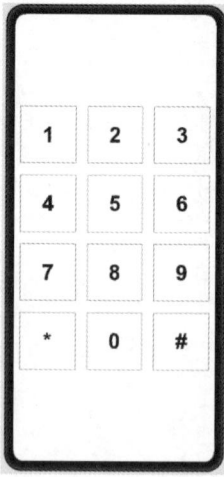

图3-19　数字键盘

3.5.3　项目的属性

1. flex-grow属性

flex-grow属性定义项目的放大比例，默认为0。其定义的语法格式如下：

```
.item {
  flex-grow: <number>;           /*默认为0*/
}
```

如果所有项目的flex-grow属性都为1，则它们将等分剩余空间（如果有）；如果一个项目的flex-grow属性为2，其他项目都为1，则前者占据的剩余空间将比其他项目多一倍。

【例3-21】制作手机主页面导航

在本例中，首先在HTML文件中定义了两个<div>组件，第一个<div>组件显示本页标题，第二个<div>组件显示位于手机底部的页面导航，在该<div>组件中又包含4个<div>组件，每个<div>组件内有图片和文字。然后在CSS文件中利用flex-grow属性让这4个组件等宽显示，并均匀地分布在手机底端，其中第一个<div>组件保持活动状态。其在手机设备上的显示结果如图3-20所示。

扫一扫，看视频

```
/*example3_21.hml*/
<div class="container">
  <div class="logo">
    <text>
        今日头条
    </text>
  </div>
  <div class="nav">
    <div class="nav-item">
      <image src="/common/images/home.png"></image>
      <text class="activeText" >主页</text>
    </div>
    <div class="nav-item">
      <image src="/common/images/vadiolb.png"></image>
      <text>视频</text>
    </div>
    <div class="nav-item">
      <image src="/common/images/joblb.png"></image>
      <text >任务</text>
    </div>
    <div class="nav-item">
      <image src="/common/images/melb.png"></image>
      <text>我的</text>
    </div>
  </div>
</div>

------------------------------------------------------------------

/*example3_21.css*/
.container {
  flex-direction: column;
  justify-content: center;
  align-items: flex-end;
}
.logo{
  position: fixed;
  left: 0;
  top: 0;
  background-color: #ff7500;
  height: 50px;
  justify-content: center;
  align-items: center;
  width: 100%;
}
.logo text{
  font-size: 20px;
  font-weight: 500;
  color: #ffffff;
```

```
    letter-spacing: 10px;
    width: 100%;
    text-align: center;
}
.nav{
    position: fixed;
    left: 0;
    bottom: 0;
}
.nav-item{
    flex-grow: 1;
    justify-content: center;
    align-items: center;
    height: 80px;
    background-color: #eee;
    flex-direction: column;
}
.nav-item image{
    width: 32px;
    height: 32px;
}
.nav-item text{
    font-size: 16px;
    color: gray;
    margin-top: 5px;
}
.nav-item .activeText{
    color: red;
}
```

图3-20　手机主页面导航

2. flex-shrink属性

flex-shrink属性定义了项目的缩小比例，默认为1，即空间不足时，该项目将缩小。其定义的语法格式如下：

```
.item {
  flex-shrink: <number>;
}
```

如果所有项目的flex-shrink属性都为1，当空间不足时，都将等比例缩小；如果一个项目的flex-shrink属性为0，其他项目都为1，当空间不足时，前者不缩小，并且负值对该属性无效。

3. flex-basis属性

flex-basis属性定义了在分配多余空间之前项目占据的主轴空间。设备根据这个属性计算主轴是否有多余空间，该属性的默认值为auto，即项目的本来大小。其定义的语法格式如下：

```
.item {
  flex-basis: <length> | auto;
}
```

该属性可以设为与width或height属性一样的值，则项目将占据固定空间。

4. flex属性

flex属性是flex-grow、flex-shrink 和 flex-basis的统称，后两个属性可选。其定义的语法格式如下：

```
.item {
  flex: none | [ <'flex-grow'> <'flex-shrink'>? || <'flex-basis'> ]
}
```

该属性有两个快捷值：auto (1 1 auto) 和 none (0 0 auto)。

3.6 本章小结

本章首先讲解了选择器，主要包括组件选择器、类选择器、ID选择器、包含选择器、组合选择器和父子选择器；然后介绍了CSS的基本属性，包括字体属性、文本属性、背景属性、边框属性和伪类；接着对CSS中的盒子模型进行了详细介绍，并应用前面讲到的知识进行了页面布局；最后对CSS中的弹性布局方法及应用进行了详细介绍。

需要强调的是，各个鸿蒙设备的尺寸大小有很大的差异性，这可能会导致不同鸿蒙设备上显示的页面不同。为了将各个鸿蒙设备显示的页面统一起来，需要针对不同的鸿蒙设备提供不同的CSS代码。通过本章的学习，大家应该能够熟练地运用CSS选择器和属性进行网页布局。

3.7 习题

一、单项选择题

1. 设置组件的内边距，使其上内边距为10px、下内边距为20px、左内边距为30px、右内边距为40px，CSS属性的设置语句是（　　　）。

　　A. padding:10px 20px 30px 40px　　　　　B. padding:40px 30px 20px 10px

　　C. padding:10px 40px 20px 30px　　　　　D. padding:20px 10px 40px 30px

2.（　　　）属性能够精确设置组件的左外边距。

　　A. margin:　　　　B. indent:　　　　C. margin-left:　　　　D. text-indent:

3. 设置底边框的属性是（　　　）。

   A. border-bottom   B. border-top   C. border-left   D. border-right

4. 对对象进行定位的属性是（　　　）。

   A. padding   B. margin   C. position   D. display

5. 阅读下面的HML代码，含有header和body样式类的div之间的空白距离是（　　　）。

```
<!--hml文件-->
<div class="container">
  <div class="header">123</div>
  <div class="body">123</div>
</div>
_____
/*CSS文件*/
.container {
  flex-direction: column;
  justify-content: center;
  align-items: center;
  left: 0px;
  top: 0px;
  width: 100%;
  height: 100%;
}
.header,.body{
  margin-bottom: 10px;
  border:1px solid #f00;
  width: 100px;
  height: 50px;
}
.body{
  margin-top: 15px;
  border:1px solid #f00;
}
```

   A. 0px   B. 10px   C. 15px   D. 25px

6. 设置弹性布局在主轴上的对齐方式所采用的属性是（　　　）。

   A. align-items   B. justify-content   C. center   D. flex-direction

二、多项选择题

1. CSS中的padding属性设置的属性值最多可以有（　　　）个。

   A. 1   B. 2   C. 3   D. 4

2. CSS中的盒子模型的属性包括（　　　）。

   A. font   B. margin   C. padding

   D. visible   E. border

3. 关于边框，以下写法正确的是（　　　）。

   A. border-top-width   B. border-style

   C. border-width   D. border-color

4. （　　　）属性值属于text-align属性。

   A. left   B. center   C. right   D. none

5. 以下选项中，（　　　）可以设置某个组件的左边界为5px。

   A. margin:0 5px;   B. margin:5px 0 0;

   C. margin:0 0 0 5px;   D. padding-left:5px;

三、设计分析题

1. 将以下CSS代码进行缩写，注意要符合缩写的规范。

（1）使用border属性对下列属性设置进行缩写。

```
border-width:1px;
border-color:#000;
border-style:solid;
```

（2）使用margin属性对下列属性设置进行缩写。

```
margin-left:20px;
margin-right:20px;
margin-bottom:5px;
margin-top:20px;
```

2. 分析下列代码并画出其在鸿蒙手机上显示的效果图。

```
<!--hml文件-->
<div class="container">
  <div id="left">
    <text>左列</text>
  </div>
  <div class="right">
    <div id="right1">
      <text>右列1</text>
    </div>
    <div id="right2">
      <text>右列2</text>
    </div>
  </div>
</div>
---------------------------------------------------------------------
/*CSS文件*/
.container {
  display: flex;
  justify-content: center;
  align-items: center;
  left: 0px;
  top: 0px;
  width: 100%;
  height: 100%;
}
div{
  background-color:#eee;
  border:2px solid #333;
  width:300px;
  height:300px;
}
#left {
  justify-content: center;
  align-items: center;
}
.right{
  flex-direction: column;
  justify-content: center;
  align-items: center;
}
#right1,#right2{
```

```
    height: 150px;
}
```

（1）解释上面代码中div标记样式定义代表的含义：_____

_____

（2）解释上面代码中ID为left的样式定义，其目的是：_____

_____

（3）解释上面代码中ID为right的样式定义，其目的是：_____

_____

（4）解释上面代码中ID为right1的样式定义，其目的是：_____

_____

（5）画出上面代码最后实现的网页效果。

3.8 实验 结构布局

1. 实验目的

（1）掌握CSS的定义方法。

（2）掌握CSS各种选择器的用法。

（3）掌握利用CSS在手机以及相关鸿蒙设备上的布局方法。

2. 实验内容

完成如图3-21所示的结构布局，属性参数要求如下：

（1）Logo、Footer、Navigation三个<div>组件的对齐方式是水平垂直居中，Content<div>组件的对齐方式是水平靠左，垂直靠上。

（2）Logo、Footer各占屏幕高度的10%，中间部分占屏幕高度的80%。

（3）Content占屏幕宽度的75%，Navigation占屏幕宽度的25%。

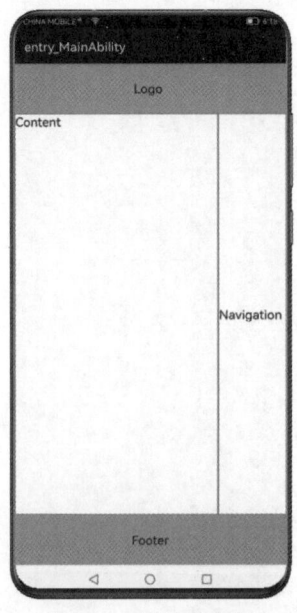

图3-21 设计的布局

第 4 章

页面行为控制——
JavaScript 语法

本章学习目标：

本章主要讲解鸿蒙设备中支持的 JavaScript 语言的基础知识。通过本章的学习，大家应该掌握以下内容：

- JavaScript 语言的运算符。
- JavaScript 语言的流程控制语句。
- JavaScript 语言事件触发机制。
- JavaScript 语言的变量的解构赋值。

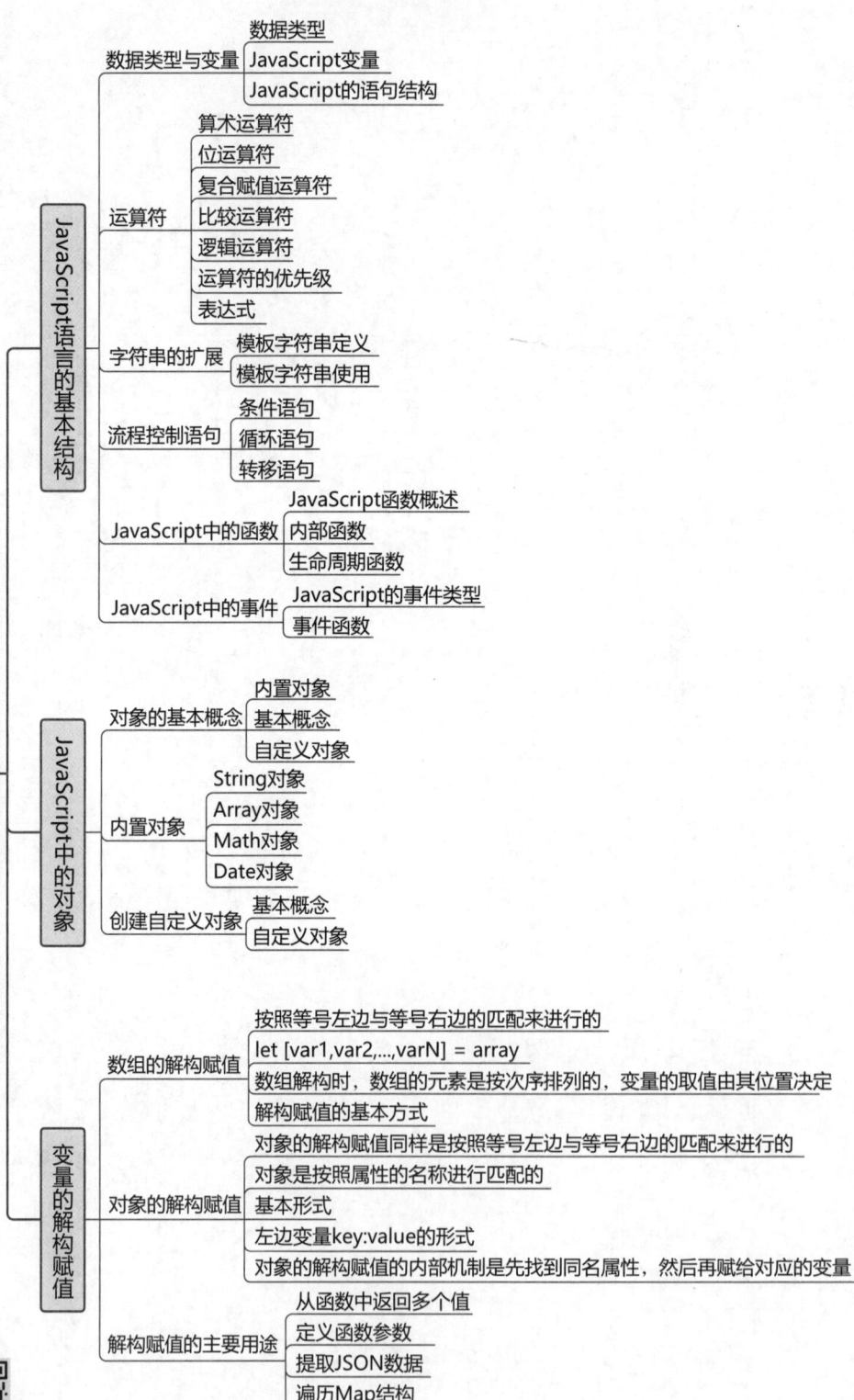

全景思维导图

4.1 JavaScript语言的基本结构

4.1.1 数据类型与变量

1. 数据类型

在鸿蒙的JavaScript中，数据类型十分宽松，在声明变量时可以先不定义该变量的数据类型，JavaScript会自动按照用户给该变量所赋的初值来确定适当的数据类型，这一点与Java或C++是截然不同的。JavaScript有以下几种基本的数据类型：

（1）数值类型。例如，34、3.14表示十进制数；0x34表示十六进制数，用十进制表示该值，为52。

（2）字符串类型。使用双引号括起来的字母或数字，如"Hello!"。

（3）逻辑值类型。取值仅可能是"真"或"假"，用true或false表示。

2. JavaScript变量

JavaScript变量的定义要求与C语言相仿，如以字母或下划线开头，变量不能是保留字（如let、var等），不能使用数字作为变量名的第一个字母，等等。JavaScript变量定义的关键字是var或let，其定义的语法格式如下：

```
var 变量名[=初始值];
let 变量名[=初始值];
```

JavaScript并不是在定义变量时说明变量的数据类型，而是在给变量赋初始值时确定该变量的数据类型；JavaScript对字母的大小写是敏感的。例如，对于var my和var My，JavaScript会认为这是定义了两个不同的变量。

使用var与let定义变量的不同点有以下几个方面：

（1）作用域不同。var是函数作用域，let是块作用域。在函数中声明了var变量，整个函数内都是有效的。例如，在for循环内定义的一个var变量，实际上其在for循环以外也是可以访问的。而由于let是块作用域，所以如果在块作用域内定义的变量（如在for循环内），在其外面是不可以被访问的，所以for循环推荐用let。

（2）let不能在定义之前访问该变量，但是var可以。let必须先声明再使用。而var可以先使用后声明，当未声明直接使用时，其值为undefined。

（3）let不能被重新定义，var可以被重新定义。

3. JavaScript的语句结构

在JavaScript的语法规则中，在每一条语句的最后最好使用一个分号，但其要求并不像C/C++那么严格。例如：

```
let ch1="Hello";
console.log(ch1);            //此语句的功能是在控制台中输出Hello
```

在编写JavaScript程序时，一定要有一个良好的习惯，最好是一行写一条语句。如果使用复合语句块时，注意把复合语句块的前后用大括号括起来，并且根据每条语句作用范围的不同，应有一定的缩进，最好适当地加一些注释，这对于程序的调试和阅读都是很有帮助的。

另外，所有的JavaScript语句都应该写在JS文件中，而此JS文件的后缀必须是.js。其文件内容定义格式如下：

```
export default {
  data: {
    数据：初值,                        //在data对象中定义数据
    数据：初值
  },
  函数名(){                          //自定义函数、生命周期函数等
   //函数体
  },
  函数名(){                          //多个函数时，前面的函数要用逗号隔开
   //函数体
  }
}
```

其中，export default命令为模块指定默认输出，这样外部的HTML文件就可以使用在此定义的数据和函数；data关键字被定义成一个对象，在这个对象中可以定义多个数据并为其赋初值，多个数据之间用逗号隔开；此处的函数名可以使用鸿蒙特有的生命周期函数，也可以自定义一个新的函数，还可以使用computed定义计算属性，有多个函数时同样需要用逗号隔开这些函数。

【例4-1】求1~10的累加和

扫一扫，看视频

本例使用JavaScript完成数字1~10的累加，并把最终的结果显示到手机和穿戴设备上（见图4-1）。在本例中，大家应该重点关注显示的HTML页面和进行计算的JS页面是如何联系起来的，其方法是这两个文件的前缀名必须相同，并且在同一个文件夹中。

```
<!--example4_1.hml-->
<div class="container">
  <text class="title">1到10的累加结果：{{sum}}</text>
</div>
----------------------------------------------------------------
/*example4_1.css*/
.container {
  display: flex;
  justify-content: center;
  align-items: center;
  width: 100%;
  height: 100%;
}
.title {
  font-size: 20px;
}
----------------------------------------------------------------
//example4_1.js
export default {
  data: {
    sum:0                            //定义并初始化累加和
  },
  onInit(){                          //页面数据初始化完成时触发的生命周期函数
    for(let i=1;i<=10;i++){          //循环10次
      this.sum+=i                    //循环次数的值加到sum变量中
    }
  }
}
```

鸿蒙应用开发从零基础到实战——始于安卓，成于鸿蒙（视频·案例·应用版）

图 4-1　累加和

　　此处需要特别强调的是，在onInit()生命周期函数中访问在data对象中定义的数据时必须使用this指针，如果需要访问其他函数，也需要在函数名前使用this指针，如this.total(15,20)。

4.1.2　运算符

　　运算符可以指定变量和值的运算操作，是构成表达式的重要因素。JavaScript支持算术运算符、位运算符、复合赋值运算符、比较运算符、逻辑运算符等。本小节将对这些运算符的使用方法进行简要介绍。

1. 算术运算符

　　用于连接运算表达式的各种算术运算符见表4-1。

表 4-1　算术运算符

运 算 符	运算符定义	举 例	说 明
+	加法符号	x=a+b	
−	减法符号	x=a−b	
*	乘法符号	x=a*b	
/	除法符号	x=a/b	
%	取模符号	x=a%b	x 等于 a 除以 b 所得的余数
++	加 1	a++	a 的内容加 1
−−	减 1	a−−	a 的内容减 1

2. 位运算符

　　位运算符是对两个表达式相同位置上的位进行位对位运算。JavaScript支持的位运算符见表4-2。

表4-2　位运算符

运 算 符	运算符定义	举 例	说 明
~	按位求反	x=~a	
<<	左移	x=b<<a	a为移动次数，左边移入0
>>	右移	x=b>>a	a为移动次数，右边移入0
>>>	无符号右移	x=b>>>a	a为移动次数，右边移入符号位
&	按位"与"	x=b & a	
^	按位"异或"	x=b ^ a	
|	按位"或"	x=b | a	

3. 复合赋值运算符

复合赋值运算符执行的是一个表达式的运算。JavaScript中的复合赋值运算符见表4-3。

表4-3　复合赋值运算符

运 算 符	运算符定义	举 例	说 明
+=	加	x+=a	x=x+a
-=	减	x-=a	x=x-a
*=	乘	x*=a	x=x*a
/=	除	x/=a	x=x/a
%=	模运算	x%=a	x=x%a
<<=	左移	x<<=a	x=x<<a
>>=	右移	x>>=a	x=x>>a
>>>=	无符号右移	x>>>=a	x=x>>>a
&=	按位"与"	x&=a	x=x&a
^=	按位"异或"	x^= a	x=x^a
|=	按位"或"	x|=a	x=x|a

4. 比较运算符

比较运算符用于比较两个对象之间的相互关系，返回值为true和false。各种比较运算符见表4-4。

表4-4　比较运算符

运 算 符	运算符定义	举 例	说 明
==	等于	a= =b	a等于b时为真
>	大于	a>b	a大于b时为真
<	小于	a<b	a小于b时为真
!=	不等于	a!=b	a不等于b时为真
>=	大于等于	a>=b	a大于等于b时为真
<=	小于等于	a<=b	a小于等于b时为真
?:	条件选择	E?a:b	E为真时选a，否则选b

5. 逻辑运算符

逻辑运算符返回true和false，其主要作用是连接条件表达式，表示各条件间的逻辑关系。各种逻辑运算符见表4-5。

表 4-5 逻辑运算符

运 算 符	运算符定义	举 例	说 明
&&	逻辑"与"	a && b	a 与 b 同时为 true 时，结果为 true
!	逻辑"非"	!a	如果 a 为 true，结果为 false；如果 a 为 false，结果为 true
||	逻辑"或"	a || b	a 与 b 有一个取值为 true 时，结果为 true

6. 运算符的优先级

运算符的优先级见表4-6。

表 4-6 运算符的优先级（由高到低）

运 算 符	说 明
.、[、( )	字段访问、数组下标以及函数调用
++、--、~、!、typeof、new、void、delete	前 4 个为一元运算符、第 5 个为返回数据类型、第 6 个为创建对象、第 7 个为未定义值、第 8 个为删除运算
*、/、%	乘法、除法、取模
+、-、+	加法、减法、字符串连接
<<、>>、>>>	移位
<、<=、>、>=	小于、小于等于、大于、大于等于
==、!==、===、!==	等于、不等于、恒等、不恒等
&	按位"与"
^	按位"异或"
|	按位"或"
&&	逻辑"与"
||	逻辑"或"
?:	条件
=	赋值

7. 表达式

JavaScript表达式可以用来计算数值，也可以用来连接字符串和进行逻辑比较，其分为三类，具体如下：

（1）算术表达式。算术表达式用来计算一个数值，如2*4.5/3。

（2）字符串表达式。字符串表达式可以连接两个字符串。连接字符串的运算符是加号。例如：

```
"Hello"+"World!"        //该表达式的计算结果是Hello World!
```

（3）逻辑表达式。逻辑表达式的运算结果为一个布尔型常量（true或false）。例如：

```
12>24                   //其返回值为false
```

4.1.3 字符串的扩展

1. 模板字符串定义

通常，在使用字符串联合时，如果其中有变量，则需要使用字符串拼接方法进行。例如：

```
let name="王者"
```

```
let outputName=""
outputName = "您好,"+name+"先生!";        //返回outputName="您好，王者先生!"
```

这样的传统做法需要使用大量的双引号和加号进行字符串拼接才能得到需要的模版，这种写法相当烦琐且不方便，可以使用模板字符串来解决这个问题。

模板字符串是增强版的字符串，用反引号（`）标识，既可以当作普通字符使用，也可以用来定义多行字符串，或者在字符串中嵌入变量。当在模板字符串中引入变量时，可以使用"${变量}"将变量括起来。上面的例子可以用模板字符串写成下面这样：

```
outputName = `您好，${name}先生!`;
```

由于反引号是模板字符串的标识，如果需要在字符串中使用反引号，就需要对其进行转义，转义使用的符号是"\"，例如：

```
outputName = `您好，\`${name}\`先生!`;//返回outputName="您好，`王者`先生!"
```

2. 模板字符串使用

如果使用模板字符串表示多行字符串，所有的空格和缩进都会被保存在输出中。例如：

```
console.log( `How old are you?
 I am 25.`);
```

输出结果将在控制台的2行上显示。另外，在"${}"中的大括号里可以放入任意的JavaScript表达式，还可以进行运算及引用对象属性等。例如：

```
var x=88;
var y=100;
console.log(`x=${++x},y=${x+y}`);
```

输出结果是：

```
x=89,y=189
```

模板字符串还可以调用函数，如果函数的结果不是字符串，则将按照一般的规则转化为字符串。

【例4-2】模板字符串的使用方法

扫一扫，看视频

在本例中，将模板字符串的几种用法在手机端实现。大家应仔细体会在鸿蒙中进行数据定义与调用的方法、进行函数的定义与调用的方法以及模板字符串中带变量的使用方法。其在手机设备上的显示结果如图4-2所示。

```
<!--example4_2.hml-->
<div class="container">
  <text class="title">
    模板字符串带变量输出：{{outputName}}
  </text>
  <text class="title">
    模板字符串带表达式输出：{{result}}
  </text>
  <text class="title">
    模板字符串调用函数输出：{{title}}
  </text>
</div>

_____

/*example4_2.css*/
.container {
  flex-direction: column;
  justify-content: center;
  align-items: flex-start;
   height: 100%;
```

```
}
text{
  font-size: 18px;
  text-align: left;
  margin-top: 20px;
  font-weight: 600;
}
————————————————————————————————————————————————
//example4_2.js
export default {
  data: {
    name:'王者',
    outputName:'',
    title:'',
    result:''
  },
  fun1(){                                          //自定义函数fun1()
    return 25;                                     //返回数值25
  },
  onInit(){
    //模板字符串中使用数据name，必须在name之前加this指针
    this.outputName = `您好，\`${this.name}\`先生!`;
    var x=88;
    var y=100;
    this.result=`x=${++x},y=${x+y}`               //++x是x先自加，再输出到页面
    this.title= `How old are you?
    I am ${this.fun1()}.`;                         //调用fun1()函数，同样需要加this指针
  }
}
```

图4-2　模板字符串

4.1.4 流程控制语句

JavaScript脚本语言提供流程控制语句，这些语句分别是条件语句（if语句和switch语句）和循环语句（for、while和do...while语句）。

1. 条件语句

（1）if语句。if语句是条件判断语句，根据一定的条件执行相应的语句块，其定义的语法格式如下：

```
if (条件表达式){
    语句块1;
}
else {
    语句块2;
}
```

当条件表达式的结果为true时，执行语句块1，否则执行语句块2。

（2）switch语句。switch语句用于测试表达式结果，并根据这个结果执行相应的语句块，其语法格式如下：

```
switch (表达式) {
    case 值1: 语句块1;
    break;
    case 值2: 语句块2;
    break;
    ...
    case 值n: 语句块n;
      break;
    default: 语句块n+1
}
```

switch语句首先计算表达式的值，然后根据表达式计算出的值选择与之匹配的case后面的值，并执行该case后面的语句块，直到遇到break语句为止；如果计算出的值与任何一个case后面的值都不相符，则执行default后的语句块。

【例4-3】switch语句的使用方法

在本例中，使用switch语句进行了一个多条件分支的判断。其在穿戴设备上的显示结果如图4-3所示。

```
<!--example4_3.hml-->
<div class="container">
  <text class="title">
    {{sth}}
  </text>
</div>
------------------------------------------------------------
/*example4_3.css*/
.container {
  display: flex;
  justify-content: center;
  align-items: center;
  height: 100%;
  width: 100%;
}
```

扫一扫，看视频

```
.title {
  font-size: 30px;
  text-align: center;
}
_____
//example4_3.js
export default {
  data: {
    sth: ''
  },
  onInit(){
    switch (14%3) {
      case 0: this.sth="您好";
                break;
      case 1: this.sth="大家好";
                break;
      default: this.sth="世界好";
                break;
    }
  }
}
```

从图4-3可以看出，执行的是default后面的语句，因为表达式（14%3）的运算结果是2；如果表达式改为15%3，则浏览器中的显示结果为"您好"。另外，需要强调的是，在每一个case语句的值后都要加冒号，同时case所执行的语句的最后一句必须是break语句，以终止switch语句后面语句的执行。

图4-3　switch语句

2. 循环语句

当需要把一个语句块重复执行多次，且每次执行仅改变部分参数的值时，可以使用循环语句，直到某一个条件不成立为止。

（1）for语句。for语句用来循环执行某一段语句块，其定义的语法格式如下：

```
for (表达式1; 表达式2; 表达式3){
  循环语句块;
}
```

其中，表达式1只执行一次，用来初始化循环变量；表达式2是条件表达式，该表达式每次循环后都要被重新计算一次，如果其值为"假"，则循环语句块立即中止并继续执行for语句之后的语句，否则重新执行循环语句块；表达式3用来修改循环控制变量的表达式，每次循环都会重新计算。另外，可以使用break语句中止循环语句并退出循环。for语句一般用在已知循环次数的场合，并且表达式1、表达式2、表达式3之间要用分号隔开。

例4-1是使用for循环语句的例子，该例用于计算数字1~10的累加和并显示。

（2）while语句。while语句是当循环次数未知，并且需要先判断条件后再执行循环语句块时使用的循环语句。while语句定义的语法格式如下：

```
while (条件表达式){
  循环体语句块;
}
```

在while语句中，当条件表达式为true时，循环体语句块被执行，执行完该循环体语句块后，会再次执行条件表达式；当条件表达式为false时，将退出该循环体；如果条件表达式开始时便为false，则循环语句块将一次也不会执行。使用break语句可以从这个循环中退出。

【例4-4】使用while语句实现1~10的累加和

本例说明了while语句的用法，程序实现数字1~10的累加和。其在手机和穿戴设备上的显示结果见图4-1。

```
<!--example4_4.hml-->
<div class="container">
  <text class="title">
    1到10的累加结果：{{sum}}
  </text>
</div>
-----------------------------------------------------------
/*example4_4.css*/
.container {
  justify-content: center;
  align-items: center;
  height: 100%;
  width: 100%;
}
.title {
  font-size: 20px;
  text-align: center;
}
-----------------------------------------------------------
//example4_4.js
export default {
  data: {
    sum: 0,
  },
  onInit(){
    let i=1                  //计数器初始化
    this.sum=0               //将累加和sum清0
    while(i<=10){            //如果计数器i小于等于10，则继续循环
      this.sum+=i;           //把计数器的值加到sum中
      i++;                   //计数器的值加1
    }
  }
}
```

（3）do...while 语句。do...while语句与while语句所执行的功能基本一样，唯一不同的是do...while语句先执行循环体，再进行条件判断，其循环体至少被执行一次。同样可以使用break语句从循环中退出。do...while语句的语法格式如下：

```
do{
    循环体语句；
}while(条件表达式);
```

这里，无论表达式的值是否为"真"，循环体语句都会被至少执行一次。

【例4-5】使用do...while语句实现1~10的累加和

本例说明了do...while语句的用法，程序实现数字1~10之间的累加和。其在手机和穿戴设备上的显示结果见图4-1。

```
<!--example4_5.hml-->
<div class="container">
  <text class="title">
    1到10的累加结果：{{sum}}
  </text>
```

扫一扫，看视频

```
</div>
——————————————————————————————————
/*example4_5.css*/
.container {
  justify-content: center;
  align-items: center;
  height: 100%;
  width: 100%;
}
.title {
  font-size: 20px;
  text-align: center;
}
——————————————————————————————————
//example4_5.js
export default {
  data: {
    sum: 0,
  },
  onInit(){
    let i=1                        //计数器初始化
    this.sum=0                     //将累加和sum清0
    do{                            //do循环
      this.sum+=i;                 //把计数器的值加到sum中
      i++;                         //计数器的值加1
    } while (i<=10)                //如果计数器i小于等于10，则继续循环
  }
}
```

3. 转移语句

（1）break语句。break语句的作用是使程序跳出各种循环程序，用于在异常情况下终止循环，或者终止switch语句后续语句的执行。

（2）continue语句。在循环体中，如果出现某些特定的条件，希望不再执行后面的循环体，但是又不想退出循环，这时要使用continue语句。在for循环中，执行到continue语句后，程序立即跳转到迭代部分，然后到达循环条件表达式，而对while循环，程序立即跳转到循环条件表达式。

【例4-6】找出100以内且不是2和3的倍数的整数

本例说明了continue语句的作用。该例实现了将1~100中除了2的倍数和3的倍数之外的整数显示在手机上，如图4-4所示。

```
<!--example4_6.hml-->
<div class="container">
  <text class="title">
    {{Msg}}
  </text>
</div>
——————————————————————————————————
/*example4_6.css*/
.container {
  justify-content: center;
  align-items: center;
  width: 100%;
  height: 100%;
}
.title {
```

扫一扫，看视频

```
    font-size: 20px;
    text-align: center;
}
_____
//example4_6.js
export default {
  data: {
    Msg: ''
  },
  onInit(){
    let i=0;                          //循环控制初值
    let count=0;                      //count是控制每输出6个数据便换行的计数器
    while (i<100){                    //循环语句，循环条件变量i<100
      if(i%3==0 || i%2==0) {          //是2或3的倍数
        i++;
        continue;                     //退出本次循环，进行下一次循环
      }
      count++;
      if(count>6) {                   //控制每输出6个数据便换行，且计数器清0
        this.Msg+="\n";               //换行
        count=0;                      //换行计数器清0
      }
      this.Msg+=" "+i;                //输出空格和相应的数据
      i++;
    }
  }
}
```

```
        1 5 7 11 13 17
      19 23 25 29 31 35 37
      41 43 47 49 53 55 59
      61 65 67 71 73 77 79
        83 85 89 91 95 97
```

图4-4　continue语句

4.1.5　JavaScript 中的函数

1. JavaScript函数概述

函数是指一段可以直接被另一段程序或代码引用的程序或代码，也叫作子程序，在面向对象程序设计中叫作方法。函数在实现固定程序功能的同时还带有一个入口和一个出口。所谓入口，就是函数所带的各个参数，可以通过这个入口把函数的参数值代入子程序让CPU处理；所

谓出口，就是函数运行并求得函数值之后，由此出口带回给调用它的程序，但根据程序设计需要，出口的返回值并不是必需的，如果需要函数返回值时，需要在函数体内使用return语句。

函数可以在某事件发生时直接调用。例如，当用户点击按钮时触发按钮的点击事件，也可以在程序代码的任何位置使用函数调用语句进行调用。如果需要向函数中传递信息，可以采用入口参数，有些函数不需要任何参数，有些函数可以带多个参数。定义函数只能在鸿蒙的JS文件中进行，如果定义多个函数，需要在每个函数的最后加上一个逗号分隔符。函数定义的语法格式如下：

```
函数名1([参数][,参数]){
    函数语句块
},
函数名2([参数][,参数]){
    函数语句块
}
```

【例4-7】函数的定义与调用

本例说明了JavaScript函数的定义和调用方法。其在手机和穿戴设备上的显示结果如图4-5所示。

```
<!--example4_7.hml-->
<div class="container">
  <text class="title">
    函数total(100,20)结果为:{{total1}}
  </text>
  <text class="title">
    函数total(32,43)结果为:{{total2}}
  </text>
</div>
--------------------------------------------------------------------
/*example4_7.css*/
.container {
  flex-direction: column;
  justify-content: center;
  align-items: center;
  height: 100%;
  width: 100%;
}
.title {
  font-size: 24px;
  text-align: center;
}
--------------------------------------------------------------------
//example4_7.js
export default {
  data: {
    total1:0,
    total2:0
  },
  total(x,y){
    let sum;                  //定义变量sum
    sum=x+y;                  //将i+j的值赋给sum
    return(sum);              //返回sum的值
  },
  onInit(){
```

扫一扫，看视频

页面行为控制——JavaScript语法

```
        this.total1= this.total(100,20)      //调用total函数，入口参数是100和20
        this.total2= this.total(32,43)       //调用total函数，入口参数是32和43
    }
}
```

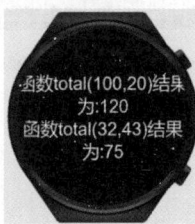

图4-5　函数的定义与调用

例4-7中定义了函数total(x,y)，其有两个入口参数（也叫形参）x和y，当调用这个函数时，可以给函数中的形参x和y一个具体的值。例如，total(100,20)的形参x的值为100，形参y的值为20。从该例可以看出，在生命周期函数onInit()中，通过使用this指针加函数名称的方法进行函数调用。

2. 内部函数

在面向对象编程语言中，函数一般是作为对象的方法进行定义的。而有些函数由于其应用的广泛性，可以作为独立的函数定义，还有一些函数根本无法归属于任何一个对象，这些函数是JavaScript脚本语言固有的，并且没有任何对象的相关性，这些函数称为内部函数。

例如，内部函数isNaN()用来测试某个变量是否为数值类型，如果变量的值不是数值类型，则返回true，否则返回false。

【例4-8】测试变量是否为数值类型

本例中，在JS文件中通过点击按钮的触发事件修改num值，然后判断num值是否为数值类型，并根据判断结果在穿戴设备上显示不同的结果，如图4-6所示。

```
<!--example4_8.html-->
<div class="container">
  <text class="title" if="{{flag}}">
    {{num}}是数值类型
  </text>
  <text class="title" else>
    {{num}}是非数值类型
  </text>
```

扫一扫，看视频

```
    <button onclick="handleClick">测试</button>
</div>
```

```css
/*example4_8.css*/
.container {
  flex-direction: column;
  justify-content: center;
  align-items: center;
  height: 100%;
  width: 100%;
}
.title {
  font-size: 18px;
  text-align: center;
}
```

```js
//example4_8.js
export default {
  data: {
    num:"18",
    flag:true
  },
  handleClick(){
    if(isNaN(this.num)){
      this.flag=true
      this.num=18
    }
    else{
      this.flag=false
      this.num="hello"
    }
  }
}
```

图4-6　内部函数测试结果

3. 生命周期函数

每个App或页面组件在被创建时都要经过一系列的初始化过程。例如，需要设置数据监听、数据挂载等。把鸿蒙的App从创建到销毁的过程叫作生命周期，在这个过程中运行的一些函数叫作生命周期函数（钩子函数）。这些生命周期函数为用户在生命周期的不同阶段进行程序控制提供了可能。

例4-7中所使用的是页面的生命周期函数onInit()，该函数的作用就是定义了在HML文件显示在鸿蒙设备之前所需要进行的一些初始化操作，具体的生命周期函数将在后续章节中详细说明。

 4.1.6 JavaScript 中的事件

1. JavaScript的事件类型

JavaScript语言是一种事件驱动的编程语言。事件是脚本处理响应用户动作的方法，其利用鸿蒙设备对用户输入的判断能力，通过建立事件与脚本的一一对应关系，把用户输入状态的改变准确地传递给脚本，并予以处理，然后把结果反馈给用户。

JavaScript对事件的处理分为定义事件和编写事件脚本两个阶段。设置事件触发位置是在HML文件中的组件上进行的，定义事件触发执行的函数指令是在JS文件中进行的。表4-7列出了JavaScript的事件类型及其相关说明。

表4-7　JavaScript 的事件类型

事件名称	事件说明
touchstart	手指刚触摸屏幕时触发该事件
touchmove	手指触摸屏幕后移动时触发该事件
touchcancel	手指触摸屏幕后动作被打断时触发该事件
touchend	手指触摸结束离开屏幕时触发该事件
click	点击动作触发该事件
longpress	长按动作触发该事件
focus	获得焦点时触发该事件，span 组件无法获取焦点
blur	失去焦点时触发该事件，span 组件无法失去焦点
key	智慧屏特有的按键事件，当用户操作遥控器按键时触发。返回 true 表示页面自己处理按键事件；返回 false 表示使用默认的按键事件逻辑；不返回值时按 false 处理
swipe	在组件上快速滑动后触发
attached	当前组件节点挂载在渲染树后触发
detached	当前组件节点从渲染树中移除后触发

要使JavaScript的事件生效，必须在对应的组件标记中指明将要发生在这个组件上的事件。例如，<input type="button" onclick="myClick">，在<input>组件中定义了单击事件（onclick），当用户在按钮上单击后会触发myClick()脚本函数。

在表4-7的前4个触摸事件中会有表4-8中的TouchEvent对象属性列表，表4-8中的TouchInfo中的内容见表4-9。

表4-8　TouchEvent 对象属性列表（继承自 BaseEvent）

属　性	类　型	说　明
touches	Array<TouchInfo>	触摸事件时的属性集合，包含屏幕触摸点的信息数组
changedTouches	Array<TouchInfo>	触摸事件时的属性集合，包括产生变化的屏幕触摸点的信息数组。数组数据格式和 touches 一样。该属性表示有变化的触摸点，如从无变有，位置变化，从有变无。例如，用户手指刚接触屏幕时，touches 数组中有数据，但 changedTouches 无数据

表 4-9 TouchInfo

属 性	类 型	说 明
globalX	number	距离屏幕左上角（不包括状态栏）的横向距离。屏幕的左上角为原点
globalY	number	距离屏幕左上角（不包括状态栏）的纵向距离。屏幕的左上角为原点
localX	number	距离被触摸组件左上角的横向距离。组件的左上角为原点
localY	number	距离被触摸组件左上角的纵向距离。组件的左上角为原点
size	number	触摸接触面积
force	number	接触力信息

2. 事件函数

要为事件编写处理函数，这些函数就是脚本函数，这些脚本函数在JS文件中定义。

【例4-9】触摸屏幕事件执行顺序

在本例中，定义了touchstart、touchmove、touchend事件的脚本函数，大家应该仔细体会其定义方法。本例的功能是以用户触摸屏幕，并在屏幕上移动，到最后抬起的过程为依据来测试这三个事件执行的顺序和其在屏幕上触摸点的位置。其在手机上的运行结果如图4-7所示（图的右侧），控制台输出的相关参数在图4-7的下方。

扫一扫，看视频

```
<!--example4_9.hml-->
<div class="container" ontouchstart="touchStart" ontouchmove="touchMove"
ontouchend="touchEnd">
  <text class="title">
    {{Message1}}
  </text>
  <text class="title">
    {{Message2}}
  </text>
</div>
--------------------------------------------------------------------
/*example4_9.css*/
.container {
  flex-direction: column;
  justify-content: center;
  align-items: center;
  height: 100%;
  width: 100%;
}
.title {
  font-size: 30px;
  text-align: center;
}
--------------------------------------------------------------------
//example4_9.js
export default {
  data: {
    Message1:"",
    Message2:""
  },
  touchStart(){
    this.Message1="1. 触摸开始事件被触发!\n"
  },
  touchMove(msg){
```

```
    this.Message2=`2. 触摸移动事件被触发！${msg.touches[0].globalX}, ${msg.
    touches[0].globalY} \n`
    console.log(JSON.stringify(msg.touches[0]))
},
touchEnd(){
    this.Message2+="3. 触摸结束事件被触发！\n"
}
}
```

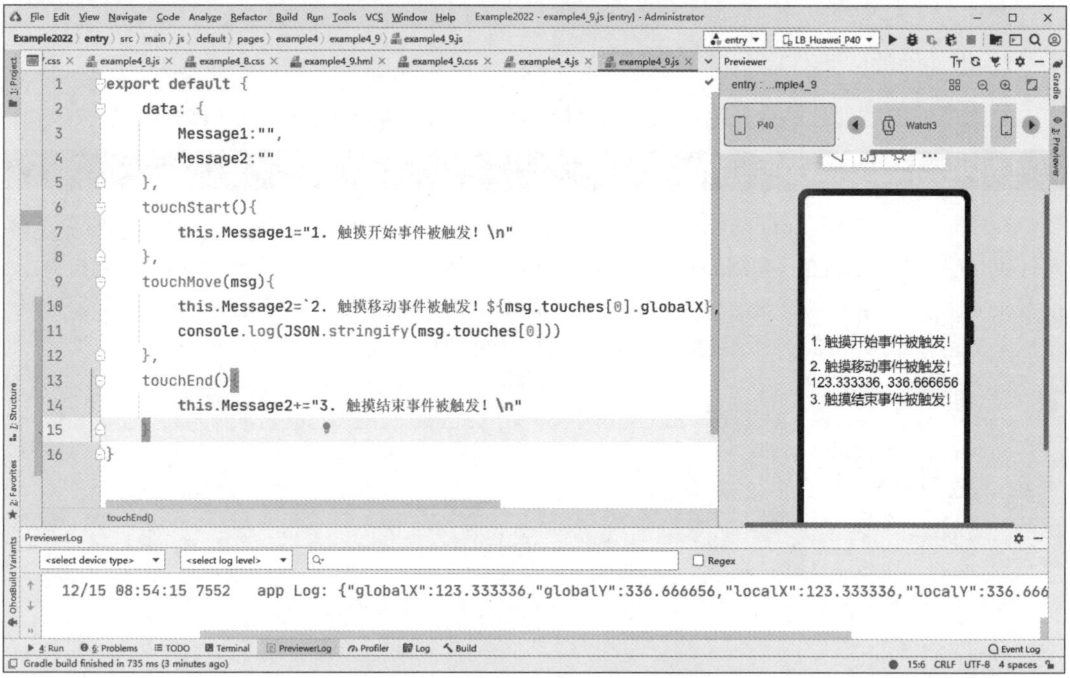

图 4-7 触摸屏幕事件执行顺序

4.2 JavaScript中的对象

4.2.1 对象的基本概念

对象是现实世界中客观存在的事物，如人、电话、汽车等，即任何实物都可以被称为对象。而一个JavaScript对象是由属性和方法两个基本要素构成的，属性主要用于描述一个对象的特征，如人的姓名、年龄等属性；方法用于表示对象的行为，如人有吃饭、睡觉等行为。

通过访问或者设置对象的属性，并且调用对象的方法，就可以完成各种任务。使用对象其实就是调用其属性和方法，调用对象的属性和方法的语法格式如下：

```
对象的变量名.属性名
对象的变量名.方法名（可选参数）
```

例如，对一个字符串对象属性访问和方法调用的语句如下：

```
let gamma = new String("This is a string");  //定义一个字符串对象gamma
console.log(gamma.substr(5,2));              //调用对象的取子字符串的方法
console.log(gamma.length);                   //获取子字符串对象的长度属性
```

JavaScript中的所有对象都可以分为内置对象和自定义对象。

4.2.2 内置对象

内置对象是JavaScript语言本身提供的已经定义好的对象，用户可以直接使用而不需要进行定义。这些内置对象可以帮助用户在设计脚本时实现一些最常用、最基本的功能。例如，用户可以使用Math对象的PI属性得到圆周率，即Math.PI；使用Math对象的sin()方法求一个数的正弦值，即Math.sin()；利用Date()对象来获取系统的当前日期和时间等。

1. String对象

String对象是JavaScript的内置对象，是一个封装字符串的对象，该对象的唯一属性是length属性，提供许多字符串的操作方法。String对象的常用方法及说明见表4-10。

表4–10　String 对象的常用方法及说明

方　法	说　明
charAt(n)	返回字符串的第 n 个字符
indexOf(srchStr[,index])	返回第一次出现子字符串 srchStr 的位置，index 从某一指定处开始，而不是从头开始。如果没有该子字符串，返回 –1
lastIndexOf(srchStr[,index])	返回最后一次出现子字符串 srchStr 的位置，index 从某一指定处开始，而不是从头开始
link(href)	显示 href 参数指定的 URL 的超链接
match()	找到一个或多个正则表达式的匹配
replace()	替换与正则表达式相匹配的子字符串
search()	检索与正则表达式相匹配的值
slice()	提取字符串的片段，并在新的字符串中返回被提取的部分
split(分隔符)	把字符串分隔为字符串数组
subString(n1,n2)	返回 n1 和 n2 字符之间的子字符串
toLowerCase()	将字符转换成小写格式显示
toUpperCase()	将字符转换成大写格式显示

【例4-10】String对象的基本操作

本例说明了String对象的属性及常用方法。其在手机上的显示结果如图4-8所示。

```
<!--example4_10.hml-->
<div class="container">
  <text class="title">
    {{title}}
  </text>
</div>
------------------------------------------------------------
/*example4_10.css*/
.container {
  justify-content: center;
  align-items: center;
```

扫一扫，看视频

页面行为控制——JavaScript语法

```
    width: 100%;
    height: 100%;
}
.title {
    font-size: 20px;
    text-align: center;
}
--------------------------------------------------------------------------------
//example4_10.js
export default {
    data: {
        title: ''
    },
    onInit(){
        let sth=new String("这是一个字符串对象");        //定义字符串对象
        this.title="sth='这是一个字符串对象'\n"
        this.title+="sth字符串的长度为:"+sth.length+"\n"
        this.title+="sth字符串的第4个字符为:'"+sth.charAt (4)+"'\n"
        this.title+="从第2到第5个字符为:'"+sth.substring (2,5)+"'\n"
        this.title+=sth.link("http://www.lllbbb.com")
    }
}
```

图4-8　String对象的使用

2. Array对象

数组是一个有序数据项的数据集合。JavaScript中的Array对象允许用户创建和操作一个数组，并支持多种构造函数。数组下标从0开始，所建的元素拥有从0到size-1的索引。在数组创建之后，数组的各个元素都可以使用"[ ]"标识符进行访问。Array对象的常用方法及说明见表4-11。

表 4-11　Array 对象的常用方法及说明

方　　法	说　　明
concat(array2)	返回包含当前引用数组和 array2 数组级联的 Array 对象
reverse( )	把一个 Array 对象中的元素在适当位置进行倒序
pop()	从一个数组中删除最后一个元素并返回这个元素
push()	添加一个或多个元素到某个数组的后面并返回添加的最后一个元素
shift()	从一个数组中删除第一个元素并返回这个元素
slice(start,end)	返回数组的一部分。从 index 到最后一个元素来创建一个新数组
sort()	排序数组元素，将没有定义的元素排在最后
unshift()	添加一个或多个元素到某个数组的前面并返回数组的新长度

【例4-11】Array对象的基本操作

本例说明了Array对象方法的应用。其在穿戴设备上的显示结果如图4-9所示。

```
<!--example4_11.hml-->
<div class="container">
  <text class="title">
    按汽车字母排序：{{title}}
  </text>
</div>
_____
/*example4_11.css*/
.container {
  justify-content: center;
  align-items: center;
  width: 100%;
  height: 100%;
}
.title {
  font-size: 20px;
  text-align: center;
}
_____
//example4_11.js
export default {
  data: {
    title: '\n'
  },
  onInit(){
    var myCars = new Array()        //定义数组对象
    myCars[0] = "Audi"              //给数组对象的第1个元素赋值
    myCars[1] = "Volvo"             //给数组对象的第2个元素赋值
    myCars[2] = "BMW"               //给数组对象的第3个元素赋值
    for (let x in myCars.sort()){   //按字母大小对数组进行排序，然后再进行遍历
      this.title+=myCars[x] + "\n"  //x是数组的索引值
    }
  }
}
```

扫一扫，看视频

页面行为控制——JavaScript语法

127

图4-9　数组对象的使用

3. Math对象

Math对象用于执行数学操作，其提供的常用属性见表4-12和表4-13。

表 4–12　Math 对象的常用属性及说明

属　　性	说　　明
E	返回算术常量 e，即自然对数的底数（约等于 2.718）
LN2	返回 2 的自然对数（约等于 0.693）
LN10	返回 10 的自然对数（约等于 2.302）
LOG2E	返回以 2 为底的 e 的对数（约等于 1.414）
LOG10E	返回以 10 为底的 e 的对数（约等于 0.434）
PI	返回圆周率（约等于 3.14159）
SQRT1_2	返回 2 的平方根的倒数（约等于 0.707）
SQRT2	返回 2 的平方根（约等于 1.414）

表 4–13　Math 对象的常用方法及说明

方　　法	说　　明
abs(x)	返回数的绝对值
acos(x)	返回数的反余弦值
asin(x)	返回数的反正弦值
atan(x)	以介于 –PI/2 与 PI/2 弧度之间的数值来返回 x 的反正切值
atan2(y,x)	返回从 x 轴到点 (x,y) 的角度（介于 –PI/2 与 PI/2 弧度之间）
ceil(x)	对数进行上舍入
cos(x)	返回数的余弦值
exp(x)	返回 e 的指数
floor(x)	对数进行下舍入
log(x)	返回数的自然对数（底为 e）
max(x,y)	返回 x 和 y 中的最大值
min(x,y)	返回 x 和 y 中的最小值
pow(x,y)	返回 x 的 y 次幂
random()	返回 0 ~ 1 的随机数
round(x)	把数四舍五入为最接近的整数
sin(x)	返回数的正弦值
sqrt(x)	返回数的平方根
tan(x)	返回角的正切值
toSource()	返回该对象的源代码
valueOf()	返回 Math 对象的原始值

【例4-12】猜数游戏

　　本例说明了Math方法的应用，实现在页面上进行猜数游戏。先使用Math. round()生成一个0~99的随机数，让用户来猜，当用户所猜的数大于生成的随机数时，提示用户所输入的"数据大了"，当小于生成的随机数时，提示用户"数据小了"，相等则提示用户"输入正确"。其在手机上的显示结果如图4-10所示。

扫一扫，看视频

```html
<!--example4_12.html-->
<div class="container">
  <div>
    <input type="text" value="{{guessNumber}}" onchange="handleChange">
    </input>
    <text class="title">
      {{title}}
    </text>
  </div>
  <button onclick="handleClick" >
      猜数
  </button>
</div>
```

```css
/*example4_12.css*/
.container {
  flex-direction: column;
  justify-content: center;
  align-items: center;
  width: 100%;
  height: 100%;
}
.container input{
  width: 200px;
}
.container button{
  width: 200px;
  height: 40px;
  font-size: 24px;
  margin-top: 10px;
}
.container div{
  flex-direction: column;
  justify-content: center;
  align-items: center;
}
.title {
  font-size: 20px;
  text-align: center;
  color:white;
  background-color: red;
}
```

```javascript
//example4_12.js
export default {
  data: {
    guessNumber: "",
    randomNumber:0,
    title:''
  },
  handleChange(e){                    //文本框内容发生改变的触发事件
    this.guessNumber=e.value          //读取用户在文本框中输入的数据
  },
  handleClick(){                      //用户点击"猜数"按钮时触发的事件
```

页面行为控制——JavaScript语法

129

```
    if(!isNaN(this.guessNumber)){                      //判断用户输入的是否为数值
      if(this.guessNumber>this.randomNumber)           //用户输入的数值大于生成的随机数
        this.title=this.guessNumber+"数据大了!";        //给用户提示
      else if(this.guessNumber<this.randomNumber)      //输入的数值小于生成的随机数
              this.title=this.guessNumber+"数据小了!";   //给用户提示
             else this.title=this.guessNumber+", 恭喜您, 猜对了!";   //给用户提示
    }
    else
      this.title='请输入100以内的整数'                    //用户输入的不是数值,给用户提示
    this.guessNumber=""                                 //清空用户输入
  },
  onInit(){                                             //数据显示在页面之前触发该生命周期函数
    this.randomNumber=Math.floor(Math.random()*100)   //生成0~99的随机数
  }
}
```

图4-10 猜数游戏

4. Date对象

在JavaScript中，使用Date对象设置或获取当前系统的日期和时间。定义Date对象的方法如下：

```
let  变量名= new Date();
```

Date对象提供了很多方法，利用这些方法可以在页面中制作出很多漂亮的效果。例如，倒计时时钟、在页面上显示当前日期、计算用户在本页面上的逗留时间、显示一个电子表或网络考试的计时器等。表4-14中列出了Date对象的常用方法。

表 4-14 Date 对象的常用方法

方　　法	说　　明
getDate()	返回在一个月中的哪一天（1~31）
getDay()	返回在一个星期中的哪一天（0~6），星期日为0
getHours()	返回在一天中的哪一个小时（0~23）
getMinutes()	返回在一小时中的哪一分钟（0~59）
getSeconds()	返回在一分钟中的哪一秒（0~59）
getYear()	返回年号

方　法	说　　明
setDate(day)	设置日期
setHours(hours)	设置小时
setMinutes(mins)	设置分钟
setSeconds(secs)	设置秒
setYear(year)	设置年

🎯 4.2.3　创建自定义对象

虽然可以在JavaScript中通过使用内置对象完成某些功能，但对于一些有特殊需求的用户来说，可能需要按照某些特定的需求创建自定义对象，JavaScript提供了对这种自定义对象的支持。

在JavaScript中，对象类型是一个用于创建对象的模板，这个模板中定义了对象的属性和方法。在JavaScript中定义一个新对象的方法如下：

```
对象的变量名 = new 对象类型（可选择的参数）
```

例如：

```
gamma = new String("This is a string");
```

1. 基本概念

JavaScript中已经存在了一些标准的类，如Date、Array、RegExp、String、Math、Number等。另外，用户可以根据实际需要定义类，如定义User类、Hashtable类等。

2. 自定义对象

对象表示法（JavaScript Object Notation，JSON）是一种轻量级的数据交换格式，完全独立于语言的文本格式是理想的数据交换格式，特别适用于JavaScript与服务器的数据交互。利用JSON格式创建对象的方法如下：

```
var jsonobject={
  propertyName:value,                 //对象的属性
  functionName:function(){statements;}    //对象的方法
};
```

其中，propertyName是对象的属性；value是对象的属性值，值可以是字符串、数字或对象；functionName是对象的方法；function(){statements;}用来定义匿名函数。例如：

```
var user={name:"user1",age:18};
var user={name:"user1",job:{salary:3000,title:"programmer"}}
```

以这种方式也可以初始化对象的方法。例如：

```
var user={
    name:"user1",                       //定义属性
    age:18,
```

页面行为控制——JavaScript语法

```
        getName:function(){                    //定义方法
            return this.name;
        }
    }
```

本例定义了一个JSON对象，大家可以体会JSON对象的使用方法。其在手机上的显示结果如图4-11所示。

```
<!--example4_13.hml-->
<div class="container">
  <text class="title">
    {{student.show()}}                    <!--调用JSON的show方法-->
  </text>
</div>
--------------------------------------------------------------------
/*example4_13.css*/
.container {
  flex-direction: column;
  justify-content: center;
  align-items: center;
  width: 100%;
  height: 100%;
}
.title {
  font-size: 24px;
  text-align: left;
}
--------------------------------------------------------------------
//example4_13.js
export default {
  data: {
    student:{                        //定义JSON对象
      studentId:"20220501001",       //定义属性
      username:"刘艺丹",
      tel:{home:81234567,mobile:13712345678},
      address:
      [
        {city:"武汉",postcode:"420023"},
        {city:"大连",postcode:"116033"}
      ],
      show:function(){               //定义方法
        let info=''
        info="学号:   "+this.studentId+"\n";
        info+="姓名:   "+this.username+"\n";
        info+="宅电:   "+this.tel.home+"\n";
        info+="手机:   "+this.tel.mobile+"\n";
        info+="工作城市:   "+this.address[0].city;
        info+="，邮编:   "+this.address[0].postcode+"\n";
        info+="家庭城市:   "+this.address[1].city
        info+="，邮编:   "+this.address[1].postcode+"\n";
        return info
```

```
      }
    }
  }
}
```

学号: 20220501001
姓名: 刘艺丹
宅电: 81234567
手机: 13712345678
工作城市: 武汉, 邮编: 420023
家庭城市: 大连,邮编: 116033

图4-11   自定义对象的创建与调用

4.3 变量的解构赋值

解构与构造数据截然相反，不是构造一个新的对象或数组，而是逐个拆分现有的对象或数组来提取所需要的数据。

JavaScript允许按照一定模式从数组和对象中提取值再对变量赋值，这被称为解构。这种新模式会映射出正在解构的数据结构，只有那些与模式相匹配的数据才会被提取出来。

4.3.1 数组的解构赋值

JavaScript语法规范中的数组的解构赋值基本是按照等号左边与等号右边的匹配来进行的，其语法结构如下：

```
let [var1, var2, ...,varN] = array          //varN表示一个变量，array表示数组
```

数组解构时，数组的元素是按次序排列的，变量的取值由其位置决定。下面说明几种数组解构赋值的基本方式。

1. 模式匹配

模式匹配的数组解构是等号的两边模式相同，左边的变量会被赋予对应的值。例如：

```
let [a, b, c] = [1, 2, 3];                  //解构后：a=1,b=2,c=3
```

2. 嵌套方式

在数组解构中，除了正常的模式匹配外，还可以使用嵌套方式进行解构，这种数组解构赋值的嵌套方式支持任意深度的嵌套。例如：

```
let [foo, [[bar], baz]] = [1, [[2], 3]]    //解构后：foo=1,bar=2,baz=3
```

3. 不完全解构

如果等号左边的模式只匹配一部分等号右边的数组，这种情况叫不完全解构。这种情况下，解构依然可以成功。例如：

```
let [x, , y] = [1, 2, 3];                  //解构后：x=1,y=3
```

4. 使用省略号解构

在JavaScript语法规范中，还可以使用省略号的方式进行相应的匹配操作，但这种解构方式有格式要求，也就是说，带有省略号修饰符的变量必须放到最后，否则是无效的解构方式。例如：

```
let [head, ...tail] = [1, 2, 3, 4];        //解构后：head=1,tail=[2, 3, 4]
```

如果解构不成功，变量的值就等于undefined。例如，以下示例中的变量y属于解构不成功，y的值就等于undefined。

```
let [x, y] = ['a'];                        //解构后：x='a',y为undefined
```

5. 含有默认值解构

在JavaScript语法规范中，左侧可以使用默认值。当右侧是undefined或没有左侧对应的值时，左侧就会用默认值给变量赋值。右侧数组中是undefined或没有值时默认值生效，否则默认值不生效，使用右侧数组的值。例如：

```
let [a=0,b=1,c=2]=[1,undefined];           //解构后：a=1,b=1,c=2。b和c使用默认值
```

6. 字符串解构的处理

在JavaScript语法规范中，右侧还可以是字符串，把字符串的每一个字符解构到相对应的等号左边的变量中。例如：

```
let [a,b,c] = 'hello';                     //解构后：a='h',b='e',c='o'
```

【例4-14】数组的几种解构赋值

本例是以上几种解构实例的实现，其程序运行后在DevEco Studio控制台中的显示结果如图4-12所示。

```
//example4_14.js
export default {
  data: {
    title: 'World'
  },
  onInit(){
    let [a, b, c] = [1, 2, 3];
```

扫一扫，看视频

```
    console.log('a='+a);
    console.log('b='+b);
    console.log('c='+c);
    let [foo, [[bar], baz]] = [1, [[2], 3]];
    console.log('foo='+foo);
    console.log('bar='+bar);
    console.log('baz='+baz);
    let [x1, , y1] = [1, 2, 3];
    console.log('x1='+x1);
    console.log('y='+y1);
    let [head, ...tail] = [1, 2, 3, 4];
    console.log('head='+head);
    console.log('tail='+tail);
    let [x2, y2] = ['a'];
    console.log('x2='+x2);
    console.log('y2='+y2);
    let [d=0,e=1,f=2]=[1,undefined];
    console.log('d='+d);
    console.log('e='+e);
    console.log('f='+f);
    let [g,h,i] = 'hello';
    console.log('g='+g);
    console.log('h='+h);
    console.log('i='+i);
  }
}
```

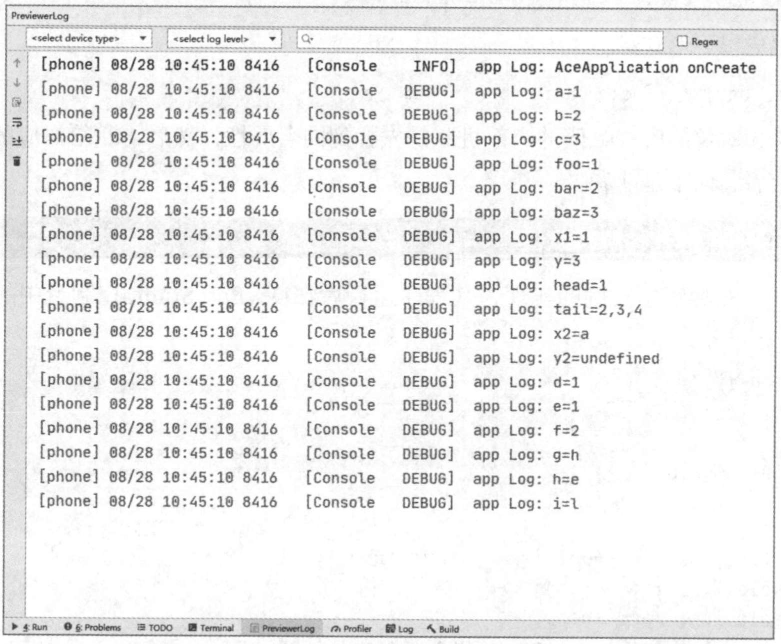

图 4-12　数组的解构赋值

4.3.2 对象的解构赋值

JavaScript语法规范中的对象的解构赋值同样是按照等号左边与等号右边的匹配来进行的。对象的解构赋值与数组的解构赋值的区别是：数组是按照位置次序进行匹配的，而对象是按照属性的名称进行匹配的，不一定按照属性出现的先后次序来进行。

1. 基本形式

左边变量只有key的形式，其实是利用key和value进行的简写，例如：

```
let {foo, bar} = {foo: 'aaa', bar: 'bbb'};        //解构后foo= 'aaa', bar: 'bbb'
```

这里需要再强调一点，数组是有次序的，数组中变量的次序决定着它的值，但是对象是没有次序的。例如，把上面语句中对象的属性交换一下位置，具体如下：

```
let {bar, foo} = {foo: 'aaa', bar: 'bbb'};        //解构后foo= 'aaa', bar: 'bbb'
```

输出的结果也是一样的，因为只有左边的变量与右边对象中的属性同名才会得到对象的值。和数组一样，对象解构失败时也是输出undefined。例如：

```
let {foo} = {bar: 'baz'};                         //解构后foo的值是undefined
```

2. 左边变量key:value的形式

```
let {foo: baz} = {foo: 'aaa', bar: 'bbb'};        //解构后baz的值是'aaa'
let obj = { first: 'hello', last: 'world'};
let {first: f, last: l} = obj;                    //解构后f='hello', l='world'
```

3. 解构的正常情况

解构的正常情况如下：

```
let {foo: foo, bar: bar} = {foo: 'aaa', bar: 'bbb'};
```

可以简化成以下形式：

```
let {foo, bar} = {foo: 'aaa', bar: 'bbb'};
```

也就是说，对象的解构赋值的内部机制是先找到同名属性，然后再赋给对应的变量。真正被赋值的是后者，而不是前者。

【例4-15】对象的几种解构赋值

本例是以上几种解构实例的实现，其程序运行后在DevEco Studio控制台中的显示结果如图4-13所示。

```
//example4_15.js
export default {
  data: {
    title: 'World'
  },
  onInit(){
    let {foo, bar} = {foo: 'aaa', bar: 'bbb'};
    console.log('foo='+foo);
    console.log('bar='+bar);
    let { bar1, foo1} = {foo1: 'aaa', bar1: 'bbb'};
```

扫一扫，看视频

```
        console.log('foo1='+foo1);
        console.log('bar1='+bar1);
        let {foo2} = {bar: 'baz'};
        console.log('foo2='+foo2);
        let {foo3: baz3} = {foo3: 'aaa', bar: 'bbb'};
        console.log('baz3='+baz3);
        let obj = {first: 'hello', last: 'world'};
        let {first: f, last: l} = obj;
        console.log('f='+f);
        console.log('l='+l);
        let {foo4, bar4} = {foo4: 'aaa', bar4: 'bbb'};
        console.log('foo4='+foo4);
        console.log('bar4='+bar4);
    }
}
```

PreviewerLog

| `<select device type>` ▼ | `<select log level>` ▼ | Q- | ☐ Regex |

```
[phone] 08/28 10:58:17 12200   [Console    INFO]    app Log: AceApplication onCreate
[phone] 08/28 10:58:17 12200   [Console   DEBUG]    app Log: foo=aaa
[phone] 08/28 10:58:17 12200   [Console   DEBUG]    app Log: bar=bbb
[phone] 08/28 10:58:17 12200   [Console   DEBUG]    app Log: foo1=aaa
[phone] 08/28 10:58:17 12200   [Console   DEBUG]    app Log: bar1=bbb
[phone] 08/28 10:58:17 12200   [Console   DEBUG]    app Log: foo2=undefined
[phone] 08/28 10:58:17 12200   [Console   DEBUG]    app Log: baz3=aaa
[phone] 08/28 10:58:17 12200   [Console   DEBUG]    app Log: f=hello
[phone] 08/28 10:58:17 12200   [Console   DEBUG]    app Log: l=world
[phone] 08/28 10:58:17 12200   [Console   DEBUG]    app Log: foo4=aaa
[phone] 08/28 10:58:17 12200   [Console   DEBUG]    app Log: bar4=bbb
```

▶ 4: Run   ⏱ 6: Problems   ☰ TODO   ▣ Terminal   ▤ PreviewerLog   ⟳ Profiler   ▤ Log   ⚒ Build

图4-13　对象的解构赋值

4.3.3　解构赋值的主要用途

1. 从函数中返回多个值

函数只能返回一个值，如果需要返回多个值时，只能将返回的多个值放在数组或对象中，然后通过数组或对象的解构赋值，可以非常方便地取出这些值。下面的程序代码片段是对函数的数组和对象的返回值进行解构。

```
export default {
  example() {
    return [1, 2, 3];                    //函数返回一个数组
  },
  example1() {
    return {                             //函数返回一个对象
      foo: 1,
      bar: 2
    };
  },
  onInit(){
    let [a, b, c] =this.example();       //对函数的返回值进行解构
    console.log(`a=${a}`)                //解构后: a=1, b=2, c=3
```

```
      console.log(`b=${b}`)
      console.log(`c=${c}`)
      let {foo, bar} = this.example1();          //对函数的返回值进行解构
      console.log(`foo=${foo}`)                   //解构后：foo=1, bar=2
      console.log(`bar=${bar}`)
    }
}
```

2. 定义函数参数

解构赋值可以方便地将一组参数与变量名对应起来。

【例4-16】利用解构方法给函数传递入口参数

扫一扫,看视频

在本例中，定义了两个求和函数，一个函数的入口是由三个变量组成的数组，另一个函数的入口是对象，分别利用解构方法给这两个函数传递入口参数。程序运行后在鸿蒙设备上返回的求和结果分别是6和15。

程序代码如下：

```
<!--example4_16.hml-->
<div class="container">
  <text class="title">
    {{title}}
  </text>
</div>
```
```
/*example4_16.css*/
.container {
  justify-content: center;
  align-items: center;
  width: 100%;
  height: 100%;
}
.title {
    font-size: 24px;
    text-align: center;
}
```
```
//example4_16.js
export default {
  data: {
    title: 'World'
  },
  arraySum([x, y, z]) {              //解构数组型入口参数
    return x+y+z
  },
  objectSum({x, y, z}){              //解构对象型入口参数
    return x+y+z
  },
  onInit(){
    this.title= this.arraySum([1,2,3])+"\n";
    this.title += this.objectSum({z: 4, y: 5, x: 6})
  }
}
```

3. 提取JSON数据

解构赋值在提取JSON对象中的数据时非常有用。

【例4-17】对JSON数据进行解构

在本例中定义了一个JSON对象，然后进行解构赋值，最后把相关数据显示在手机上。其在手机和穿戴设备上的显示结果如图4-14所示。

```
<!--example4_17.hml-->
<div class="container">
  <text class="title">
    {{msg}}
  </text>
</div>
------------------------------------------------------------
/*example4_17.css*/
.container {
  justify-content: center;
  align-items: center;
  width: 100%;
  height: 100%;
}
.title {
  font-size: 24px;
  text-align: center;
}
------------------------------------------------------------
//example4_17.js
export default {
  data: {
    jsonData: {                                   //定义JSON对象变量
      name: '刘兵',
      age: 25,
      like: ['羽毛球', '足球']
    },
    msg:''
  },
  onInit(){
    let {name, age, like: mylike} = this.jsonData;   //解构JSON对象变量
    this.msg=`姓名：${name} \n 年龄：${age}\n 爱好：`    //访问JSON对象中的数据
    for(var i=0; i<mylike.length; i++){              //遍历JSON对象数组
      this.msg += mylike[i]+",";
    }
    this.msg=this.msg.substr(0,this.msg.length-1)    //删除遍历数组时最后多余的逗号
  }
}
```

扫一扫，看视频

页面行为控制——JavaScript语法

139

图4-14　JSON数据解构

4. 遍历Map结构

任何部署了Iterator（迭代器）接口的对象，都可以用for...of 循环遍历。Map结构支持Iterator接口，可以配合变量的解构赋值获取键名和键值。

【例4-18】遍历Map

在本例中，先定义和赋值Map变量，再循环访问Map变量，在访问的同时使用解构赋值遍历Map。其在手机上的显示结果如图4-15所示。

扫一扫，看视频

```html
<!--example4_18.hml-->
<div class="container">
  <text class="title">
  {{msg}}
  </text>
</div>
```
```css
/*example4_18.css*/
.container {
  justify-content: center;
  align-items: center;
  width: 100%;
  height: 100%;
}
.title {
  font-size: 24px;
  text-align: center;
}
```
```js
//example4_18.js
export default {
  data: {
    map:new Map(),
    msg:''
  },
```

```
onInit(){
    this.map.set('name', '刘兵');              //生成Map数据
    this.map.set('age', 25);
    for (let [key, value] of this.map) {       //遍历Map数据
        this.msg += `键名: ${key}, \n`;
        this.msg += `"键值: ${value} \n`;
    }
    //如果只想获取键名, 或者只想获取键值, 可以写成下面这样
    this.msg += "\n\n 所有键名包括: \n"
    //获取键名, 并显示所有键名
    for (let [key] of this.map) {
        this.msg += `${key}, `
    }
    this.msg += "\n\n所有键值包括: \n"
    //获取键值, 并显示所有键值
    for (let [,value] of this.map) {
        this.msg +=`${value}, `
    }
}
```

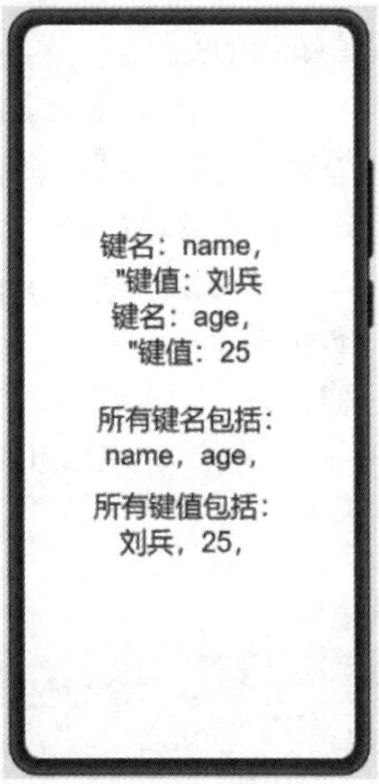

图4-15　遍历Map

4.4　本章小结

　　学习鸿蒙系统应用开发之前必须要有一定的HTML、CSS和JavaScript基础, 如果不学好这些JavaScript的语法知识, 在学习本书的后续章节时会有些吃力。本章重点讲解了JavaScript的一些语法知识, 包括JavaScript基础、JavaScript的运算符、JavaScript的对象、JavaScript的事件、JavaScript变量的解构赋值。本章还结合了一些实用案例来使大家能更好地理解这些语法知识, 为本书后续章节的学习打下一个良好的基础。

4.5 习题

一、选择题

1. 在数组的解构赋值时，var [a,b,c] = [1,2]结果中的a、b、c的值分别是（　　）。

    A. 1 2 null   B. 1 2 undefined   C. 1 2 2   D. 抛出异常

2. 在对象的解构赋值时，var {a,b,c} = {'c':10, 'b':9, 'a':8 } 结果中的a、b、c的值分别是（　　）。

    A. 10 9 8   B. 8 9 10   C. undefined 9 undefined   D. null 9 null

3. 关于模板字符串，下列说法不正确的是（　　）。

    A. 使用反引号标识   B. 插入变量时使用${ }

    C. 所有的空格和缩进都会被保留在输出中   D. ${ }中的表达式不能是函数的调用

4. 数组扩展的fill()函数，[1,2,3].fill(4)的结果是（　　）。

    A. [4]   B. [1,2,3,4]   C. [4,1,2,3]   D. [4,4,4]

5. 在数组的扩展中，不属于用于数组遍历的函数是（　　）。

    A. keys()   B. entries()   C. values()   D. find()

6. 关于Map结构的介绍，下面说法错误的是（　　）。

    A. 是键值对的集合   B. 创建实例需要使用new关键字

    C. Map结构的键名必须是引用类型   D. Map结构是可遍历的

7. 想要获取Map实例对象的成员数，利用的属性是（　　）。

    A. size   B. length   C. sum   D. Members

8. 关于关键字const，下列说法错误的是（　　）。

    A. 用于声明常量，声明后不可修改   B. 不会发生变量提升现象

    C. 不能重复声明同一个变量   D. 可以先声明，不赋值

二、简答题

1. 写出下面程序片段的运行结果。

```
let arr = [1,2,3,4];
var arr2 = [];
for(let i of arr){
    arr2.push(i*i);
}
console.log(arr2);
```

2. 使用模板字符串改写下面代码的最后一句。

```
let iam  = "我是";
let name = "lb";
let str = "大家好, " + iam + name + ", 多指教。";
```

3. 用对象的简洁表示法改写下面的代码。

```
let name = "tom";
let obj = {
  "name":name,
  "say":function(){
    console.log('hello world');
```

```
  }
};
```

4. 用箭头函数的形式改写下面的代码。

```
arr.forEach(
  function (v,i) {
    console.log(i);
    console.log(v);});
  }
}
```

5. 定义以下数组并实现数组去重的完整程序。

```
let arr = [1, 2, 2, 3, 4, 5, 5, 6, 7, 7, 8, 8, 0, 8, 6, 3, 4, 56, 2]
```

6. 写出下面程序片段的运行结果。

```
let jsonData = {
  id: 42,
  status: "OK",
  data: [867, 5309]
};
let {id, status, data:} = jsonData;
console.log(`${id}-${status}-${data[1]}`)
```

7. 定义一个数组：

```
const list = [
    {id:3, name:"张三丰"},
    {id:5, name:"张无忌"},
    {id:13, name:"杨逍"},
    {id:33, name:"殷天正"},
    {id:12, name:"赵敏"},
    {id:97, name:"周芷若"},
]
```

编写程序片段实现以下要求：

（1）找到所有姓"杨"的人。

（2）找到所有包含"天"字的人。

（3）找到周芷若的id。

8. 写出下面程序片段的运行结果。

```
var a=[1, 4, -5, 10].find((n) => n < 0);
var b=[1, 5, 10, 15].find(function(value, index, arr) {
  return value > 9;
})
var c=[1, 5, 10, 15].findIndex(function(value, index, arr) {
  return value > 9;
})
console.log(a);
console.log(b);
console.log(c);
```

9. 写出下面程序片段的运行结果。

```
let arrJson=[
  {language:'web',price:54},
  {language:'C++',price:87},
  {language:'json',price:63},
```

```
    {language:'ES6',price:99},
]
let arrResult=arrJson.filter(item=>item.price>=65)
for(var key in arrResult){
    console.log(key+": 语言"+arrResult[key].language+",价格"+
                    arrResult[key].price);
}
```

4.6 实验 猜数游戏

1. 实验目的

（1）了解和掌握JavaScript的语法规则。

（2）熟练掌握JavaScript语言的流程控制语句、函数的语法及具体的使用方法。

2. 实验内容

随机生成一个0~99（包括0和99）的数字，然后让用户在规定的次数内猜出是什么数字。当用户随便猜一个数字后，游戏会提示太大还是太小，然后缩小结果范围，最终得出正确结果。界面设计参考如图4-16所示。

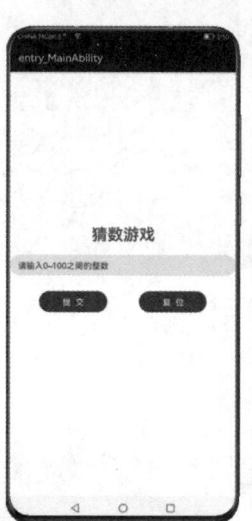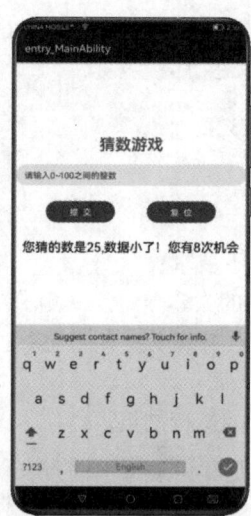

图4-16　界面设计参考

第 5 章

鸿蒙高级 JavaScript 控制

本章学习目标：

　　本章主要讲解鸿蒙高级 JavaScript 控制，包括鸿蒙的一些高级组件。通过对本章的学习，大家应该掌握以下主要内容：

- 公共代码和功能模块的导入。
- 全局对象与页面对象访问的区别。
- 数据方法和公共方法的使用。
- 高级组件的灵活运用。

本章知识结构

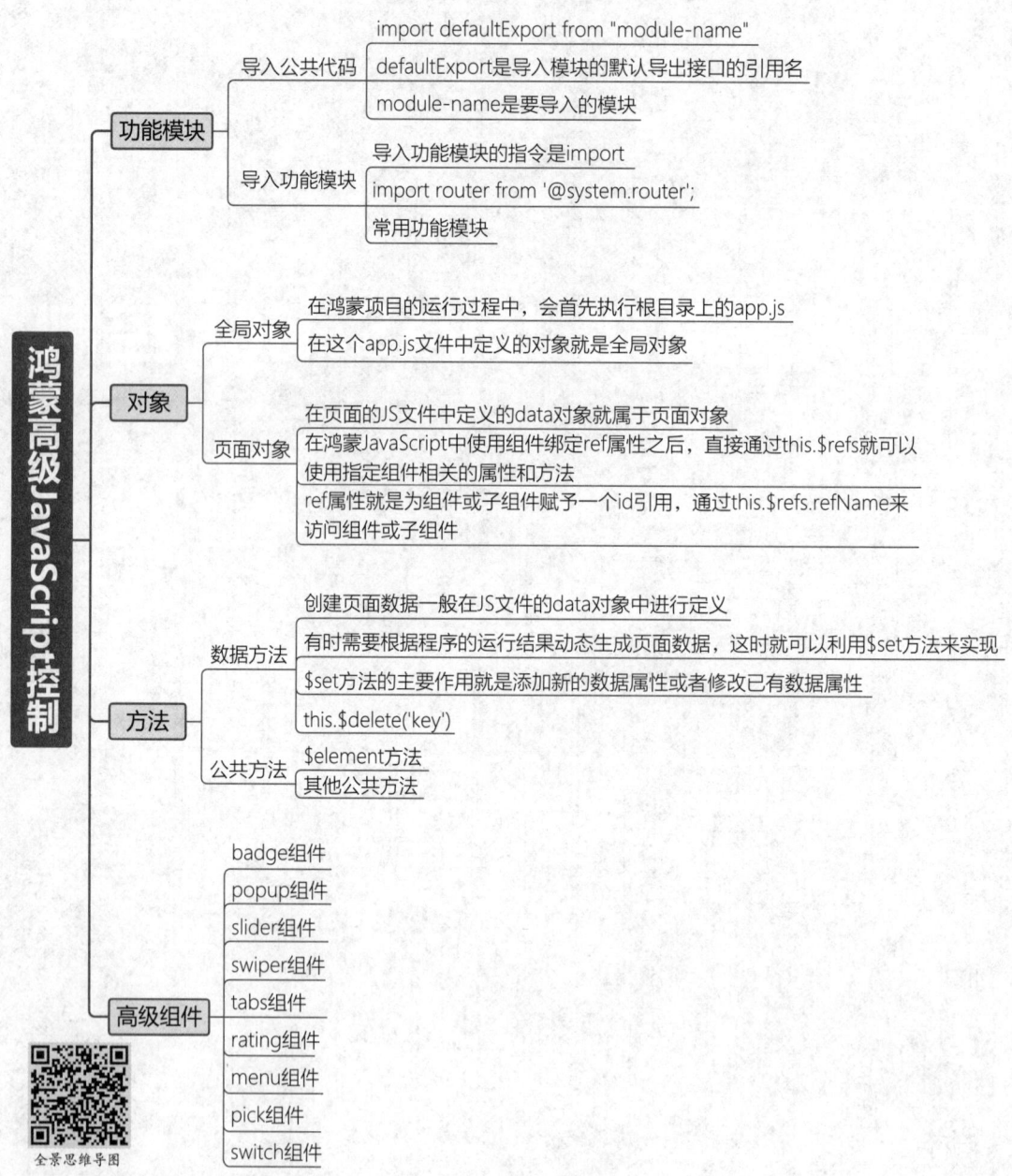

鸿蒙高级JavaScript控制

功能模块

导入公共代码
- import defaultExport from "module-name"
- defaultExport是导入模块的默认导出接口的引用名
- module-name是要导入的模块

导入功能模块
- 导入功能模块的指令是import
- import router from '@system.router';
- 常用功能模块

对象

全局对象
- 在鸿蒙项目的运行过程中，会首先执行根目录上的app.js
- 在这个app.js文件中定义的对象就是全局对象

页面对象
- 在页面的JS文件中定义的data对象就属于页面对象
- 在鸿蒙JavaScript中使用组件绑定ref属性之后，直接通过this.$refs就可以使用指定组件相关的属性和方法
- ref属性就是为组件或子组件赋予一个id引用，通过this.$refs.refName来访问组件或子组件

方法

数据方法
- 创建页面数据一般在JS文件的data对象中进行定义
- 有时需要根据程序的运行结果动态生成页面数据，这时就可以利用$set方法来实现
- $set方法的主要作用就是添加新的数据属性或者修改已有数据属性
- this.$delete('key')

公共方法
- $element方法
- 其他公共方法

高级组件
- badge组件
- popup组件
- slider组件
- swiper组件
- tabs组件
- rating组件
- menu组件
- pick组件
- switch组件

全景思维导图

5.1 功能模块

5.1.1 导入公共代码

使用import方法导入JS代码，其使用的语法格式如下：

```
import defaultExport from "module-name";
```

其中，defaultExport是导入模块的默认导出接口的引用名；module-name是要导入的模块。通常包含目标模块的JS文件的相对或绝对路径名，可以不包括JS扩展名。

【例5-1】获取公共数据

在本例中，定义了公共代码util.js，在其中定义数据和返回该数据的方法，然后在页面的JS文件中导入util.js，并调用其中获取数据的方法。该例在穿戴设备上的显示结果如图5-1所示。

扫一扫，看视频

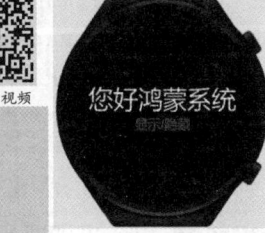

图5-1 获取公共数据

```
<!--example5_1.html-->
<div class="container">
  <text class="title" if="{{isShow}}" >{{title}}</text>
  <button class="btn" @click="handleClick()">
    显示/隐藏
  </button>
</div>

------------------------------------------------------------
/*example5_1.css*/
.container {
  flex-direction: column;
  justify-content: center;
  align-items: center;
  width:100%;
  height:100%
}
.title {
  font-size: 30px;
  text-align: center;
}

------------------------------------------------------------
//example5_1.js
import  tools  from './util'        //导入util.js公共代码
export default {
  data: {
    title: "您好",
    isShow:true                    //控制文本是否显示，true为显示，false为隐藏
  },
  handleClick(msg){                //按钮触发函数
    this.isShow=!this.isShow       //控制显示变量取反，true和false相互转换
  },
  onShow(){                        //生命周期函数
    //通过调用公共方法tools.getTxt()生成显示文本"您好鸿蒙系统"
    this.title+=tools.getTxt()
  }
}
```

```
                ────────────────────────────────────────
//util.js
export default {
  txt:'鸿蒙系统',            //定义公共数据txt
  getTxt(){                   //定义公共方法
    return this.txt           //返回公共数据
  }
}
```

5.1.2 导入功能模块

鸿蒙的系统中内置了许多功能丰富的模块，这些模块不需要用户去定义，直接进行导入便可以使用。导入功能模块的指令是import。例如，导入路由功能模块的语法格式如下：

```
import router from '@system.router';
```

鸿蒙提供的常用功能模块很多，在此仅列出一些常用功能模块，主要包括启动Ability（@ohos.ability.featureAbility）、弹窗（@system.prompt）、数据请求（@system.fetch）、上传下载（@system.request）、数据存储（@system.storage）等。

【例5-2】显示弹窗

扫一扫，看视频

显示弹窗首先要在JS文件中的开始处导入弹窗功能模块，该模块目前支持三个主要方法：prompt.showToast、prompt.showDialog、prompt.showActionMenu。本例使用prompt.showToast方法，该方法支持三个主要属性，分别是message、duration、bottom。其中：

（1）message：显示的文本信息。

（2）duration：显示弹窗的时间。单位是ms，默认值为1500ms，建议区间为1500~10000ms。如果取值小于1500ms，则取默认值，最大取值为10000ms。

（3）bottom：设置弹窗边框距离屏幕底部的位置。

在本例中，单击"测试弹窗"按钮，将弹出一个指定信息的窗口。其在穿戴设备上的显示结果如图5-2所示。

```
<!--example5_2.hml-->
<div class="container">
  <button onclick="handle">测试弹窗</button>
</div>
                ────────────────────────────────────────
/*example5_2.css*/
.container {
  display: flex;
  justify-content: center;
  left: 0px;
  top: 0px;
  width:  100%;
  height: 100%;
}
                ────────────────────────────────────────
//example5_2.js
import prompt from '@system.prompt';        //导入弹窗模块
export default {
  data: {
    title: 'World'
  },
  handle(){                                  //按钮单击事件
```

```
    prompt.showToast({                      //显示弹窗
        message: '鸿蒙弹窗提示您：早上好！',    //弹窗中显示的信息
        duration: 3000,                     //弹窗在页面中的显示时间为3000ms（3s）
    });
    }
}
```

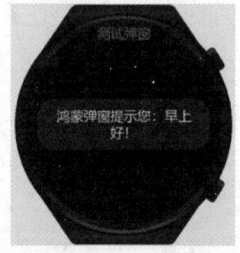

图 5-2　按下按钮前后的弹窗显示

5.2　对象

5.2.1　全局对象

在鸿蒙项目的运行过程中，会首先执行根目录上的app.js，默认情况下该文件的内容如下：

```
export default {
  onCreate() {
    console.info('AceApplication onCreate');
  },
  onDestroy() {
    console.info('AceApplication onDestroy');
  }
}
```

该文件内定义的是整个项目的两个生命周期函数。onCreate()是在项目运行时执行的生命周期函数。onDestroy()是在项目销毁时执行的生命周期函数。如果在这个app.js文件中定义对象，那么该对象就是全局对象，全局对象在鸿蒙设备页面中的使用方式是通过$def属性实现的，使用this.$app.$def获取在app.js中暴露的对象。

【例5-3】全局对象的定义与获取

在本例中，首先定义了本地页面的数据对象，然后通过按下按钮的触发函数来读取在app.js文件中定义的全局对象和方法，其运行结果如图5-3所示。

```
<!--example5_3.html-->
<div class="container">
  <text class="title">
    {{appData}}--{{appVersion}}
  </text>
  <button onclick="invokeGlobalMethod">获取全局对象数据</button>
</div>
_____
/*example5_3.css*/
```

扫一扫，看视频

```css
.container {
  flex-direction: column;
  justify-content: center;
  align-items: center;
  width: 100%;
  height: 100%;
}
.title {
  font-size: 24px;
  text-align: center;
}
button{
  font-size: 16px;
  height: 40px;
  width: 150px;
  text-align: center;
  background-color: dimgray;
  margin-top: 20px;
}
```

```javascript
//example5_3.js
export default {
  data: {
    appData: 'localData',
    appVersion:'1.0',
  },
  getAppVersion() {
    this.appVersion = this.$app.$def.globalData.appVersion;
  },
  invokeGlobalMethod() {
    this.appData=this.$app.globalData.appData
    this.$app.$def.globalMethod();
    this.getAppVersion()
  }
}
```

```javascript
//app.js
export default {
  onCreate() {
    console.info('AceApplication onCreate');
  },
  onDestroy() {
    console.info('AceApplication onDestroy');
  },
  globalData: {
    appData: 'globalData',
    appVersion: '2.0',
  },
  globalMethod () {
    this.globalData.appVersion = '3.0';
  }
};
```

图 5-3　按下按钮前后的全局对象的定义与获取

5.2.2　页面对象

在页面的JS文件中定义的data对象就属于页面对象。例如，在JS文件中进行如下定义：

```
export default {
  data: {
    title: "您好",
  }
}
```

在鸿蒙JavaScript中使用组件绑定ref属性之后，直接通过this.$refs就可以使用指定组件相关的属性和方法。其实ref属性就是为组件或子组件赋予一个id引用，通过this.$refs.refName来访问组件或子组件。this.$refs是一个对象，含有在页面中注册过ref属性的所有组件和子组件的实例。需要说明的是，this.$refs只有在DOM节点或组件渲染完成后才填充，在初始渲染的时候不能被访问，因此不能用在模板中做数据绑定。

【例5-4】通过ref获取组件节点值

本例在页面上定义了1个文本框和2个按钮，当按下其中的一个按钮时，通过$refs访问页面中的文本和按钮的value属性值。其在穿戴设备上按下按钮前后的显示结果如图5-4所示。

扫一扫，看视频

```html
<!--example5_4.hml-->
<div class="container">
  <text class="title" style="color:yellow;" ref="txt">
    {{title}}
  </text>
  <button ref="btn">鸿蒙</button>
  <button class="btn" @click="handleClick()">
    获取ref数据
  </button>
</div>
```
```css
/*example5_4.css*/
.container {
  flex-direction: column;
  justify-content: center;
  align-items: center;
  width: 100%;
  height: 100%;
}
.title {
  font-size: 24px;
  text-align: center;
```

```
    }
    _____
    //example5_4.js
    export default {
      data: {
        title: "您好,",
      },
      handleClick(){
        //获取文本框中的内容和按钮上的文字
        this.title=this.$refs.txt.attr.value+this.$refs.btn.attr.value;
      }
    }
```

图5-4　通过ref获取节点值

5.3　方法

5.3.1　数据方法

创建页面数据一般在JS文件的data对象中进行定义，但有时需要根据程序的运行结果动态生成页面数据，这时就可以利用$set方法来实现。

$set方法的主要作用就是添加新的数据属性或者修改已有数据属性，其有两个主要参数：一个是key属性，用来定义数据的名称；另一个是value属性，用来定义数据的值。使用的语法格式如下：

```
this.$set('key',value)
```

当需要动态删除某个页面数据时，可用$delete方法来实现，该方法仅有一个参数——key，用来指出需要删除的数据的名称，使用的语法格式如下：

```
this.$delete('key')
```

【例5-5】使用$set方法进行切换显示

扫一扫，看视频

在本例中，首先通过data对象定义数据，然后使用setInterval()函数建立一个定时器，当到达定时器时间时使用$set方法进行页面数据值的修改，以达到"您好"和"鸿蒙"两段文字的切换显示。

```
<!--example5_5.hml-->
<div class="container">
  <text class="title">
    {{keyData.title}}
```

```
    </text>
  </div>
  ------------------------------------------------------------------
  /*example5_5.css*/
  .container {
    justify-content: center;
    align-items: center;
    width: 100%;
    height: 100%;
  }
  .title {
    font-size: 24px;
    text-align: center;
  }
  ------------------------------------------------------------------
  //example5_5.js
  export default {
    data:{
      keyData:{
        title:'您好'
      }
    },
    onShow(){
      //到达定时器时间时所触发的函数使用的是箭头函数形式()=>{}
      setInterval(()=>{
        if(this.keyData.title==='您好')         //如果keyData.title是"您好"
          this.$set('keyData.title','鸿蒙')      //就改成"鸿蒙"
        else
          this.$set('keyData.title','您好')      //否则改成"您好"
      },1000)                                     //定时时间为1s
    }
  }
```

5.3.2 公共方法

1. $element方法

$element方法用于获得指定id的组件对象，如果无指定id，则返回根组件对象。其用法是在HTML文件中指定某个元素的id属性，例如：

```
<div id='xxx'></div>
```

然后在JS文件中通过this.$element('xxx')来获得id属性为xxx的组件对象，如果xxx值为空，那么this.$element()表示获得根组件对象。

【例5-6】通过$element方法获取DOM节点值

在本例中，通过$element方法实现例5-4所完成的功能。

```
<!--example5_6.html-->
<div class="container">
  <text class="title" style="color:yellow;" id="txt">
    {{title}}
  </text>
  <button id="btn">鸿蒙</button>
  <button class="btn" @click="handleClick()">
```

扫一扫，看视频

```
      $element方法获取数据
    </button>
</div>
────────────────────────────────────────────────
/*example5_6.css*/
.container {
    flex-direction: column;
    justify-content: center;
    align-items: center;
}
.title {
    font-size: 24px;
    text-align: center;
}
────────────────────────────────────────────────
//example5_6.js
export default {
    data: {
        title: "您好,",
        isShow:true
    },
    handleClick(){
        this.title=this.$element("txt").attr.value+this.$element("btn").attr.value;
    }
}
```

2. 其他公共方法

公共方法中还包括$root、$parent、$child。

（1）$root：获得顶级ViewModel实例。

（2）$parent：获得父级ViewModel实例。

（3）$child：获得指定id的子级自定义组件的ViewModel实例，如this.$child('xxx')——获取id为xxx的子级自定义组件的ViewModel实例。

这些方法的应用实例将在后续章节中进行阐述。

5.4 高级组件

5.4.1 badge 组件

badge组件也叫作徽章组件，主要用于突出显示新的或未读的选项。其使用的语法格式如下：

```
<badge config="{{配置变量}}" placement=""  visible="" count="" maxcount="">
<text >...</text>
</badge>
```

其中，placement属性是设置事件提醒的数字标记或圆点标记的位置，可选值为right（位于组件右边框）、rightTop（位于组件边框右上角，默认值）、left（位于组件左边框）；count属性是设置提醒的消息数（默认为0），当设置提醒的消息数大于0时，消息提醒会变成数字标记类型，未设置消息数或消息数不大于0时，消息提醒将采用圆点标记；visible属性用于设置是否显示消息提醒，当收到新消息提醒时可以设置该属性为true，显示相应的消息提醒，如果需要使用数字标记类型，则需要设置相应的count属性；maxcount属性是最大消息数限制，当收到的新消息提醒大于该限制时，标识数字会被省略，仅显示maxcount+；config属性是设置badge组件显示的相关配置属性，具体配置属性如下：

（1）badgeColor：badge组件的背景色。

（2）textColor：数字徽章的数字文本颜色。

（3）textSize：数字徽章的数字文本大小。

（4）badgeSize：圆点徽章的默认大小。

另外，badge组件仅支持单个子组件，如果使用多个子组件节点，默认会在第一个子组件节点上添加徽章。

【例5-7】徽章显示

在本例中，在一个按钮上定义了显示具体数字的徽章，在一个文本框上显示超过最大值时的徽章，在另一个文本框上显示小红点徽章。在这几种徽章中，大家应仔细体会徽章放置的位置、徽章的文字颜色和字体大小的设置方式以及小红点大小的设置方式。其在穿戴设备上的显示结果如图5-5所示。

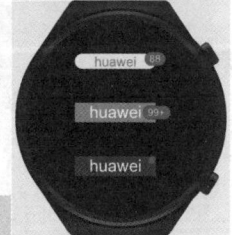

图5-5　徽章显示

```html
<!--example5_7.hml-->
<div class="container">
  <badge class="badge" config="{{badgeconfig}}" visible="true"
  count="88" maxcount="99">
    <button class="btn">huawei</button>
  </badge>
  <badge class="badge" placement="right"  config="{{badgeconfig}}"
  visible="true" count="100" maxcount="99">
    <text class="text1">huawei</text>
  </badge>
  <badge class="badge" config="{{badgeCircle}}" visible="true" count="0">
    <text class="text2">huawei</text>
  </badge>
</div>
--------------------------------------------------------------------------
/*example5_7.css*/
.container {
  flex-direction: column;
  justify-content: center;
  align-items: center;
}
.badge {
  margin-top: 40px;
  margin-left: 60px;
}
.text1, .text2 {
  background-color: #46b1e3;
  font-size: 20px;
  width: 100px;
  text-align: center;
}
.text2 {
```

```
    background-color: rebeccapurple;
  }
  .btn{
    width: 100px;
    background-color: beige;
  }
  _____
  //example5_7.js
  export default {
    data:{
      badgeconfig:{              //徽章显示的配置变量
        badgeColor:"#ff0000",    //徽章背景是红色
        textColor:"#ffffff",     //徽章文字是白色
        textSize:"12px"          //徽章文字大小是12px
      },
      badgeCircle:{              //徽章显示的配置变量
        badgeSize:"9px"          //圆形徽章显示的圆点大小为9px
      }
    }
  }
```

5.4.2 popup 组件

popup组件可以实现气泡提示，也就是在单击绑定的控件后会弹出相应的气泡提示来引导用户进行下一步操作。该组件使用的语法格式如下：

```
<popup id="" target="" placement="" keepalive="" onvisibilitychange="" onclick="">
  <text>弹出气泡的文字</text>
</popup>
```

其中，target属性是目标组件的id属性值，不支持动态切换；placement属性是弹出窗口的位置；keepalive属性是设置当前popup是否需要保留，当设置为true时，单击屏幕区域或者切换页面，气泡不会消失，需调用气泡组件的hide方法才可让气泡消失，设置为false时，单击屏幕区域或者切换页面，气泡会自动消失；onvisibilitychange是设置当气泡弹出和消失时是否触发该回调函数。

另外，该组件仅支持两种方法：show方法用于弹出气泡提示；hide方法用于取消气泡提示。

【例5-8】气泡的弹出与自动消失

扫一扫，看视频

在本例中，定义了一个文本框和一个按钮，当用户单击文本框或按钮时，就会在文字上方弹出气泡，气泡显示3s后自动消失。单击文本框或按钮前后，手机上的显示结果如图5-6所示。

```
<!--example5_8.hml-->
<div class="container">
  <text id="text">单击文字显示气泡</text>
  <popup id="popup" class="popup" target="text" placement="top" keepalive="true"
  clickable="true" arrowoffset="100px" onvisibilitychange="visibilitychange"
  onclick="hidepopup">
    <text class="text">上方弹出气泡</text>
```

```
    </popup>
    <button class="button" onclick="showpopup">单击按钮显示气泡</button>
</div>
----------------------------------------------------------------------
/*example5_8.css*/
.container {
  flex-direction: column;
  justify-content: center;
  align-items: center;
  flex-direction: column;
  align-items: center;
  width: 100%;
  height: 100%;
}
.badge {
  margin-top: 20px;
}
.popup {
  mask-color: gray;
}
.text {
  color: white;
}
.button {
  width: 220px;
  height: 70px;
  margin-top: 50px;
}
----------------------------------------------------------------------
//example5_8.js
export default {
  showpopup() {
    this.$element("popup").show();    //弹出气泡
    setTimeout(()=>{
      this.$element("popup").hide();  //定时关闭气泡
    },3000)                           //定时时间为3s
  }
}
```

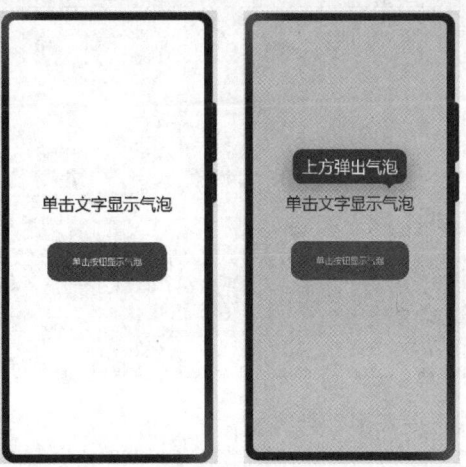

图5-6　弹出气泡

slider组件也叫作滑动条组件，用来快速调节设置值，如音量、亮度等，其使用的语法格式如下：

```
<slider min="0" max="100" value="" step=""  onchange=""></slider>
```

其中，min属性是滑动条的最小值；max属性是滑动条的最大值；step属性是每次滑动的步长；value属性是滑动条的初始值；onchange是选择值发生变化时触发的事件。

另外，slider组件还支持以下三个样式设置：color是设置滑动条的背景颜色；selected-color是设置滑动条的已选择颜色；block-color是设置滑动条的滑块颜色。

【例5-9】获取滑动条的开始值和结束值

在本例中，定义了一个滑动条，当用户拖动滑动条的滑块后在鸿蒙设备上显示出拖动滑块前后的数据值。拖动滑块前后，手机上的显示结果如图5-7所示。

```
<!--example5_9.hml-->
<div class="container">
  <text>滑块的起始值是：{{startValue}}</text>
  <text>滑块的当前值是：{{currentValue}}</text>
  <text>滑块的结束值是：{{endValue}}</text>
  <slider min="0" max="100" value="{{value}}" onchange="setValue"></slider>
</div>
-------------------------------------------------------------------------
/*example5_9.css*/
.container {
  flex-direction: column;
  justify-content: center;
  align-items: center;
  width: 100%;
  height: 100%;
}
slider{
  color: antiquewhite;
  block-color: orangered;
  selected-color: coral;
}
-------------------------------------------------------------------------
//example5_9.js
export default {
  data: {
    value: 0,
    startValue: 0,
    currentValue: 0,
    endValue: 0,
  },
  setValue(e) {                 //slider的值发生改变，触发setValue函数
    if (e.mode == "start") {    //start表示slider的值开始改变
      this.value = e.value;
      this.startValue = e.value;
    } else if (e.mode == "move") { //move表示slider的值在跟随手指拖动
      this.value = e.value;
      this.currentValue = e.value;
    } else if (e.mode == "end") {  //end表示slider的值结束改变
      this.value = e.value;
```

扫一扫，看视频

```
        this.endValue = e.value;
    }
  }
}
```

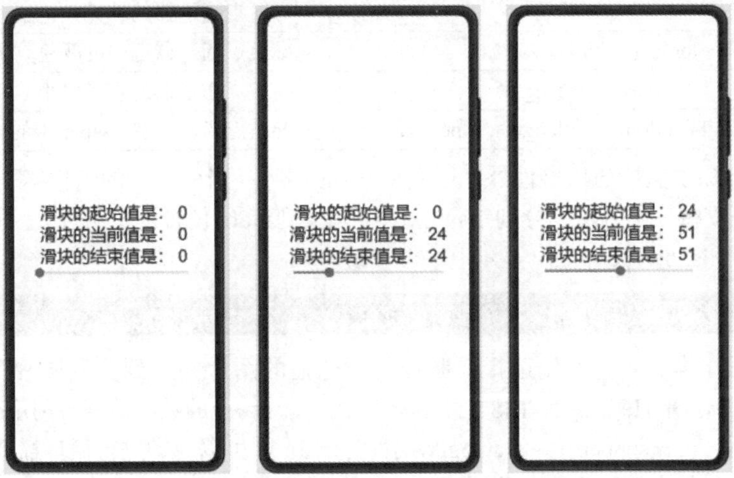

图5-7　拖动滑块前后的显示结果

5.4.4　swiper 组件

　　swiper组件是滑动容器，可以提供切换子组件显示的能力，通常用于显示轮播图。轮播图是指在一个模块（窗口），通过点击或手指滑动后，可以看到多张图片，这些图片就是轮播图，这个模块就叫作轮播模块。swiper组件标签可定义的轮播图的内容是任意的，默认情况下轮播图是具有导航点指示器的，使用的语法格式如下：

```
<swiper interval=""  ontouchstart="" ontouchend="">
  <!--需要轮播的子组件-->
</swiper>
```

　　swiper组件除了支持通用属性外，还支持的属性见表5-1。

表 5-1　swiper 组件支持的属性

名　称	类　型	默认值	描　述
index	number	0	当前在容器中显示的子组件的索引值
autoplay	boolean	false	子组件是否自动播放，自动播放状态下导航点不可操作
interval	number	3000	使用自动播放时播放的时间间隔，单位为 ms
indicator	boolean	true	是否启用导航点指示器，默认为 true
digital	boolean	false	是否启用数字导航点，默认为 false。说明：设置 indicator 后数字导航点才能生效
indicatormask	boolean	false	是否采用指示器蒙版，设置为 true 时，指示器会有渐变蒙版出现。说明：手机上不生效
indicatordisabled	boolean	false	指示器是否禁止用户手势操作，设置为 true 时，指示器不会响应用户的点击和拖动
loop	boolean	true	是否开启循环滑动
duration	number	—	子组件切换的动画时长
vertical	boolean	false	是否为纵向滑动，纵向滑动时采用纵向的指示器

swiper组件除了支持通用样式外，还支持的样式见表5-2。

表5-2　swiper 组件支持的样式

名　称	类　型	描　述
indicator-color	\<color\>	导航点指示器的填充颜色
indicator-selected-color	\<color\>	导航点指示器选中的颜色
indicator-size	\<length\>	导航点指示器的直径大小
indicator-top|left|right|bottom	\<length\> | \<percentage\>	导航点指示器在 swiper 中的相对位置

swiper组件除了支持通用事件外，还支持change事件（当前显示的组件索引变化时触发该事件）。另外还支持三个方法，分别是swipeTo（切换到index位置的子组件）、showNext（显示下一个子组件）和showPrevious（显示上一个子组件）。

【例5-10】轮播图的制作

扫一扫，看视频

在本例中，首先选择或制作需要轮播的图片并放到公共图片目录（/common/images目录）中，然后在JS文件中定义轮播图片路径的数组数据，利用swiper组件进行轮播。设置swiper组件的autoplay属性为true，则可以自动进行循环播放，但带来的问题是导航点不可操作。此处不使用autoplay属性，而是利用JavaScript中的setInterval()函数来用程序控制自动播放，这样程序更具有灵活性。该例在手机上的显示结果如图5-8所示。

```
<!--example5_10.hml-->
<div class="container">
  <swiper id="swiper" ontouchstart="handleTouch" ontouchend="handleTouchEnd">
    <div class = "swiperContent" for="(index,item) in lists">
      <image src="{{item.img}}"></image>
    </div>
  </swiper>
</div>
-----------------------------------------------------------------------------
/*example5_10.css*/
.container {
  flex-direction: column;
  align-items: center;
  justify-content: center;
  width: 100%;
  height: 100%;
}
#swiper {
  flex-direction: column;
  align-content: center;
  align-items: center;
  width: 100%;
  height: 200px;
  border: 1px solid #000000;
  indicator-color: #cf2411;
  indicator-size: 14px;
  indicator-bottom: 20px;
  indicator-right: 30px;
```

```
}
image{
  object-fit: fill;
}
————————————————————————————————————————————————
//example5_10.js
export default {
  data:{
    lists:[                                    //定义轮播图显示的图片对象数组
      {"img":"/common/images/0.jpg"},
      {"img":"/common/images/1.jpg"},
      {"img":"/common/images/2.jpg"},
      {"img":"/common/images/3.jpg"}
    ],
    playFlag:Object                            //轮播定时的标志
  },
  play(){
    this.playFlag= setInterval(()=>{
      this.$element('swiper').showNext(); //定时3s轮播图显示下一张图片
    },3000)
  },
  handleTouch(){                               //用手触摸屏幕时触发的事件
    clearInterval(this.playFlag)               //暂停轮播
  },
  handleTouchEnd(){                            //手离开屏幕
    this.play()                                //启动轮播
  },
  onInit(){
    this.play()                                //页面初始，启动轮播
  }
}
```

图5-8 轮播图

5.4.5 tabs 组件

tabs组件是选项卡（也称页签）组件。选项卡将不同的内容重叠放在一个布局块内，重叠的内容区里每次只有一个是可见的。

选项卡可以在相同的空间里展示更多的信息，把相似的主题分为一类，以便用户更好地理解。选项卡的应用可以缩短页面屏长，降低信息的显示密度，同时又不牺牲信息量。在这种趋势下，选项卡这种交互组件成了一个越来越普遍的应用。

tabs组件使用的语法格式如下：

```
<tabs index="0" vertical="false" onchange="change"></tabs>
```

其中，index属性用于指出当前处于激活状态的tab索引；vertical属性用于指出是否为纵向的tab，该属性的默认值为false，表示tabbar和tabcontent上下排列，如果为true，表示tabbar和tabcontent左右排列。

另外，该组件还支持change事件，当tab切换后会触发change事件，该事件的入口参数是对象，其index值表示当前tab的索引值，需要说明的是，动态修改index值不会触发该回调函数。

tabs组件仅支持最多一个<tab-bar>和最多一个<tab-content>子组件。其中<tab-bar>子组件是用来展示tab的标签区，子组件排列方式为横向排列；<tab-content>子组件是用来展示tab的内容区，高度的默认值是充满tabs剩余空间，子组件排列方式为横向排列，当作为容器组件的子元素时，需要在主轴方向设置tab-content的确定长度，否则无法显示。

【例5-11】手机底部导航菜单的制作

扫一扫，看视频

在本例中，通过tabs组件制作手机底部导航菜单。首先需要获取手机底部导航菜单所需要的图标。这种图标通常使用阿里巴巴矢量图标库，网址是https://www.iconfont.cn/。通过本例，大家应该仔细体会tabs组件的使用方法，该例在手机上的显示结果如图5-9所示。

```
<!--example5_11.hml-->
<div class="container">
  <tabs onchange="changeTabactive">
    <tab-content>
      <div class="item-container" for="datas.list">
        <div if="{{$item.i==0?true:false}}">
          <image src="common/images/0.jpg" style="object-fit: contain;">
          </image>
        </div>
        <div if="{{$item.i==1?true:false}}">
          <image src="common/images/1.jpg" style="object-fit: contain;">
          </image>
        </div>
        <div if="{{$item.i==2?true:false}}">
          <image src="common/images/2.jpg" style="object-fit: contain;">
          </image>
        </div>
        <div if="{{$item.i==3?true:false}}">
          <image src="common/images/3.jpg" style="object-fit: contain;">
          </image>
```

```
            </div>
        </div>
    </tab-content>
    <tab-bar class="tab_bar mytabs" mode="fixed">
        <div class="tab_item" for="datas.list">
            <image src="{{$item.activeSrc}}" if="{{$item.show}}"></image>
            <image src="{{$item.src}}" else></image>
            <text style="color: {{$item.color}};">{{$item.title}}</text>
        </div>
    </tab-bar>
</tabs>
</div>
```

```
/*example5_11.css*/
.container{
  background-color:#F1F3F5;
}
.tab_bar {
  width: 100%;
  height: 80px;
}
.tab_item {
  flex-direction: column;
  align-items: center;
}
.tab_item text {
  font-size: 20px;
  margin-top: -5px;
}
.tab_item image {
  height: 40px;
  width: 40px;
}
.item-container {
  justify-content: center;
  flex-direction: column;
}
```

```
//example5_11.js
export default {
  data: {
    datas: {                                    //定义展示信息
      color_normal: '#878787',                  //导航菜单文字颜色
      color_active: '#ff4500',                  //导航菜单激活状态文字颜色
      list: [                                   //导航菜单显示列表的对象数组
        {                                       //导航菜单的第一个对象
        i: 0,                                   //导航菜单的索引值
        color: '#ff4500',                       //让第一个导航菜单处于激活状态文字颜色
        show: true,                             //激活状态标志
        title: '主页',                          //导航菜单中显示的文字
        src:'/common/images/home.png',          //导航菜单的图标
        activeSrc:'/common/images/home_s.png'   //导航菜单激活状态下的图标
```

```
        }, {
            i: 1,
            color: '#878787',
            show: false,
            title: '分类',
            src:'/common/images/cap.png',
            activeSrc:'/common/images/cap_s.png'
        }, {
            i: 2,
            color: '#878787',
            show: false,
            title: '购物车',
            src:'/common/images/car.png',
            activeSrc:'/common/images/car_s.png'
        }, {
            i: 3,
            color: '#878787',
            show: false,
            title: '我的',
            src:'/common/images/me.png',
            activeSrc:'/common/images/me_s.png'
        }]
    }
},
changeTabactive (e) {
    for (let i = 0; i < this.datas.list.length; i++) { //遍历datas.list
        let element = this.datas.list[i];              //读取导航菜单元素
        element.show = false;                          //把导航菜单元素设置成未激活状态
        element.color = this.datas.color_normal;       //把导航菜单文字恢复到未激活颜色
        if (i === e.index) {                           //当索引值与被激活菜单相同时
            element.show = true;                       //把导航菜单元素设置成激活状态
            element.color = this.datas.color_active;   //把导航菜单文字恢复到激活颜色
        }
    }
}
}
```

图 5-9　手机底部导航菜单

5.4.6　rating 组件

rating组件是评分条组件，一般用于收集用户使用某种服务后的评价，rating组件以五星方式呈现。其使用的语法格式如下：

```
<rating numstars="" rating="" stepsize="" onchange=""></rating>
```

其中，numstars属性用于设置评分条的星级总数；rating属性用于设置评分条当前的评分星数；stepsize属性用于设置评分条的评星步长（仅手机和平板电脑设备支持该属性）。

rating组件除了支持通用样式外，还支持的样式有：star-background用于设置单个星级未选中的背景图片；star-foreground用于设置单个星级选中的前景图片；star-secondary用于设置单个星级部分选中的次级背景图片，该图片会覆盖背景图片；width样式的默认值是在未设置自定义资源和评分星数时，使用5颗星和默认资源下的宽度值。height样式的默认值是在未设置自定义资源和评分星数时，使用5颗星和默认资源下的高度值。需要特别说明的是，star-background、star-secondary、star-foreground三个星级图源必须全部设置，否则默认的星级颜色为灰色，以此提示图源设置错误，并且这三个样式只支持本地路径图片，图片格式为.png和.jpg。

另外，rating组件还支持onchange事件，当评分条的评星发生改变时触发onchange事件。

【例5-12】使用rating组件实现五星好评

在本例中，首先显示灰色五星，然后用户使用五星等级对服务进行评价，其中评价最好的是五颗星，最差的是半颗星，没有星表示没有进行评价，被选中的星使用红色表示。本例在实现过程中，使用了在阿里巴巴矢量图标库中下载的红色星星（starRed.png）和灰色星星（starGrey.png）。另外，当用户选中了五星的某等级后，会显示本次的评价分和相对应的评语。本例在手机上的几个运行结果如图5-10所示。

扫一扫，看视频

```
<!--example5_12.hml-->
<div class="container" onclick="clearStar">
  <text class="title">
    本次服务的评价分是：{{numberStar}}
  </text>
  <text class="title">
    本次服务的评价是：{{numberArray[numberIndex]}}
  </text>
  <rating class="rating" numstars="5" rating="{{numberStar}}" stepsize="0.5"
  onchange="handleChange"></rating>
</div>
------------------------------------------------------------------------
/*example5_12.css*/
.container {
  flex-direction: column;
  justify-content: center;
  align-items: center;
  width: 100%;
  height: 100%;
```

```
    }
    .title {
      font-size: 24px;
      text-align: center;
    }
    .rating{
      width: 300px;
      height: 50px;
      star-background: url("/common/images/starGrey.png");
      star-foreground: url("/common/images/starRed.png");
      star-secondary: url("/common/images/starGrey.png");
    }
    ──────────────────────────────────────────────────────────────

    //example5_12.js
    export default {
      data: {
        numberStar: 0,
        numberIndex:0,
        numberArray:['未评价','感觉不好','不推荐','服务一般','有待提高','基本满意',
        '还会再来','值得推荐','物超所值','值得拥有','五星好评']
      },
      clearStar(){
        this.numberStar=0
        this.numberIndex=0
      },
      handleChange(star){
        this.numberStar=star.rating      //读取评价星数
        this.numberIndex=star.rating*2 //把0~5的小数转换成0~10的整数且作为数组下标
      }
    }
```

图 5-10　五星好评

5.4.7 menu 组件

menu是提供菜单的组件，作为临时性弹出窗口，用于展示用户可执行的操作。其使用的语法格式如下：

```
<menu title="" id="" onselected="">
 <option value="item_1">item_1</option>
  ...
 <option value="item_n">item_n</option>
</menu>
```

menu组件支持的属性有：target属性是目标组件选择器，当使用目标组件选择器后，单击目标组件会自动弹出menu菜单，弹出菜单的位置优先为目标组件右下角，当右边可视空间不足时会适当左移，当下方可视空间不足时会适当上移；type属性是目标组件触发弹窗的方式，可选值有click（点击弹窗）、longpress（长按弹窗）；title属性是菜单标题内容。

menu组件支持的样式有：text-color用于设置菜单的文本颜色；font-size用于设置菜单的文本尺寸；allow-scale用于设置菜单的文本尺寸是否跟随系统设置字体缩放尺寸进行放大或缩小；letter-spacing用于设置菜单的字符间距；font-style用于设置菜单的字体样式；font-weight用于设置菜单的字体粗细；font-family用于设置菜单的字体列表，用逗号分隔。

menu组件支持的事件有：selected是当菜单中某个值被点击选中时触发，返回的value值为option组件的value属性；cancel是用户取消事件。

menu组件仅支持show({ x:x, y:y })方法，该方法用于显示menu菜单。(x, y)用于指定菜单弹窗位置。其中，x表示距离可见区域左边沿的 x 轴坐标，不包含任何滚动偏移，y表示距离可见区域上边沿的 y 轴坐标，不包含任何滚动偏移以及状态栏。菜单优先显示在弹窗位置右下角，当右边可视空间不足时会适当左移，当下方可视空间不足时会适当上移。

【例5-13】获取选项所对应的值

在本例中，首先在屏幕上显示一个按钮，当用户点击这个按钮时，会弹出一个菜单，在该菜单中选择合适的选项后，会把用户选中的选项所对应的值显示在屏幕上，整个操作过程在手机上的显示结果如图5-11所示。

扫一扫，看视频

```
<!--example5_13.hml-->
<div class="container">
  <button onclick="onTextClick" class="title-text">选择会议城市</button>
  <menu title="选择会议城市"  id="apiMenu" onselected="onMenuSelected">
    <option value="武汉">武汉</option>
    <option value="大连">大连</option>
    <option value="北京">北京</option>
  </menu>
</div>
-----------------------------------------------------------------------
/*example5_13.css*/
.container {
  flex-direction: column;
  align-items: flex-start;
  justify-content: center;
  width: 100%;
  height: 100%;
}
.title-text {
```

鸿蒙高级JavaScript控制

```
    margin: 20px;
    height: 40px;
    width: 150px;
    font-weight: 600;
}
--------------------------------------------------------------------------------
//example5_13.js
import prompt from '@system.prompt';
export default {
  onMenuSelected(e) {                                    //菜单选择后的触发事件
    prompt.showToast({                                   //弹出提示框
      message:"您选择的会议城市是: "+ e.value             //提示框显示选中的信息
    })
  },
  onTextClick() {
    this.$element("apiMenu").show({x:280,y:120});        //弹出菜单
  }
}
```

图 5-11　获取选项所对应的值

5.4.8　picker 组件

picker是滑动选择器组件，支持普通选择器、日期选择器、时间选择器、时间日期选择器和多列文本选择器。其使用的语法格式如下：

```
<picker type="" onchange="">...</picker>
```

其中，type属性是用来设置以什么样式的选择器呈现在设备上，属性值不支持动态修改。该属性的取值可以有以下几种：

（1）text：文本选择器。

（2）date：日期选择器。

（3）time：时间选择器。

（4）datetime：日期时间选择器。

（5）multi-text：多列文本选择器。

针对每种不同的type属性取值，都会有不同的对应属性与picker组件进行匹配。但事件基本

相同，包括change事件和cancel事件。当在普通选择器中选择值后点击弹窗中的"确定"按钮时，触发change事件（newSelected为索引）；当用户点击弹窗中的"取消"按钮时触发cancel事件。

【例5-14】日期、文本、多列文本选择器

在本例中，制作了日期、文本、多列文本三种不同类型的选择器，大家应仔细体会这三种不同类型选择器的写法，并能够举一反三。其在手机上的运行结果如图5-12所示。

扫一扫，看视频

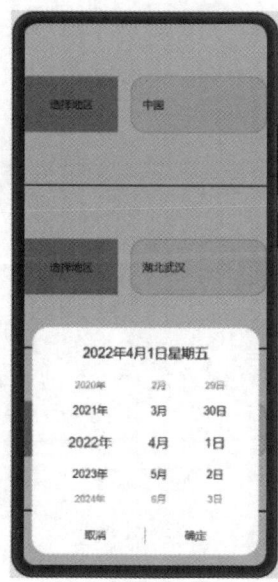
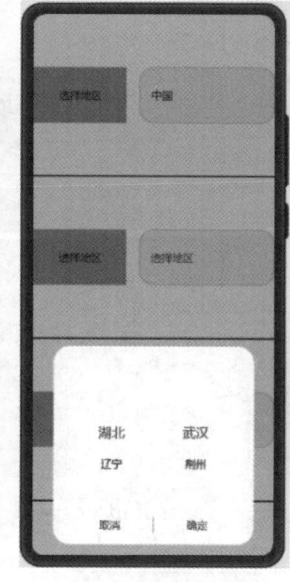

（a）日期选择器　　　　（b）文本选择器　　　　（c）多列文本选择器

图5-12　不同类型的选择器

```html
<!--example5_14.hml-->
<div class="container">
  <div class="contentDiv">
    <!--picker组件：从底部弹起的滚动选择器-->
    <picker class="pickerDiv" type="text" range="{{areaDates}}"
    onchange="changeArea">选择地区</picker>
      <input class="inputDiv" type="text" value="{{area}}"
        placeholder="选择地区"></input>
  </div>
  <!--多列选择器 type="multi-text"-->
  <div class="contentDiv">
    <picker class="pickerDiv" type="multi-text" range="{{areaDates2}}"
    onchange="changeArea2">选择地区</picker>
      <input class="inputDiv" type="text" value="{{area2}}"
      placeholder="选择地区"></input>
  </div>
  <!--日期选择器 type="date"-->
  <div class="contentDiv">
    <picker class="pickerDiv" type="date" onchange="changeDate">
      选择日期
    </picker>
    <input class="inputDiv" type="date" value="{{date}}"
      placeholder="选择日期"></input>
```

鸿蒙高级JavaScript控制

```
      </div>
   </div>
```

```css
/*example5_14.css*/
.container {
  width: 100%;
  height: 100%;
  display: flex;
  flex-direction: column;
}
.contentDiv{
  width: 100%;
  height: 30%;
  border-bottom: 2px solid black;
  display: flex;
  align-items: center;
  flex-direction: row;
}
.pickerDiv{
  width: 200px;
  height: 80px;
  background-color: darksalmon;
}
.inputDiv{
  width: 300px;
  height: 80px;
  margin-left: 20px;
  border: 1px solid silver;
}
```

```js
//example5_14.js
import prompt from '@system.prompt';
export default {
  data: {
    areaDates:["中国","美国","日本","巴西"],
    area:'',
    area2:'',
    areaDates2:[["湖北","辽宁"],["武汉","荆州"]],
    date:""
  },
  changeArea(e){
    let area = e.newValue;
    prompt.showToast({
      message:"您选择的地区是:"+area
    });
    this.area = area;
  },
  changeArea2(e){
  //多个文本值，选出来的数据类型是数组类型
    let areaValue = e.newValue;
    prompt.showToast({
      message:"选择的值为:"+(typeof areaValue)+areaValue
    });
    this.area2 = areaValue;
  },
  changeDate(e){
    console.log(e)
```

```
    let year = e.year;
    let month = e.month+1;
    let day = e.day;
    prompt.showToast({
      message:"您选择的日期是:"+year+"/"+month+"/"+day
    });
    this.date = year+"年"+month+"月"+day+"日";
  }
}
```

5.4.9 switch 组件

switch是开关选择器组件,通过开关选择器组件能够开启或关闭某个功能。其使用的语法格式如下:

```
<switch showtext="" texton="" textoff="" checked="" @change="">
</switch>
```

其中,checked属性指出是否选中;showtext属性指出是否显示文本;texton属性指出选中时显示的文本;textoff属性指出未选中时显示的文本。

switch组件除了支持通用样式外,还支持的样式有:texton-color用于设置选中时显示的文本颜色;textoff-color用于设置未选中时显示的文本颜色;text-padding用于设置texton/textoff中最长文本的两侧距离滑块边界的距离;font-size用于设置文本尺寸;allow-scale用于设置文本尺寸是否跟随系统设置字体缩放尺寸进行放大或缩小;font-style用于设置字体样式;font-weight用于设置字体粗细;font-family用于设置字体列表,用逗号分隔。列表中第一个系统中存在的或者通过自定义字体指定的字体会被选中作为文本的字体。

switch组件仅支持change事件,当选中状态改变时触发该事件,其返回值是对象的checked值(布尔值)。

【例5-15】根据开关值显示对应数据

在本例中,通过开关组件来控制一段文字的显示与否。该例在手机上的显示结果如图5-13所示。

```
<!--example5_15.hml-->
<div class="container">
  <div class="displayData">
    <text> Hello </text>
    <text if="{{flag}}"> {{displayText}} </text>
    <text> World </text>
  </div>
  <switch showtext="true" texton="显示" textoff="关闭" checked="true" @
change="switchChange">
  </switch>
</div>
------------------------------------------------------------------------
/*example5_15.css*/
.container {
  flex-direction: column;
  justify-content: center;
  align-items: center;
}
```

扫一扫,看视频

```
switch{
  texton-color:#002aff;
  textoff-color:silver;
  text-padding:40px;
  font-size: 24px;
}
.displayData{
  justify-content: center;
}
text{
  font-size: 24px;
  margin-left: 10px;
}
```

```
//example5_15.js
import prompt from '@system.prompt';
export default {
  data: {
    displayText: 'HarmonyOS',
    flag:true
  },
  switchChange(e){
    this.flag=e.checked;              //获取开关状态
    if(e.checked){
      prompt.showToast({              //如果开关处于打开状态，显示相关信息
        message: "打开开关"
      });
    }else{
      prompt.showToast({              //如果开关处于关闭状态，显示相关信息
        message: "关闭开关"
      });
    }
  }
}
```

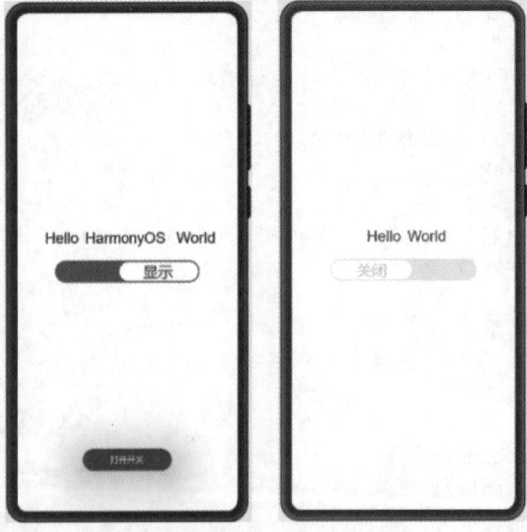

图 5-13　开关显示

5.5 本章小结

本章主要讲解了高级JavaScript控制的相关知识，主要包括功能模块、对象、方法以及高级组件，对如何编写鸿蒙JS项目提供了入门指导。读者在跟随书中示例学习完本章后，可以熟练掌握鸿蒙系统中的对象、方法以及高级组件的使用技巧。

学习完本章后，读者可以感受到鸿蒙对开发者和用户都很友好，其开发、学习成本低，工作量也低，一套代码可以在手机、平板电脑、电视等设备上运行，从而让开发者有良好的开发体验，让用户有良好的使用体验。

希望随着技术和生态圈的发展和完善，鸿蒙能早日成为主流操作系统。

5.6 实验　组件练习

1. 实验目的

了解和掌握鸿蒙高级组件的使用方法；熟练掌握开发鸿蒙应用程序的JavaScript语言、HTML语言、CSS语言的综合运用。

2. 实验内容

（1）在设备上显示一个输入文本框，当用户输入数字时，可以在"您好，鸿蒙"文字上显示相应数字的徽章，如图5-14所示。初始状态如图5-14（a）所示；当用户输入数字68［见图5-14（b）］并点击"确认"按钮后，则在"您好，鸿蒙"文字的右上角显示对应数字的徽章，如图5-14（c）所示；当用户输入的数字大于99时，徽章显示的值是"99+"，如图5-14（d）所示。

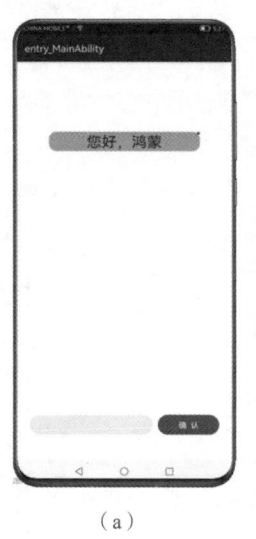
（a）

（b）

（c）

（d）

图5-14　数字显示

鸿蒙高级JavaScript控制

173

（2）制作轮播图，其结果如图5-15所示。

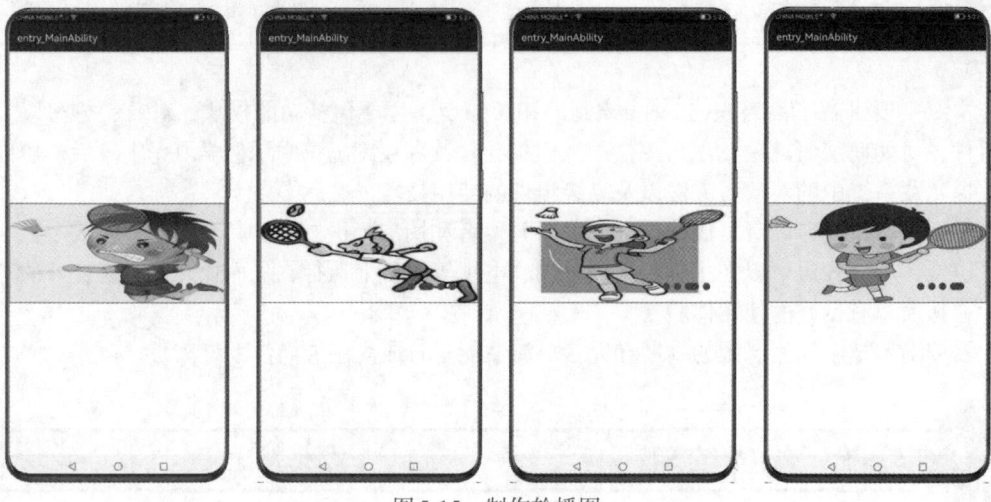

图5-15　制作轮播图

第 6 章

计算属性与对话框

本章学习目标：

本章重点阐述计算属性的主要作用和用法，同时对侦听器进行了讲解。通过本章的学习，大家应该掌握以下主要内容：

- 计算属性的用法。
- 计算属性与方法的区别。
- 侦听属性的用法。
- 计算属性与侦听属性的适用场合。

鸿蒙应用开发从零基础到实战——始于安卓，成于鸿蒙（视频·案例·应用版）

计算属性与对话框

- 计算属性
  - 计算属性的定义
    - 使用计算属性把逻辑复杂的代码进行分离
    - 计算属性里可以完成各种复杂的逻辑
    - 最终返回一个结果
    - 在计算属性里只要所依赖的数据发生变化，那么计算属性会被自动触发，重新计算并返回一个结果
    - 计算属性可以分离逻辑代码，使代码的易维护性增强
  - 计算属性的用法
    - 在JS文件中，是使用computed方法定义计算属性的
    - computed方法中的参数是一个函数
    - 函数中所使用的任意一个数据发生变化，计算属性computed方法都会自动重新运算，进行计算属性值更新，最终返回计算后的结果
    - 还可以依赖多个数据，只要其中任何一个数据发生变化，计算属性就会重新进行计算，相应的页面视图也会同步更新
    - 定义与使用
  - 计算属性与方法的区别
    - 计算属性
    - 方法
  - 案例——输入内容综合查询
- 侦听属性
  - 侦听属性的定义
  - 侦听属性案例
- 对话框
  - Toast提示框
    - 是一种非模态弹窗
    - 弹出的信息作为提醒或消息反馈使用
    - 一般用来显示操作结果或者应用状态的改变
    - 这种样式的弹窗可以出现在页面的任何位置，可设置成在页面顶部、中部或底部出现
    - 在鸿蒙JS中，使用prompt.showToast()方法来实现Toast提示框
    - 使用
  - Dialog对话框
    - 对话框用于显示系统的重要信息，并请求用户进行操作反馈
    - 对话框是一种模态的形式，即用户必须对对话框中的内容作出反馈，才能进行其他操作
    - 使用的场景
    - 使用
  - dialog组件
    - 模态对话框功能
    - 写在HML文件中的dialog组件并不会显示在鸿蒙设备中，也不会占用页面空间，需要用户通过id属性在JS文件中唤起这个对话框组件
    - ```
<dialog id="" class="" oncancel="">
  <div class="">
   <!-- 对话框所显示的内容在此定义 -->
  </div>
</dialog>
```
    - dialog组件中仅能有一个直接子组件
    - 如果需要显示多个子组件，则需要用一个div组件包含其他子组件的内容，而且包含的内容可以像页面定义一样自由
    - dialog组件支持
- 综合实例：制作一个购物车
  - 购物车的制作步骤
  - 购物车的完整源代码

全景思维导图
```

6.1 计算属性

6.1.1 计算属性的定义

首先通过一个例子来说明计算属性，任务是将一个字符串倒序显示。

【例6-1】使用普通方法将一个字符串倒序显示

在本例中，使用普通的JS方法将一个字符串倒序显示。其在手机和穿戴设备上的运行结果如图6-1所示。

程序代码如下：

```html
<!--example6_1.html-->
<div class="container">
  <text class="title">
    源串：{{msg}}
  </text>
  <text class="title">
    倒序串：{{msg.split('').reverse().join('')}}
  </text>
</div>
```

```css
/*example6_1.css*/
.container {
  flex-direction: column;
  justify-content: center;
  align-items: center;
  width: 100%;
  height: 100%;
}
.title {
  font-size: 24px;
  text-align: center;
}
```

```js
//example6_1.js
export default {
  data: {
    msg: 'Hello World'
  }
}
```

图6-1　使用普通方法将字符串倒序显示

　　需要说明的是，{{msg.split("").reverse().join("") }}先执行split()方法，将Hello World字符串的每一个字符进行分割，该字符串被分割成含有11个字符的字符串数组，然后执行reverse()方法完成字符串数组的倒序操作，再执行join()方法把字符数组转换成字符串，最后得到的结果为"dlroW olleH"。

　　从例6-1的代码中可以看出，如果插值表达式中的代码过长或者逻辑较为复杂，就会变得难以理解，不便于代码维护。当遇到较为复杂的逻辑时，不推荐使用插值表达式，而是使用计算属性把逻辑复杂的代码进行分离。

　　在一个计算属性里可以完成各种复杂的逻辑，包括运算、函数调用等，只要最终返回一个结果就可以。在计算属性里只要所依赖的数据发生变化，那么计算属性会被自动触发，重新计算并返回一个结果。

【例6-2】使用计算属性将一个字符串倒序显示

扫一扫，看视频

　　在本例中，定义一个文本框，用户在文本框中输入字符串，通过计算属性自动实现将一个字符串倒序显示。该例在手机上的运行结果如图6-2所示。
　　程序代码如下：

```html
<!--example6_2.hml-->
<div class="container">
  <div>
    <text class="title">
      输入的源串:
    </text>
    <input value="{{msg}}" onchange="inputMsg" placeholder="输入信息"/>
  </div>
  <text class="computedMsg" >使用计算属性转换成倒序串: {{computedName}}</text>
</div>
```

```
/*example6_2.css*/
.container {
  flex-direction: column;
  justify-content: center;
  align-items: center;
  width: 100%;
  height: 100%;
}
.title {
  font-size: 20px;
  text-align: center;
  width: 200px;
}
.computedMsg{
  font-size: 24px;
}
```

```
//example6_2.js
export default {
  data: {
    msg: 'Hello HarmonyOS'
  },
  inputMsg(e){         //文本框内容发生改变时触发的函数
    this.msg=e.value    //读取文本框的内容
  },
  computed:{           //计算属性
    computedName(){      //定义计算属性computedName
      return this.msg.split('').reverse().join('')   //返回倒序串
    }
  }
}
```

图6-2　使用计算属性将字符串倒序显示

通过在手机中的显示结果可以看出，利用计算属性依然可以完成字符串的倒序显示，而且只要字符串数据发生变化，会自动触发计算属性进行字符串倒序计算并渲染到页面上。计算属性可以分离逻辑代码，使代码的易维护性增强。

6.1.2 计算属性的用法

在JS文件中，是使用computed方法定义计算属性的，computed方法中的参数是一个函数，该函数中所使用的任意一个数据发生变化，计算属性computed方法都会自动重新运算，进行计算属性值更新，最终返回计算后的结果。其使用的语法格式如下：

```
export default {
  computed:{
    计算属性名(){          //定义计算属性
      ...
      return 返回值;
    }
  }
}
```

计算属性除了例6-2中的简单用法外，还可以依赖多个数据，只要其中任何一个数据发生变化，计算属性就会重新进行计算，相应的页面视图也会同步更新。

在HML文件中，是通过插值表达式访问计算属性的，其使用的语法如下：

```
{{计算属性名}}
```

【例6-3】简易购物车

扫一扫，看视频

在本例中，通过计算购物车中的商品总价的示例来展示计算属性的用法。其在手机设备上的运行结果如图6-3所示。

程序代码如下：

```
<!--example6_3.hml-->
<div class="container">
  <text class="title">购物车</text>
  <div class="todo-wrapper">
    <div class="todo-item">
      <text class="todo-title">货名</text>
      <text class="todo-title">单价</text>
      <text class="todo-title">数量</text>
    </div>
    <div for="{{phones}}" class="todo-item">
      <text class="todo-title">{{$item.name}}</text>
      <text class="todo-title">{{$item.price}}</text>
      <text class="todo-title">{{$item.count}}</text>
    </div>
    <div class="todo-item">
      <text class="todo-title">合计</text>
      <text class="todo-column">{{computedName}}</text>
    </div>
  </div>
</div>
----------------------------------------------------------------------
/*example6_3.css*/
.container {
```

```css
    flex-direction: column;
    justify-content: center;
    align-items: center;
    width: 100%;
    height: 100%;
}
.title{
    margin: 20px 0px;
    font-size: 30px;
    font-weight: 600;
}
.todo-wrapper,.todo-item  {
    border: 1px solid grey;
    background-color: beige;
}
.todo-wrapper{
    flex-direction: column;
}

.todo-title {
    width: 33%;
    height: 70px;
    font-size: 24px;
    text-align: center;
    border-right: 1px solid grey;
}
.todo-column{
    width: 66%;
    text-align: center;
    line-height: 55px;
}
```

```js
//example6_3.js
export default {
  data: {
    phones: [                        //定义购物车中的数据内容，以对象数组方式进行定义
      {
        name: '华为mate30',
        price: 3280,
        count: 2
      },
      {
        name: '华为mate40',
        price: 5160,
        count: 3
      },
      {
        name: '苹果12',
        price: 8600,
        count: 2
      },
      {
        name: 'OPPO',
        price: 2180,
        count: 3
      }
```

```
        ]
    },
    computed:{                          //计算属性
      computedName(){                   //计算属性名：computedName
        let prices = 0                  //定义并初始化购物总价
        //使用for循环遍历购物车对象数组，计算总价
        for (let i = 0; i <this.phones.length; i++) {
          //总价prices = 总价 + 当前货物价格×当前货物数量
          prices += this.phones[i].price * this.phones[i].count
        }
        return prices                   //返回总价
      }
    }
  }
```

图6-3 简易购物车

货名	单价	数量
华为mate30	3280	2
华为mate40	5160	3
苹果12	8600	2
OPPO	2180	3
合计	45780	

购物车

当phones中的商品发生变化，如购买数量发生变化或者增删商品时，计算属性prices就会自动更新，视图中的总价也会自动变化。

6.1.3 计算属性与方法的区别

【例6-4】计算属性与方法的区别

在本例中，用户输入长度和宽度，使用计算属性自动计算长方形的面积，使用方法计算长方形的周长。其在手机设备上的运行结果如图6-4所示。

程序代码如下：

```
        <!--example6_4.hml-->
<div class="container">
  <div class="inputValue" >
    <text class="title">长度: </text>
    <input type="text" value="{{length}}" onchange="update(1)"/>
  </div>
  <div class="inputValue">
    <text class="title">宽度: </text>
```

扫一扫，看视频

```
        <input type="text" value="{{width}}" onchange="update(2)"/>
    </div>
    <button @click="add">计算周长</button>
    <text class="result">面积为: {{computedName}}</text>
    <text class="result">周长为: {{perimeter}}</text>
</div>
```

```css
/*example6_4.css*/
.container {
  flex-direction: column;
  justify-content: center;
  align-items: center;
  width: 100%;
  height: 100%;
}
.inputValue{
  margin-bottom: 20px;
}
.title {
  font-size: 24px;
  text-align: center;
  width: 30%;
}
button{
  width: 50%;
  height: 40px;
  font-size: 30px;
  font-weight: 600;
  margin-bottom: 30px;
}
```

```js
//example6_4.js
export default {
  data: {
    length: 3,
    width: 4,
    perimeter: 0
  },
  add(){                                //计算周长的方法: 周长=2×(长+宽)
    this.perimeter = 2 * (this.length*1 + this.width*1)
  },
  update(value,e){                      //读取用户在文本框输入的数据
    if(value===1) this.length=e.value   //value为1, 用户在长度文本框中输入数据
    else this.width=e.value             //value为其他值, 用户输入宽度
  },
  computed:{
    computedName(){                     //计算属性名: computedName
      let areas = 0                     //定义面积变量, 并初始化
      //面积=长×宽, 如果数据length和width有变化, 则会立即计算computedName
      areas = this.length * this.width
      return areas                      //返回面积
    }
  }
}
```

图6-4　计算属性与方法

在例6-4中，计算属性computedName依赖两个数据，分别是长度length与宽度width，当这两个数据发生变化时，computed计算属性会被自动调用并进行计算。另外，需要强调的是，computed是计算属性，在调用时，计算属性名computedName后面不需要加括号。

为事件（如点击、键盘按下等）所编写的方法函数，如果没有入口参数，在调用时可以加括号也可以不加括号，但有入口参数时则必须加括号并带上相应的实参。事件方法只有使用程序代码进行调用后才会被执行。

在例6-4中，当长度和宽度的值输入完毕后，只有点击"计算周长"按钮，事件add方法才被调用一次。update方法是两个文本框中的数据发生变化时被调用，其自带两个参数，一个是用来判断是输入长度还是输入宽度的value参数，另外一个是系统默认的参数e，用来指出当前的对象，e.value是当前对象所输入的值。

其实调用方法也能实现与计算属性一样的效果，甚至有的方法还能接收参数，使用起来更加灵活。既然使用methods就可以实现，那为什么还需要计算属性呢？原因就是计算属性是基于依赖缓存的，计算属性所依赖的数据发生变化时，就会自动调用计算属性方法重新计算。

6.1.4　案例——输入内容综合查询

【例6-5】输入内容综合查询

扫一扫，看视频

本例的运行结果如图6-5所示，当用户在图6-5中的文本框内输入关键字后，使用计算属性在数据文件中找出包含输入关键字的书名。例如，当用户输入的关键字为空时，列出数据文件中的所有数据；当输入的关键字是"入门"时，则所有包含"入门"的书都会显示在手机设备上，如图6-6所示。

程序代码如下：

```html
<!--example6_5.html-->
<div class="container">
  <text class="title">
    请输入书籍关键字：
  </text>
  <input type="text" value="{{myText}}" onchange="update"></input>
  <text class="result">查询结果： </text>
  <text for="{{(index,item) in computedList}}" class="title">
```

```
      {{index+1}}. {{item}}
    </text>
</div>
```

```css
/*example6_5.css*/
.container {
  flex-direction: column;
  justify-content: center;
  align-items: flex-start;
  width: 100%;
  height: 100%;
}
input{
  font-size: 24px;
}
.title {
  font-size: 20px;
  text-align: center;
  margin-bottom: 10px;
}
.result{
  font-size: 24px;
  margin: 30px 0px 15px;
  color: red;
  font-weight: 600;
  letter-spacing: 12px;
}
```

```js
//example6_5.js
export default {
  data: {
    myText: '',
    lists: [                           //定义字符串数组，内容是书籍列表
      "轻松学Vue.js 3.0 从入门到实战",
      "轻松学Web开发入门与实战",
      "极简C++",
      "极简Java",
      "轻松学MySQL从入门到实战",
      "轻松学AutoCAD 2021入门到实战",
      "C语言从入门到精通",
      "Web编程基础HTML+CSS+JavaScript"
    ]
  },
  update(e){
    this.myText=e.value                //读取用户输入数据内容
  },
  computed:{
    computedList(){                    //定义计算属性computedList
      //根据用户在文本框中输入的内容进行查询并过滤，形成新数组
      const newLists = this.lists.filter(item => item.includes(this.myText))
      return newLists                  //返回新生成的数组
    }
  }
}
```

在例6-5中定义了计算属性变量computedList，当其依赖的myText发生变化时，该变量会

进行自动计算，计算的结果会自动渲染到页面模板中。

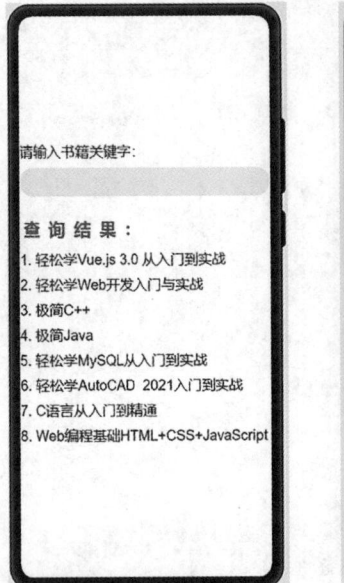

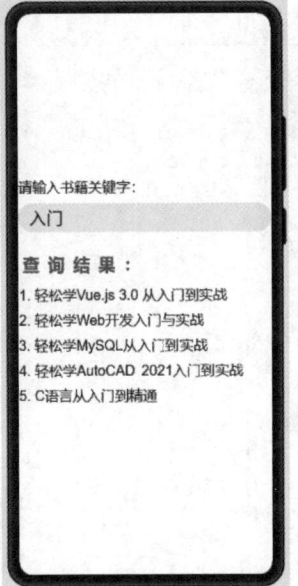

图6-5 综合查询1　　　　　　图6-6 综合查询2

6.2 侦听属性

6.2.1 侦听属性的定义

鸿蒙JS提供了一种通用的方法来观察和响应当前活动的数据变化，这种方法叫作侦听属性。虽然计算属性在大多数情况下更合适，但有时也需要一个自定义的侦听器，这就是为什么通过侦听属性可以提供一个更通用的方法来响应数据的变化。当需要在数据变化时执行异步或开销较大的操作时，这个方法是最有用的。

侦听属性用$watch函数实现，该函数中自带两个参数，第一个参数用来指出侦听哪一个数据变量，该参数的值是字符串；第二个参数是当所侦听的数据变量发生变化后所执行的回调函数。侦听属性的语法格式如下：

```
export default {
  data:{
    title:''                               //定义数据变量
  },
  onInit() {
    this.$watch('title', 'onPropertyChange'); //侦听数据变量title的变化
  },
  onPropertyChange(newValue, oldValue) {       //侦听变量发生变化所调用的函数
    console.info('title 属性变化' + newValue+ ' ' + oldValue);
  },
}
```

上面的侦听属性语法也可以简写成如下形式：

```
export default {
  data:{
    title:''                    //定义变量
  },
  onInit() {
    this.$watch('title', (newValue,oldValue)=>{
      //回调函数所执行的语句
      console.info('title 属性变化 ' + newValue+ ' ' + oldValue);
    });
}
```

此处的回调函数是用箭头函数"( )=>{ }"来实现的,可以简化程序代码。

【例6-6】使用侦听属性显示数字对应的英文字母

在本例中,监听用户输入一个数字(0~25),然后把其对应的大写和小写字母显示出来。其在手机设备上的运行结果如图6-7所示。

扫一扫,看视频

程序代码如下:

```
<!--example6_6.hml-->
<div class="container">
  <div>
    <text class="title">
      数字:
    </text>
    <input type="text" value = "{{num}}" onchange="changeStr" ></input>
  </div>
  <text class="result">
    对应的大写字母: {{strA}}
  </text>
  <text class="result">
    对应的小写字母: {{stra}}
  </text>
</div>
_____
/*example6_6.css*/
.container {
  flex-direction: column;
  justify-content: center;
  align-items: center;
  width: 100%;
  height: 100%;
}
.title {
  font-size: 24px;
  text-align: center;
  width: 150px;
}
.result{
  font-weight: 600;
  font-size: 24px;
  margin-top: 20px;
}
_____
//example6_6.js
export default {
  data: {
```

```
  num: 0,                    //定义数据初值
  strA: 'A',                 //定义对应大写字母数据变量
  stra: 'a'                  //定义对应小写字母数据变量
},
changeStr(e){
  this.num=e.value           //获取用户在文本框中输入的内容
},
onInit() {
  this.$watch('num', ()=>{
    //根据用户输入的内容，获取大写字母
    this.strA = String.fromCharCode(65 + parseInt(this.num % 26))
    //根据用户输入的内容，获取小写字母
    this.stra = String.fromCharCode(97 + parseInt(this.num % 26))
  });
}
}
```

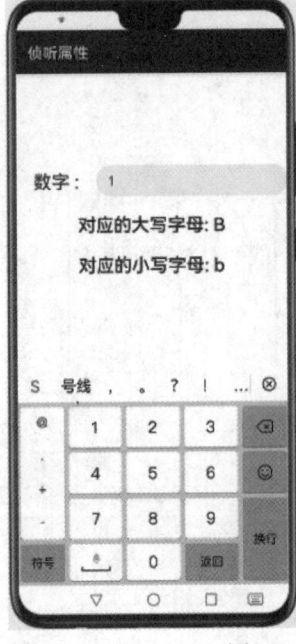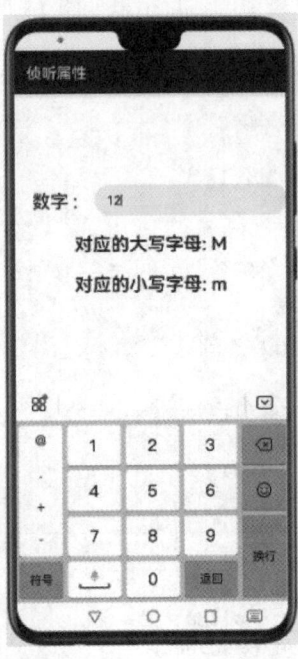

图6-7　侦听属性

6.2.2　侦听属性案例

【例6-7】使用侦听属性实现输入内容综合查询

扫一扫，看视频

　　在本例中，通过创建与例6-5相同功能的输入内容综合查询，体会侦听属性在实际案例中的使用方法。需要特别注意的是，侦听属性与计算属性实现方法的不同之处。其在手机设备上的运行结果如图6-5和图6-6所示。

　　程序代码如下：

```
<!--example6_7.hml-->
<div class="container">
  <text class="title">
    请输入书籍关键字：
  </text>
```

```
    <input type="text" value="{{myText}}" onchange="update"></input>
    <text class="result">查询结果: </text>
    <text for="{{(index,item) in watchLists}}" class="title">
        {{index+1}}. {{item}}
    </text>
</div>
```

```css
/*example6_7.css*/
.container {
    flex-direction: column;
    justify-content: center;
    align-items: flex-start;
    width: 100%;
    height: 100%;
}
input{
    font-size: 24px;
}
.title {
    font-size: 20px;
    text-align: center;
    margin-bottom: 10px;
}
.result{
    font-size: 24px;
    margin: 30px 0px 15px;
    color: red;
    font-weight: 600;
    letter-spacing: 12px;
}
```

```js
//example6_7.js
export default {
    data:{
        title:'hello',
        watchLists:[],
        myText:'',
        lists: [
            "轻松学Vue.js 3.0 从入门到实战",
            "轻松学Web开发入门与实战",
            "极简C++",
            "极简Java",
            "轻松学MySQL从入门到实战",
            "轻松学AutoCAD 2021入门到实战",
            "C语言从入门到精通",
            "Web编程基础HTML+CSS+JavaScript"
        ]
    },
    onInit() {
        this.watchLists=this.lists            //获取书籍全部数据给watchLists
        this.$watch('myText', ()=>{           //侦听变量myText
        //根据myText值筛选出包含myText值的字符串形成新的数组
            this.watchLists=this.lists.filter(item =>item.includes(this.myText))
        })
    },
    update(e){
        this.myText=e.value                   //读取用户输入的内容给侦听变量myText
    }
}
```

计算属性与对话框

6.3 对话框

6.3.1 Toast 提示框

Toast提示框是一种非模态弹窗，弹出的信息作为提醒或消息反馈使用，一般用来显示操作结果或者应用状态的改变。例如，发出了一条短信，App弹出一个Toast提示消息已发出。

最常见的Toast提示框是一句简短的描述性文字。这种样式的弹窗可以出现在页面的任何位置，可设置成在页面顶部、中部或底部出现（但一般都是出现在页面的中轴线上），具体的显示位置根据页面的整体设计进行设置。

在鸿蒙JS中，使用prompt.showToast()方法来实现Toast提示框，在使用prompt之前需要从鸿蒙系统中导入prompt，其使用的语法格式如下：

```
import prompt from '@system.prompt';
```

另外，prompt.showToast()方法可以带一个对象属性，对象中的属性定义如下：

```
prompt.showToast({
  message: "Toast提示框显示的文字内容" ,
  duration: Toast提示框显示的时间（单位为ms）
})
```

需要说明的是，使用该方法时，提示框的弹出位置是在页面接近最下方的中间位置，而且字体比较小，字体大小不能修改。另外，duration取值范围为1500~10000，如果其值不在这个范围中，会自动更改为边界值1500或10000。

【例6-8】Toast提示框

扫一扫，看视频

在本例中，定义一个输入框和一个按钮，当用户在输入框中输入数据并点击按钮会弹出Toast提示框，显示用户在输入框中输入的内容，并让提示框显示4s后自动消失。其在手机设备上的运行结果如图6-8所示。

程序代码如下：

```
<!--example6_8.hml-->
<div class="container">
  <input class="title" type="text" value="{{inputValue}}" onchange="handleInput"></
  input>
  <button onclick="handle">确    认</button>
</div>
———————————————————————————————————————————————————————————
/*example6_8.css*/
.container {
  flex-direction: column;
  justify-content: center;
  align-items: center;
  width: 100%;
  height: 100%;
}
.title {
  font-size: 20px;
  text-align: center;
```

```
   margin-bottom: 20px;
}
button{
  width: 200px;
  height: 40px;
  font-size: 24px;
  font-weight: 600;
}
-------------------------------------------------------------------
//example6_8.js
import prompt from '@system.prompt';
export default {
  data: {
    inputValue:''
  },
  handle(){                        //点击按钮的触发事件
    let msg =this.inputValue;
    prompt.showToast({             //鸿蒙的提示框
      message:msg,                 //定义提示框中显示的内容
      duration:4000                //定义提示框中显示的时长
    });
  },
  handleInput(e){
    this.inputValue=e.value        //读取用户输入内容给变量inputValue
  }
}
```

图 6-8　Toast提示框

6.3.2　Dialog 对话框

　　对话框用于显示系统的重要信息，并请求用户进行操作反馈。对话框是一种模态的形式，即用户必须对对话框中的内容作出反馈，才能进行其他操作。因此对话框常用于用户进行了敏感操作，或者当App内部发生了较为严重的状态改变，这种操作和改变会带来影响性比较大的

行为结果,用对话框的形式让用户必须作出选择。其使用较多的场景有退出、删除、评分等。

在鸿蒙JS中,使用prompt.showDialog()方法来实现Dialog对话框。

另外,prompt.showDialog()方法的参数是一个对象,对象中的属性定义如下:

```
prompt.showDialog({
  title: "对话框标题",
  message: "对话框信息",
  buttons: [
    {
      text: "按钮上的文字",
      color: "按钮上的文字的颜色"
    }
  ],
  success(){   }              //点击按钮成功后的处理函数
})
```

对话框也是在底部弹出的,并且按钮可以自行定义。点击按钮后,success方法会获取按钮的索引值,根据索引可以进行业务逻辑的编写。

若要设置三个按钮,则需要在prompt.showDialog()参数对象的button数组中定义三个对象,每个对象针对一个按钮。

【例6-9】Dialog对话框

扫一扫,看视频

在本例中,定义一个文本框和一个按钮,用户点击按钮会弹出Dialog对话框,在该对话框中有标题、提示内容、两个按钮,用户点击对话框中的两个按钮之一,会在文本上显示用户点击了哪一个按钮。其在手机设备上的运行结果如图6-9所示。

程序代码如下:

```
<!--example6_9.hml-->
<div class="container">
  <text>{{title}}</text>
  <button onclick="handle">对话框测试</button>
</div>
----------------------------------------------------------------------
/*example6_9.css*/
.container {
  flex-direction: column;
  justify-content: center;
  align-items: center;
  width: 100%;
  height: 100%;
}
button {
  font-size: 24px;
  text-align: center;
  width: 200;
}
----------------------------------------------------------------------
//example6_9.js
import prompt from '@system.prompt';
export default {
  data: {
    title: ''
  },
  handle(){
```

```
prompt.showDialog({
    title: "操作提示",                      //定义对话框标题
    message: "确认删除吗？",                  //定义对话框内容
    buttons: [                            //定义对话框对象数组，用于显示几个按钮
        {                                 //按钮1
            text: "我要删除",              //按钮1上的文字
            color: "#e20a0b"             //按钮1上的颜色
        },
        {                                 //按钮2
            text: "取消操作",              //按钮2上的文字
            color: "#777777"             //按钮2上的颜色
        }
    ],
    success: res => {                     //用户点击对话框中的按钮后的回调函数
        prompt.showToast({                //显示提示框，返回值在res中
            message: "点击了第" + res.index + "个按钮"   //定义提示框的提示信息
        })
        if(res.index===0){                //res.index是用户点击的按钮的索引值
            this.title='按下"我要删除"按钮'
        }
        else{
            this.title='按下"取消操作"按钮'
        }
    }
})
    }
}
```

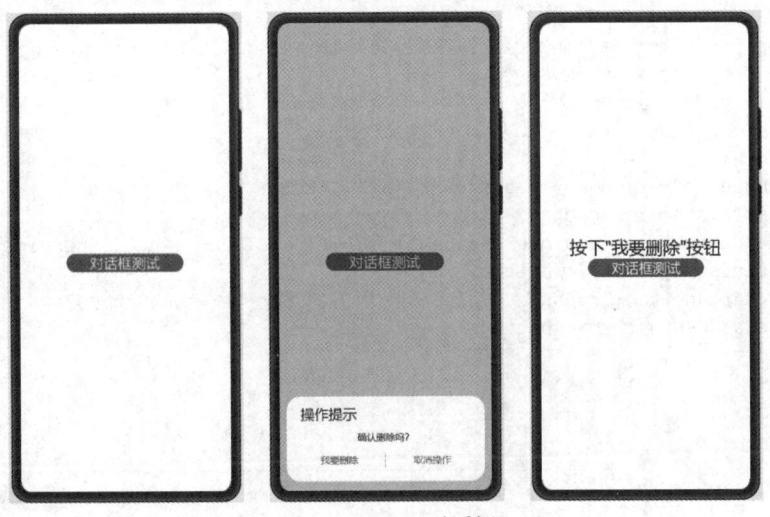

图6-9 Dialog对话框

⊙ 6.3.3 dialog 组件

prompt.showDialog()方法仅能弹出具有提示文字和按钮的对话框，如果需要更丰富的模态对话框功能，鸿蒙还提供了dialog组件。与menu组件一样，写在HML文件中的dialog组件并不会显示在鸿蒙设备中，也不会占用页面空间，需要用户通过id属性在JS文件中唤起这个对话框组件。dialog组件的语法格式如下：

```
<dialog id="" class="" oncancel="">
  <div class="">
    <!-- 对话框所显示的内容在此定义 -->
  </div>
</dialog>
```

这里需要特别说明的是，dialog组件仅支持单个子组件，其含义是dialog组件中仅能有一个直接子组件，如果需要显示多个子组件，则需要用一个div组件包含其他子组件的内容，而且这个包含的内容可以像页面定义一样自由，这比Toast提示框和Dialog对话框的固定格式定义要灵活很多。

dialog组件仅支持width、height、margin、margin-[left|top|right|bottom]、margin-[start|end]几种样式；仅支持cancel事件用于用户点击非dialog区域取消弹窗时触发的事件；支持的方法有show方法（弹出对话框）和close方法（关闭对话框）。

【例6-10】dialog组件

扫一扫，看视频

在本例中，定义一个文本框和一个按钮，用户点击按钮会弹出Dialog对话框，在该对话框中有标题、提示内容、两个按钮，用户点击对话框中的两个按钮之一，在文本上显示相对应的文字。其在手机设备上的运行结果如图6-10所示。

程序代码如下：

```
<!--example6_10.hml-->
<div class="doc-page">
  <div class="btn-div">
    <button type="capsule" value="dialog组件测试" class="btn" onclick="showDialog">
    </button>
  </div>
  <dialog id="simpleDialog" class="dialog-main" oncancel="cancelDialog">
    <div class="dialog-div">
      <div class="inner-txt">
        <text class="txt">加入购物车否? </text>
      </div>
      <image src="/common/images/book.jpg"></image>
      <div class="inner-btn">
        <button type="capsule" value="暂不加入" onclick="cancelSchedule"
        class="btn-txt"></button>
        <button type="capsule" value="确认加入" onclick="setSchedule"
        class="btn-txt"></button>
      </div>
    </div>
  </dialog>
</div>
----------------------------------------------------------------------------
/*example6_10.css*/
.doc-page {
  flex-direction: column;
  justify-content: center;
  align-items: center;
}
.btn-div {
  width: 100%;
  height: 200px;
  flex-direction: column;
  align-items: center;
  justify-content: center;
}
```

```
.btn {
  width: 200px;
  font-size: 24px;
  font-weight: 600;
}
.txt {
  color: #000000;
  font-weight: bold;
  font-size: 39px;
}
.dialog-main {
  width: 500px;
}
.dialog-div {
  flex-direction: column;
  align-items: center;
}
.inner-txt {
  width: 400px;
  height: 160px;
  flex-direction: column;
  align-items: center;
  justify-content: space-around;
}
.inner-btn {
  width: 400px;
  height: 120px;
  justify-content: space-around;
  align-items: center;
}
.btn-txt {
  background-color: #f2f2f2;
  text-color: coral;
  font-size: 18px;
  font-weight: 600;
}
```

```
//example6_10.js
import prompt from '@system.prompt';
export default {
  showDialog(e) {
    this.$element('simpleDialog').show()  //显示id值为simpleDialog的对话框
  },
  cancelDialog(e) {
    prompt.showToast({
      message: '对话框关闭!'
    })
  },
  cancelSchedule(e) {
    this.$element('simpleDialog').close()
    prompt.showToast({
      message: '暂不加入购物车'
    })
  },
  setSchedule(e) {
    this.$element('simpleDialog').close()
    prompt.showToast({
      message: '已成功加入购物车'
    })
```

```
    }
  }
```

图 6-10　dialog组件

6.4　综合案例：制作一个购物车

6.4.1　购物车的制作步骤

　　制作一个购物车，综合应用了前面所学的知识，包括数据绑定、各种通用组件、计算属性等知识，最终实现结果如图6-11所示。其中商品个数和数量是程序指定的，在实际项目中，大家可以从网络服务器获取相关数据。该案例可以通过点击数量前后的加号按钮或减号按钮来增加或减少某个商品的数量，当数据减少到1，再点击减号按钮时，会弹出对话框来询问用户是否删除该商品，当用户点击提示框中的"确认删除"按钮时，可以删除页面上的对应商品。

图 6-11　购物车

操作步骤如下：

（1）在项目的pages/example6目录下右击，在弹出的快捷菜单中选择New→JS Page，如图6-12所示。

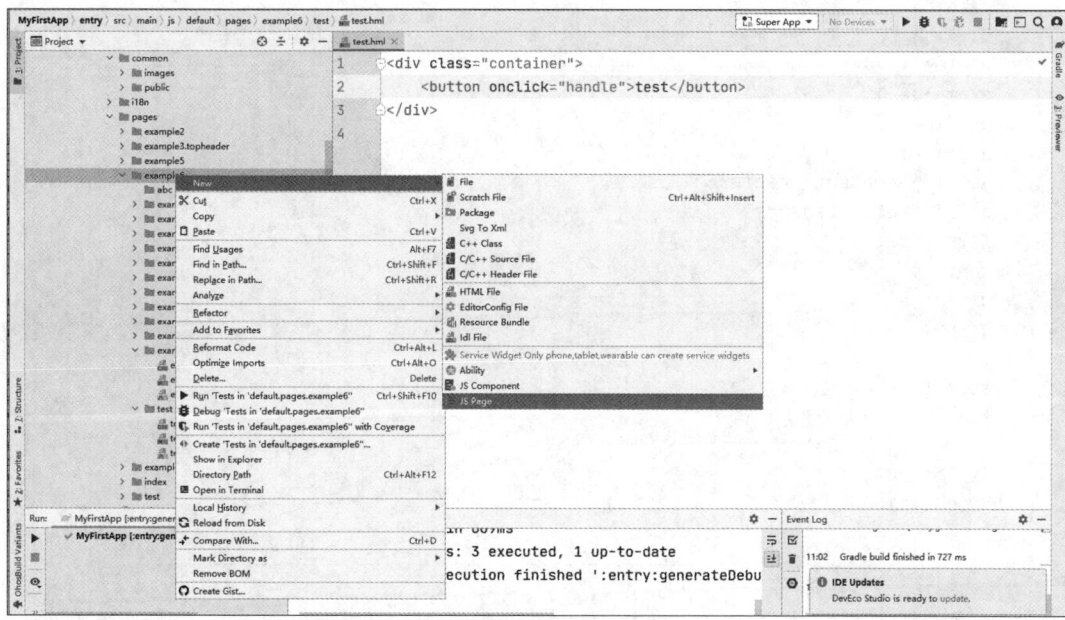

图6-12　新建JS Page快捷菜单

（2）在图6-12中选中JS Page，按Enter键打开如图6-13所示的页面。在弹出的页面中填写example6_11。

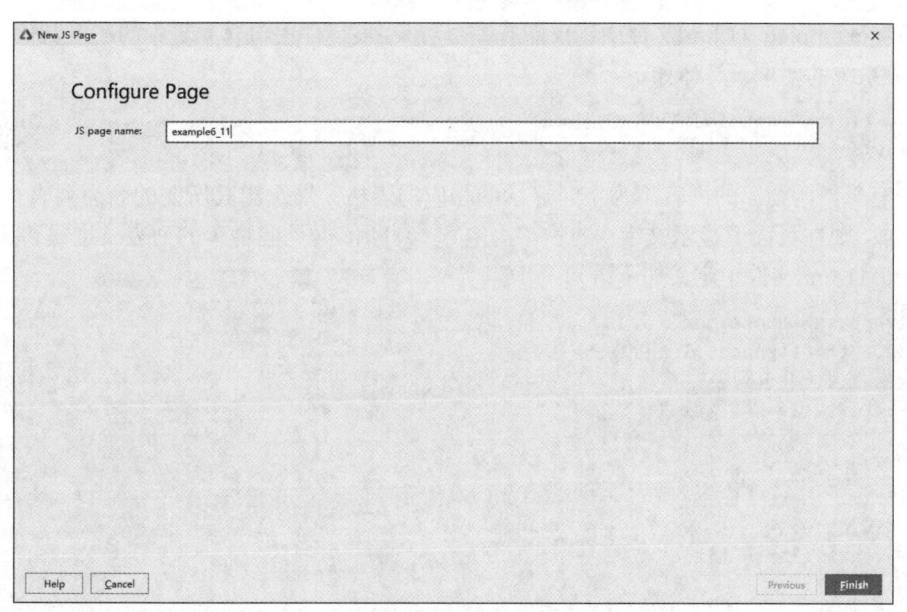

图6-13　新建JS Page页面

（3）在新建的pages/example6/example6_11目录下会自动生成三个文件，分别是example6_11.html、example6_11.css、example6_11.js。

（4）默认生成的example6_11.html、example6_11.css、example6_11.js文件的程序代码如下：

```
<!--example6_11.hml-->
<div class="container">
  <text class="title">
    Hello {{title}}
  </text>
</div>
_____
/*example6_11.css*/
.container {
  display: flex;
  justify-content: center;
  align-items: center;
  left: 0px;
  top: 0px;
  width: 454px;
  height: 454px;
}
.title {
  font-size: 30px;
  text-align: center;
  width: 200px;
  height: 100px;
}
_____
//example6_11.js
export default {
  data: {
    title: 'World'
  }
}
```

（5）在example6_11.hml文件中，仅能有一个<div>根组件去包含本页中的所有其他子组件，这是鸿蒙系统的要求，具体如下：

```
<div class="container">
</div>
```

（6）定义当购物车的内容不为空时显示的相应的表格，展示出其所购的商品列表，当购物车为空时，则在页面上显示文字"购物车为空"。判断依据是购物车的列表长度是否为0。在example6_11.hml文件中定义如下语句：

```
<div class="container">
  <div if="{{phones.length}}">
  <!--购物车内容列表 -->
    <text class="title">
      购物车
    </text>
  </div>
  <div else>
    <text class="title">
      购物车为空
    </text>
  </div>
</div>
```

另外，在example6_11.js文件中定义数据phones，其文件内容如下：

```
export default {
```

```
data: {
    phones:[]
  }
}
```

（7）购物车内容列表通过<div>组件实现，其在example6_11.hml文件中的内容如下：

```
<div class="todo-wrapper">
  <div  class="todo-item">
    <text class="todo-title">货名</text>
    <text class="todo-title">单价</text>
    <text class="todo-title">数量</text>
  </div>
  <div for="{{(index,item) in phones}}" class="todo-item">
    <text class="todo-title">{{item.name}}</text>
    <text class="todo-title">{{filter(item.price)}}</text>
    <div class="todo-number">
      <button @click="dec(index)">-</button>
      <text>{{item.count}}</text>
      <button @click="add(index)">+</button>
    </div>
  </div>
  <div  class="todo-item">
    <text class="todo-title">合计</text>
    <text class="todo-column">{{computedName}}</text>
  </div>
</div>
```

其对应的example6_11.css文件中的内容如下：

```
.container {
  flex-direction: column;
  justify-content: center;
  align-items: center;
}
.title{
  margin: 20px 0px;
  font-size: 30px;
  font-weight: 600;
}
.todo-wrapper,.todo-item  {
  border: 1px solid grey;
  background-color: beige;
}
.todo-wrapper{
  flex-direction: column;
}
.todo-title {
  width: 33%;
  height: 70px;
  font-size: 24px;
  text-align: center;
  border-right: 1px solid grey;
}
```

（8）在example6_11.js中定义以下数据（在实际项目中这些数据可以从服务器端获取，此例先使用固定的初始数据）：

```
export default {
  data: {
    phones: [
      {
        name: '华为mate30',
        price: 3280,
        count: 2
      },
      {
        name: '华为mate40',
        price: 5160,
        count: 3
      },
      {
        name: '苹果13',
        price: 5900,
        count: 2
      },
      {
        name: 'OPPO',
        price: 2180,
        count: 3
      }
    ]
  }
}
```

(9)定义点击加号按钮和减号按钮的方法，其在example6_11.js中的代码如下：

```
add(index){
  this.phones[index].count++
},
dec(index){
  if(this.phones[index].count>1) this.phones[index].count--
  else{
    this.content=this.phones[index].name
    this.$element("loginDialog").show()
  }
}
```

(10)鸿蒙JS不支持过滤器，可以通过计算属性或普通函数方法实现。把一个数值转换成固定的具有两位小数的显示状态，此处采用普通函数方法实现。代码如下：

```
filter(x){
  return x.toFixed(2)
}
```

(11)定义计算属性，显示购物车的总价，代码如下：

```
computed:{
  computedName(){
    let prices = 0          //初始化总价为0
    for (let i = 0; i <this.phones.length; i++) {
      //把数组中的每个元素的价格×数量，再相加到总价prices 中
      prices += this.phones[i].price * this.phones[i].count
    }
    return '￥'+prices.toFixed(2)
  }
}
```

（12）定义移除购物车中某商品的方法。先在example6_11中定义提示对话框的内容，其使用的语法如下：

```
<dialog id="loginDialog">
  <div class="loginDialog">
    <div class="dialogTitle">
      <text> 确认删除当前购物车:{{content}}</text>
    </div>
    <div class="dialogButton">
      <button class="inputBtn" onclick="confirm(1)">确认删除</button>
      <button class="inputBtn" onclick="confirm(2)">再看看</button>
    </div>
  </div>
</dialog>
```

当某个商品的数量减为1，并再次点击减号时弹出如上对话框。另外，对话框弹出后所按的按钮的控制函数在example6_11.js中的代码如下：

```
dec(index){
  if(this.phones[index].count>1) this.phones[index].count--
  else{
    this.content=this.phones[index].name        //需要删除的元素的名称
    this.flag=index                             //存储需要删除的元素的索引号
    this.$element("loginDialog").show()         //弹出对话框
  }
},
confirm(value){                                 //对话框响应方法
  if(value===1){                                //此处的1代表"确认删除"按钮
    this.phones.splice(this.flag, 1) //点击了"确认删除"按钮，在数组中删除此元素
  }
  this.$element("loginDialog").close()          //关闭对话框
}
```

对话框对应的样式在example6_11.css中的代码如下：

```
#loginDialog{
  height: 100px;
}
.dialogTitle{
  height: 60px;
  justify-content: center;
}
.dialogTitle text{
  font-size: 24px;
}
.loginDialog{
  flex-direction: column;
  height: 100%;
}
.dialogButton{
  justify-content: space-around;
  height: 50px;
  margin-top: 20px;
}
.inputBtn{
  width: 120px;
```

```
    font-size: 20px;
    margin-bottom: 10px;
}
```

6.4.2 购物车的完整源代码

【例6-11】购物车

程序代码如下：

```
<!--example6_11.html-->
<div class="container">
  <div class="content" if="{{phones.length}}">
  <!--购物车内容列表 -->
    <text class="title">购物车</text>
    <div class="todo-wrapper">
      <div class="todo-item">
        <text class="todo-title">货名</text>
        <text class="todo-title">单价</text>
        <text class="todo-title">数量</text>
      </div>
      <div for="{{(index,item) in phones}}" class="todo-item">
        <text class="todo-title">{{item.name}}</text>
        <text class="todo-title">{{filter(item.price)}}</text>
        <div class="todo-number">
          <button @click="dec(index)">-</button>
          <text>{{item.count}}</text>
          <button @click="add(index)">+</button>
        </div>
      </div>
      <div class="todo-item">
        <text class="todo-title">合计</text>
        <text class="todo-column">{{computedName}}</text>
      </div>
    </div>
  <div else>
    <text class="title">购物车为空</text>
  </div>
  <dialog id="loginDialog">
    <div class="loginDialog">
      <div class="dialogTitle">
        <text> 确认删除当前购物车:{{content}}</text>
      </div>
      <div class="dialogButton">
        <button class="inputBtn" onclick="confirm(1)">确认删除</button>
        <button class="inputBtn" onclick="confirm(2)">再看看</button>
      </div>
    </div>
  </dialog>
</div>
————————————————————————————————————————————————————————————
/*example6_11.css*/
.container {
  flex-direction: column;
```

```
    justify-content: center;
    align-items: center;
}
.content{
    flex-direction: column;
    justify-content: center;
    align-items: center;
}
.title{
    margin: 20px 0px;
    font-size: 30px;
    font-weight: 600;
    height: 40px;
}
.todo-wrapper,.todo-item  {
    border: 1px solid grey;
    background-color: beige;
}
.todo-wrapper{
    flex-direction: column;
}
.todo-number{
    width: 33%;
    height: 70px;
    justify-content: center;
    align-items: center;
    line-height: 70px;
    font-size: 30px;
}
.todo-number button{
    width: 30px;
    margin: 0px 10px;
    font-size: 24px;
}
.todo-column{
    width: 66%;
    text-align: center;
    line-height: 55px;
}
#loginDialog{
    height: 100px;
}
.dialogTitle{
    height: 60px;
    justify-content: center;
}
.dialogTitle text{
    font-size: 24px;
}
.loginDialog{
    flex-direction: column;
    height: 100%;
}
.dialogButton{
    justify-content: space-around;
```

```
    height: 50px;
    margin-top: 20px;
}
.inputBtn{
    width: 120px;
    font-size: 20px;
    margin-bottom: 10px;
}
---------------------------------------------------------------
//example6_11.js
export default {
    data: {
        phones: [
            {
                name: '华为mate30',
                price: 3280,
                count: 2
            },
            {
                name: '华为mate40',
                price: 5160,
                count: 3
            },
            {
                name: '苹果13',
                price: 5900,
                count: 2
            },
            {
                name: 'OPPO',
                price: 2180,
                count: 3
            }
        ],
        content:'abc'
    },
    add(index){
        this.phones[index].count++
    },
    dec(index){
        if(this.phones[index].count>1) this.phones[index].count--
        else{
            this.content=this.phones[index].name
            this.$element("loginDialog").show()
        }
    },
    confirm(value){
        if(value===1){
            this.phones.splice(this.flag, 1)
        }
        this.$element("loginDialog").close()
    },
    computed:{
        computedName(){
            let prices = 0
```

```
      for (let i = 0; i <this.phones.length; i++) {
        prices += this.phones[i].price * this.phones[i].count
      }
      return '￥'+prices.toFixed(2)
      }
  },
  filter(x){
    return x.toFixed(2)
  }
}
```

6.5 本章小结

　　鸿蒙JS的思想与Vue.js非常相像，都是基于数据驱动和组件化的思想构建的，本章重点讲解了数据驱动中的计算属性和侦听属性。计算属性会根据所依赖的所有数据的变化而自动进行重新计算，并同步刷新页面视图，6.1节讲解了计算属性的使用方法，以及其与事件方法执行的区别；而侦听属性可以指定某一个数据的变化自动计算侦听属性，6.2节讲解了侦听属性的定义及其使用方法，6.3节讲解了几种提示框与对话框的使用方法。

6.6 习题

1.说明运行下面的程序组件代码后，页面上的显示结果。

```
<!--exercise6_1.hml-->
<div class="container">
  <input type="text" value="{{firstName}}" onchange="changeText(0)"/>
  <input type="text" value="{{lastName}}" onchange="changeText(1)"/>
  <text class="title">完整名称: {{fullName}}</text>
</div>
--------------------------------------------------------------------
/*exercise6_1.css*/
.container {
  flex-direction: column;
  justify-content: center;
  align-items: center;
  left: 0px;
  top: 0px;
  width: 100%;
  height: 100%;
}

.title {
  font-size: 24px;
  text-align: center;
}
input {
  margin: 10px;
}
--------------------------------------------------------------------
```

```
//exercise6_1.js
export default {
  data: {
    firstName: 'HarmonyOS',
    lastName: '3.0'
  },
  computed:{
    fullName(){
      return this.firstName + ' ' + this.lastName;
    }
  },
  changeText(index,e){
    if(index===0){
      this.firstName=e.value
    }
    else
    {
      this.lastName=e.value
    }
  }
}
```

2. 说明运行下面的程序组件代码后，页面和控制台的运行结果。

```
<!--exercise6_2.hml-->
<div class="container">
  <text class="title">
    {{count}}
  </text>
</div>
```

```
/*exercise6_2.css*/
.container {
  display: flex;
  justify-content: center;
  align-items: center;
  left: 0px;
  top: 0px;
  width: 100%;
  height: 100%;
}
.title {
  font-size: 24px;
  text-align: center;
}
```

```
//exercise6_2.js
export default {
  data: {
    count:0
  },
  onInit() {
    this.$watch('count', 'onPropertyChange');
    setTimeout(() => {
      this.count++
    }, 1000)
  },
```

```
onPropertyChange(newValue, oldValue) {
    this.count=88
},
}
```

6.7 实验 购物车

1. 实验目的

（1）掌握鸿蒙JS的基础语法。

（2）掌握鸿蒙JS的计算属性。

（3）掌握鸿蒙JS事件的触发处理。

2. 实验内容

使用鸿蒙JS实现购物车，自定义购物车内的货名、单价和数量，自动计算合计总价，所有价格保留两位小数，如图6-14（a）所示。当点击加号和减号按钮时，对应数量可以自动改变，相对应的合计总价也会重新计算并改变；当某个商品数据减为0时，会提示用户是否删除此商品[见图6-14（b）]，如果点击"确认删除"按钮，则会将此商品删除[见图6-14（c）]。

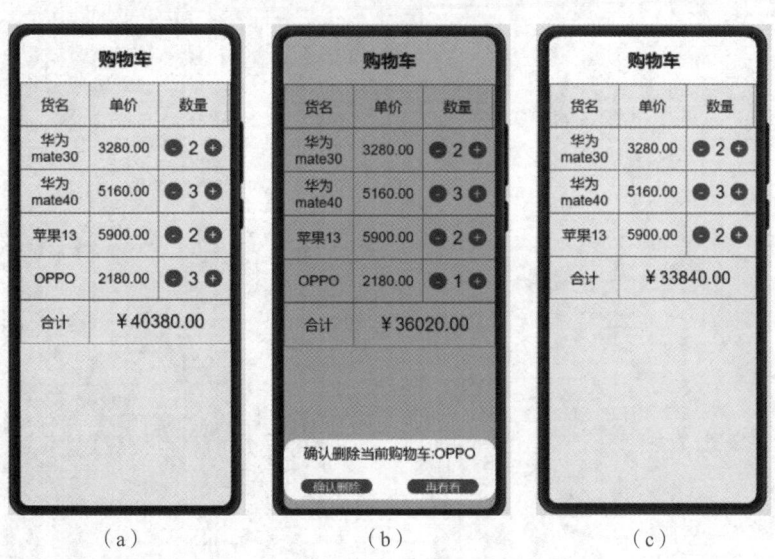

（a）　　　　　　　　（b）　　　　　　　　（c）

图6-14　购物车

第 7 章

基础综合案例

本章学习目标：

本章通过讲解基础综合案例——待办事项和影院订票页面，对本书前面所学习的内容进行综合实训。通过本章的学习，大家应该掌握以下主要内容：

- 鸿蒙 JS 的基本语法。
- 鸿蒙 JS 的数据绑定。
- 鸿蒙 JS 的事件触发响应。
- 鸿蒙 JS 的计算属性。

本章知识结构

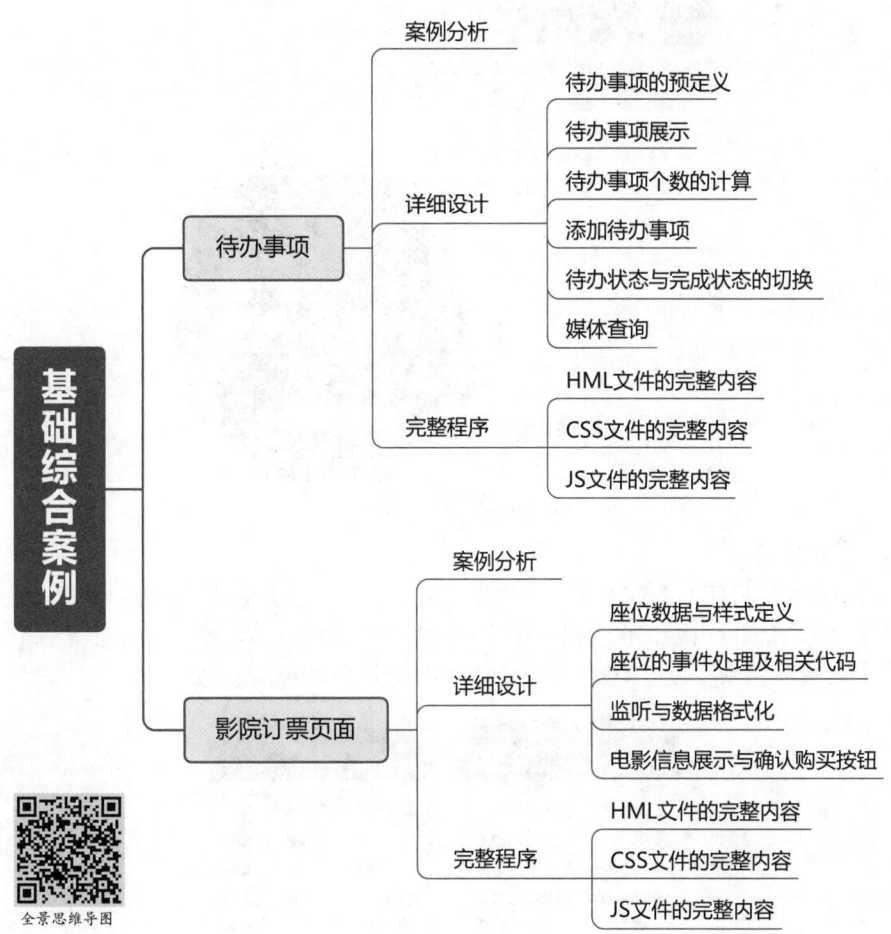

全景思维导图

基础综合案例
├─ 待办事项
│   ├─ 案例分析
│   ├─ 详细设计
│   │   ├─ 待办事项的预定义
│   │   ├─ 待办事项展示
│   │   ├─ 待办事项个数的计算
│   │   ├─ 添加待办事项
│   │   ├─ 待办状态与完成状态的切换
│   │   └─ 媒体查询
│   └─ 完整程序
│   ├─ HML文件的完整内容
│   ├─ CSS文件的完整内容
│   └─ JS文件的完整内容
└─ 影院订票页面
    ├─ 案例分析
    ├─ 详细设计
    │   ├─ 座位数据与样式定义
    │   ├─ 座位的事件处理及相关代码
    │   ├─ 监听与数据格式化
    │   └─ 电影信息展示与确认购买按钮
    └─ 完整程序
        ├─ HML文件的完整内容
        ├─ CSS文件的完整内容
        └─ JS文件的完整内容

7.1 待办事项

🔗 7.1.1 案例分析

待办事项（ToDoList）就是把所有要做的事情一一罗列出来。将完成的事项选择为完成，未完成的事项选择为待办。其在手机和穿戴设备上的运行结果如图7-1所示。

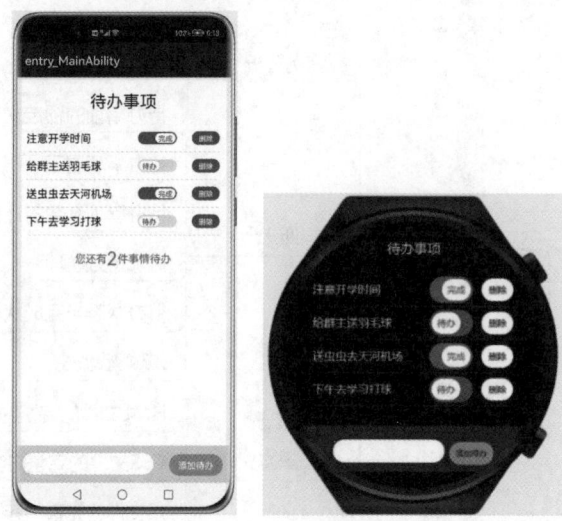

图7-1 待办事项

其主要功能如下：

（1）添加待办：将任务内容输入到文本框，然后点击"添加待办"按钮，程序会进行判断，如果文本框中没有输入内容，将会提示用户"添加待办事项，其内容不能为空"，如图7-2（a）所示，如果有内容，则会将其添加到任务列表中，如图7-2（b）所示。

（a）　　　　　　　　　（b）

图7-2 添加待办事项

（2）删除：如果需要删除某个待办事项，直接点击该待办事项后面的"删除"按钮，则会直接删除该待办事项。

（3）待办状态与完成状态的切换：当某个待办事项完成之后，直接把该待办事项后的开关打到"完成"状态；如果完成的事项由于某些原因又需要回到"待办"状态，则把该事项后的开关打到"待办"状态即可，同时，下面待办事项的统计数会自动进行相应的更新。

7.1.2 详细设计

1. 待办事项的预定义

待办事项的预定义是通过一个数组完成的，该数组是一个对象数组，其中每个元素都有两个属性，一个是待办事项的信息info，另一个是待办事项的状态status（false表示事项是待办状态，true表示事项是完成状态）。本例中使用todoList.js文件存储该数组，其内容如下：

扫一扫，看视频

```
export default [
  {
    info:'注意开学时间',
    status:true
  },
  {
    info:'给群主送羽毛球',
    status:false
  },
  {
    info:'送虫虫去天河机场',
    status:true
  },
  {
    info:'下午去学习打球',
    status:false
  }
]
```

该数组中的数据在实际项目中可以从数据库服务器通过fetch方法获取，获取数据时会有身份鉴别等限制。

2. 待办事项展示

将待办事项展示到页面时，需要在HTML文件中通过for指令把在todoList.js文件中定义的数据展示出来，其在HTML文件中使用的语句如下：

```
<div class="item" for="{{todoList}}">
  <text class="todo">{{$item.info}}</text>
  <switch showtext="true" checked="{{$item.status}}" texton="完成"
      textoff="待办" class="switch" @change="switchChange($idx)">
  </switch>
  <button class="remove" @click="remove($idx)">删除</button>
</div>
```

最外面的<div></div>组件被反复循环，循环的次数由todoList数组的元素个数决定，并且其在CSS中的排列样式是行排列，其内部包含的<text>、<switch>和<button>组件将排在一行。在todoList待办事项数组的某个元素的对象中，info属性绑定在<text>组件上且已展示待办事项名；status属性绑定在开关组件<switch>上以确定其开关是打在"完成"状态还是"待办"状态。最后的<button>组件按钮用于删除某个待办事项，该按钮的点击事件触发方法如下：

```
remove(index){
  this.todoList.splice(index,1)
}
```

此处对数组数据的修改就是对待办事项的修改，需要特别强调的是，对数组修改一定要使用splice()方法，否则对数组修改后的数据将不能同步渲染到鸿蒙设备的页面中。

3. 待办事项个数的计算

待办事项个数的计算是通过计算属性todoCount完成的，其使用的语句如下：

```
computed:{
  todoCount(){
    let num=0;
    this.todoList.forEach(element=>{   //数组遍历的forEach方法中，参数是函数
      if(!element.status){             //element是遍历数组的某一个元素
        num++                          //!element.status为真，待办事项计数加1
      }
    })
    return num                         //返回待办事项个数
  }
}
```

在该计算属性中使用了this.todoList.forEach()方法，也就是说，只要todoList数组数据发生了变化，计算属性就会进行重新计算，然后在HTML文件中进行渲染，其在HTML文件中的渲染语句如下：

```
<div class="info">
  <text class="info-text">您还有</text>
  <text class="info-num">{{todoCount}}</text>
  <text class="info-text">件事情待办</text>
</div>
```

4. 添加待办事项

添加待办事项就是通过一个输入文本框来接收用户输入的待办事项信息，然后点击"添加待办"按钮，将用户输入的内容写入todoList数组，其在HTML文件中的语句如下：

```
<div class="add-todo">
  <input class="plan-input" type="text" id="inputContent"
value="{{content}}"
          onchange="setContent">
  </input>
  <button class="plan-btn" @click="addTodo">添加待办</button>
</div>
```

扫一扫，看视频

在将内容写入todoList数组时，将用户输入的待办事项信息写入info属性，将status属性设置为待办（值为false）状态。需要说明的是，当用户没有在输入文本框中输入内容，而是直接点击"添加待办"按钮时，要提示用户输入内容不能为空且不能添加空的待办事项，其在JS文件中使用的语句如下：

```
addTodo(){
  if(this.content===""){              //用户输入为空，则提示用户待办内容不能为空
    prompt.showToast({                //提示框
      message: '添加待办事项，其内容不能为空',    //提示内容
```

```
      duration: 4000               //提示框在页面上显示4s
    });
  }
  else{
    this.todoList.push({           //数组增加的push()方法
      info:this.content,           //将用户输入的待办事项信息写入info属性
      status:false                 //设置为待办（值为false）状态
    })
    this.content=""                //清除用户在文本框中输入的内容
  }
},
setContent(e){
  this.content=e.value             //获取用户在文本框中输入的内容
}
```

另外，setContent(e)是待办事项输入文本框的内容发生改变时所触发的事件函数。因为鸿蒙的数据不支持双向数据绑定，所以需要在每一次输入框内容改变时都用setContent(e)方法来将用户输入的内容读到变量中，其中e.value就是文本输入框中输入的内容。

5. 待办状态与完成状态的切换

本例中待办状态与完成状态的切换的代码如下：

```
switchChange(index){
  this.todoList[index].status=!this.todoList[index].status //状态取反
}
```

在switch组件中，通过布尔变量来确定开关是关闭状态还是打开状态，针对每一个待办事项都有一个布尔变量来存储开关的状态。如果某个待办事项在"待办"状态，那么这个事项存储的布尔变量值是false；如果某个待办事项在"完成"状态，那么这个事项存储的布尔变量值就是true。switchChange是当switch组件的状态值发生变化后所触发的事件函数，该函数就是修改用户存储的布尔变量值以达成用户所需要的组件状态。

6. 媒体查询

开发者经常需要根据设备的大致类型或特定的特征和设备参数（如屏幕分辨率）来修改App应用的样式，这种修改方式叫作媒体查询。媒体查询提供以下功能：

（1）针对设备和应用的属性信息，设计出相匹配的布局样式。

（2）当屏幕发生动态改变时（如分屏、横竖屏切换），应用页面布局同步更新。

在CSS语法规则中使用@media来引入查询语句，其使用的语法格式如下：

```
@media [media-type] [and|not|only] [(media-feature)] {
  /* CSS代码 */
}
```

其中：

（1）media-type是媒体类型，此处仅支持screen，表示按屏幕相关参数进行媒体查询。

（2）and、not、or是媒体逻辑操作符，用于构成复杂媒体查询。详细说明如下：

● and：将多个媒体特征以"与"的方式连接成一个媒体查询，只有当所有媒体特征都为true时，查询条件才成立。例如，表示当设备类型是智能穿戴同时应用的最大高度小于等于600px时，其语句如下：

```
screen and (device-type: wearable) and (max-height: 600)
```

● not：将媒体查询的结果取反。例如，表示当应用高度小于50px或大于600px时，其语

句如下：

```
not screen and (min-height: 50) and (max-height: 600)
```

- or：将多个媒体特征以"或"的方式连接成一个媒体查询，如果存在结果为true的媒体特征，则查询条件成立。例如，表示当应用高度大于等于1000px或者设备屏幕是圆形时，其语句如下：

```
screen and (max-height: 1000) or （round-screen: true）
```

- (comma)：其效果等同于or运算符。例如，表示当应用高度大于等于1000px或者设备屏幕是圆形时，其语句如下：

```
screen and (min-height: 1000), (round-screen: true)
```

在本例"待办事项"中先定义一个在各种设备上都通用的样式，此处针对的是鸿蒙手机设备，下面针对不同的鸿蒙设备（电视和穿戴设备）类型进行具体的样式定义。例如，对不同设备上显示的title标题样式类定义不同的样式所使用的语句如下：

```
.title {
  font-size: 25px;                        /*字体大小为25px*/
  margin: 20px 0px;                       /*距其他组件上下20px，左右0px*/
  opacity: 0.9;                           /*字体透明度为0.9*/
}
@media screen and (device-type: tv){     /*电视设备*/
  .title {
    font-size: 40px;                      /*字体大小为40px*/
  }
}
@media screen and (device-type: wearable){  /*穿戴设备*/
  .title {
    font-size: 12px;                      /*字体大小为12px*/
    margin: 15px 0px;                     /*距其他组件上下15px，左右0px*/
  }
}
```

🌀 7.1.3 完整程序

【例7-1】待办事项ToDoList

1. HML文件的完整内容

```
<!--example7_1.hml-->
<div class="container">
  <text class="title">待办事项</text>
  <div class="item" for="{{todoList}}">
    <text class="todo">{{$item.info}}</text>
    <switch showtext="true" checked="{{$item.status}}" texton="完成" textoff="待办"
    class="switch" @change="switchChange($idx)"></switch>
    <button class="remove" @click="remove($idx)">删除</button>
  </div>
  <div class="info">
    <text class="info-text">您还有</text>
    <text class="info-num">{{todoCount}}</text>
    <text class="info-text">件事情待办</text>
  </div>
```

```
    <div class="add-todo">
        <input class="plan-input" type="text" id="inputContent" value="{{content}}"
        onchange="setContent"></input>
        <button class="plan-btn" @click="addTodo">添加待办</button>
    </div>
</div>
```

2. CSS文件的完整内容

```css
/*example7_1.css*/
.container {
  flex-direction: column;
  justify-content: flex-start;
  align-items: center;
  padding-bottom: 100px;
}
.title {
  font-size: 25px;
  margin-top: 20px;
  margin-bottom: 20px;
  opacity: 0.9;
}
.item{
  width: 325px;
  padding: 10px 0;
  flex-direction: row;
  align-items: center;
  justify-content: space-around;
  border-bottom: 1px solid #eee;
}

.todo{
  color: #000;
  width: 180px;
  font-size: 18px;
}
.switch{
  font-size: 12px;
  texton-color: green;
  textoff-color: red;
  text-padding: 5px;
  width: 100px;
  height: 24px;
  allow-scale: false;
}
.remove{
  font-size: 12px;
  margin-left: 10px;
  width: 50px;
  height: 22px;
  text-color:white;
}
.info{
  width: 100%;
  margin-top: 10px;
  justify-content: center;
}
```

基础综合案例

```
.info-text{
    font-size: 18px;
    color: #ad7a1b;
}
.info-num{
  color: orangered;
  margin: 10px 0px;
}
.add-todo{
  position: fixed;
  left: 0;
  bottom: 0;
  width: 100%;
  height: 60px;
  flex-direction: row;
  justify-content: space-around;
  align-content: center;
  background-color: #ddd;
  padding-top: 10px;
}
.plan-input{
  width: 220px;
  height: 35px;
  background-color: #fff;
  margin-top: 2px;
}
.plan-btn{
  width: 90px;
  height: 35px;
  font-size: 15px;
  margin-top: 4px;
  background-color: coral;
}
@media screen and (device-type: tv){    /*当设备类型是电视时所使用的媒体样式*/
  .container {
    background-image: url("../../common/images/Wallpaper.png");
    background-size: cover;
    background-repeat: no-repeat;
    background-position: center;
  }
  .title {
    font-size: 40px;
  }
  .item{
    width: 600px;
    padding: 10px 0;
    border-bottom: 1px solid #666;
  }

  .todo{
    color: #fff;
    width: 400px;
    font-size: 21px;
  }
  .info-text{
    font-size: 21px;
```

```css
  }
  .add-todo{
    justify-content: center;
    background-color: #333;
  }
  .plan-input{
    width: 320px;
    margin-right: 30px;
  }
  .plan-btn{
    width: 120px;
    height: 40px;
    background-color: #007cba;
  }
}
@media screen and (device-type: wearable){   //*当设备类型是穿戴设备时所使用的媒体样式*/
  .title {
    font-size: 12px;
    margin-top: 15px;
    margin-bottom: 15px;
  }
  .item{
    width: 180px;
    padding: 2px 0;
    border-bottom: 1px solid #333;
  }
  .todo{
    color: #fff;
    width: 100px;
    font-size: 10px;
  }
  .switch{
    font-size: 8px;
    text-padding: 5px;
    width: 50px;
    height: 24px;
    allow-scale: false;
  }
  .remove{
    font-size: 8px;
    margin-left: 2px;
    width: 30px;
    height: 20px;
    color: #fff;
    background-color: #fff;
    text-color: black;
  }
  .info-text{
    font-size: 10px;
  }
  .add-todo{
    height: 40px;
    align-items: flex-start;
    justify-content: center;
```

```
      background-color: #333;
      bottom: 15px;
    }
    .plan-input{
      width: 100px;
      height: 20px;
      margin-right: 4px;
    }
    .plan-btn{
      width: 40px;
      height: 20px;
      font-size: 7px;
      text-color: black;
    }
  }
```

3. JS文件的完整内容

```js
import prompt from '@system.prompt';
import todoList from '../../../common/datas/todoList.js'
export default {
  data: {
    todoList,
    date:'请选择日期',
    content:''
  },
  remove(index){
    //删除数组中的一组数据
    this.todoList.splice(index,1)
  },
  switchChange(index){
    this.todoList[index].status=!this.todoList[index].status
  },
  setContent(e){
    this.content=e.value
  },
  addTodo(){
    if(this.content===""){
      prompt.showToast({
        message: '添加待办事项，其内容不能为空',
        duration: 4000
      });
    }
    else{
      this.todoList.push({
        info:this.content,
        status:false
      })
      this.content=""
    }
  },
  computed:{
    todoCount(){
      let num=0;
      this.todoList.forEach(element=>{
```

```
        if(!element.status){
          num++
        }
      })
      return num
    }
  }
}
```

7.2 影院订票页面

7.2.1 案例分析

影院售票系统是电影院销售电影票的一个非常重要的环节，其直接影响到用户的操作是否方便以及界面是否直观。该系统包括用户注册、影片信息管理、订票信息管理、站内新闻管理等模块。本节仅对其中的订票页面进行阐述，目的是让大家能对本书前期学习的知识进行综合运用，本节完成的页面功能如图7-3所示。

扫一扫，看视频

（a）

（b）

图7-3 购票状态1

该页面要求用图形方式选择观影座位，也就是能够点击图7-3（a）中的可选座位（空白座位）来选中所要求购买的座位。当点击可选座位后，该座位会变成已选座位（红色对号）状态；当用户再次点击已选座位后，该座位会重新回到可选座位状态；图中灰色的座位表示已售出的座位。

另外，当用户选中或取消某一个座位后，在图7-3（a）的中间区域将会自动显示选中的座位是"几排几座"，并能根据用户所选择的电影票张数自动计算出本次购票的总价，同时还能限制用户一次最多只能购买5张电影票，当票数达到上限时能动态提示用户"一次最多购买5张票"，如图7-4（a）所示，此时不能再选择新的可选座位，但可以取消已选座位。当用户选

219

择好所需购买的电影票之后，点击"确认下单"按钮，会提示用户是否确认购买，如图7-4（b）所示。

（a） （b）

图7-4 购票状态2

通过图7-3和图7-4可以看出该页面整体分为上下4个部分，分别使用4个\<div\>\</div\>组件进行布局，最外面用一个\<div\>\</div\>根组件把这3个组件包含起来，其程序实现的源代码如下：

```
<div class="container">
  <div>
    <text>屏幕</text>
  </div>
  <div class="seatLists">
    <!-- 显示座位列表 -->
  </div>
  <div class="selectSeat">
    <!-- 显示选座状态和价格计算结果 -->
  </div>
  <div class="filmInfo">
    <!-- 显示电影信息，此处仅显示一张海报 -->
  </div>
</div>
```

基础框架的样式定义代码如下：

```
.container {
  flex-direction: column;
  justify-content: center;
  align-items: center;
  height: 1096px;
  width: 100%;
}
.seatLists{
  align-content: center;
  height: 280px;
  width: 340px;
  margin-top: 20px;
```

```
}
.selectSeat{
  flex-direction: column;
  border: 1px solid orangered;
  width:90%;
  height: 200px;
  border-radius: 10px;
  padding: 5px;
}
.filmInfo{
  width: 90%;
  border-radius: 20px;
  overflow: hidden;
  margin-top: 10px;
  height: 600px;
}
```

7.2.2 详细设计

1. 座位数据与样式定义

座位通过在<div></div>组件中使用背景图片实现，并且背景图片有4种座位样式：无座位（空白）、可选座位（白色）、已选座位（红色）、售出座位（灰色），这个在数组中定义的数值表示如下：

扫一扫，看视频

| -1：无座位 | 0：可选座位 | 1：已选座位 | 2：售出座位 |

例如，在鸿蒙设备中定义一个9行14列的影院座位，每一个座位用一个数字来表示，数字含义如上，定义数组的语句如下（其在手机页面上对应图7-3（a）中的上半部分座位图）：

```
seatflag: [
  0, 0, 0, 0, 0, 0, 0, 0, 0, 0,
  0, 0, 0, 0, 0, 0, 0, 0, 0, 0,
  0, 0, 0, 0, 0, 0, 0, 0, 0, 0,
  0, 0, 0, 0, 0, 0, 0, 0, 0, 0,
  0, 0, 0, 0, 0, 0, 0, 0, 0, 0,
  0, 0, 0, 0, 0, 0, 0, 0, 0, 0,
  0, 0, 0, 0, 0, 0, 0, 0, 0, 0,
  0, 0, 0, 0, 0, 0, 0, 0, 0, 0,
  0, 0, 0, 0, 2, 2, 0, 0, 0, 0,
  0, 0, 0, 2, 2, 0, 2, 2, 0, 0,
  -1, 0, 0, 0, 0, 0, 0, 0, 0, -1,
  -1, -1, 0, 0, 0, 0, 0, 0, -1, -1,
]
```

从定义的seatflag数组可以看出这是一个一维数组，让其变成能够显示行列的二维数组的方法是定义一个一行多少座位的数据rowCount，当用户点击某一个座位后，在程序中可以得到该座位在数组中的序号，然后该序号整除rowCount得到商再加上1之后就是行号，对rowCount取余数再加上1就是相对应的座位号。

在CSS中通过4个座位的背景图，对座位<div></div>组件的样式进行定义，如图7-5所示，通过上下移动该背景图使得用户在<div></div>组件的窗口看到不同的座位样式，其样式定义如下：

图7-5　座位背景图

```css
.seatItem {
  width: 20px;                    /*宽度为20px*/
  height: 20px;                   /*高度为20px*/
  margin:2px;                          /*与其他组件上、右、下、左间隔2px*/
  /*导入座位背景图*/
  background-image: url("/common/images/bg.png");
  background-repeat: no-repeat;        /*背景图不重复*/
  background-position: 0px -21px;      /*背景图移位左右0px、上下-21px*/
  background-size: 100%;               /*背景图填充*/
}
.seatSpace{
  background-position: 0px -21px;      /*背景图移位左右0px、上下-21px*/
}
.seatActive{
  background-position: 0px 0px;        /*背景图移位左右0px、上下0px*/
}
.seatNoUse{
  background-position: 0px -42px;      /*背景图移位左右0px、上下-42px*/
}
.noSeat{
  background-position: 0px -61px;      /*背景图移位左右0px、上下-61px*/
}
```

使用鸿蒙JS中的for命令将上面的数据动态生成多个座位的<div></div>组件。首先每个座位都有seat样式类，然后根据每个座位对应的数据来显示其对应的样式图片。当座位对应的数据是-1时，添加noSeat样式类，即无该座位；当座位对应的数据是0时，添加seatSpace样式类，即该座位是可选座位；当座位对应的数据是1时，添加seatActive样式类，即该座位是已选座位；当座位对应的数据是2时，添加seatNoUse样式类，即该座位是售出座位，其在HML中的循环语句如下：

```html
<div class="seatLists">
  <div for="(index,item) in seatFlag" class="seatItem
      {{ seatFlag[index]==-1?'noSeat'
         :seatFlag[index]==0?'seatSpace'
         :seatFlag[index]==1?'seatActive'
         :'seatNoUse'
      }}" onclick="handleClickSeat(index)">
  </div>
</div>
```

该例中使用三目（条件）运算符进行有条件的样式类绑定，其语法格式如下：

```
{{条件表达式? '返回值true执行的':'返回值false执行的'}}
```

例如，当变量count大于等于10时，设置<div></div>组件样式类为myCss，否则设置组件样式类为youCss，其实现代码如下：

```
<div class="{{count>=10?'myCss':'youCss'}}"
```

行列是由点击座位对应的序号和数据rowCount来确定的，但在鸿蒙页面中的显示是由<div>组件的父级组件来确定的，这些数据以后都可以通过后台服务器动态获取。该父级组件的样式定义如下：

```css
.seatLists{                    /*父元素样式类，也就是弹性布局的容器，默认弹性布局*/
  align-content: center;       /*垂直方向居中对齐*/
  height: 280px;               /*高度280px*/
  width: 340px;                /*宽度340px*/
```

```
    margin-top: 20px;                    /*外边距四个方向都是20px*/
}
```

2. 座位的事件处理及相关代码

当用户点击某个座位后，会执行相应座位的点击事件处理函数handleClickSeat(index)，处理函数的入口参数index是用户点击某个座位在一维数组seatFlag中的数据值，利用鸿蒙中的数据绑定，当用户修改了数组seatFlag中的数据值时，会自动刷新相对应的座位图片。实现该函数的代码如下：

```
handleClickSeat(index,e){
  if(this.seatFlag[index]===1){           //当前是已选座位
    this.seatFlag.splice(index,1,0)       //修改点击座位时的index对应于数组中的0，
                                          //让其转成可选座位，并重新渲染到页面
    //利用findIndex方法找到当前选中座位的索引值，再利用splice方法将其删除
    this.curSeat.splice(this.curSeat.findIndex(item=>item===index),1)
  }
  else{
    if(this.seatFlag[index]===0){         //当前是可选座位
      if(this.curSeat.length<5){          //当已选座位小于5时
        this.seatFlag.splice(index,1,1)   //修改点击座位时的index对应于数组中的1，
                                          //让其转成已选座位，并重新渲染到页面
        //把当前点击座位在数组中对应的值加入已选座位数组
        this.curSeat.push(index)
      }
      else {
        prompt.showToast({                //当已选座位大于等于5时，弹出提示信息
          message: '一次最多购买5张票',   //提示信息的内容
          duration: 4000                  //提示信息在页面上的显示时长
        });
      }
    }
    else if(this.seatFlag[index]===2){    //当用户点击售出座位后
      prompt.showToast({                  //弹出提示信息
        message: '此票已售出，请选择其他座位电影票', //提示信息的内容
        duration: 4000                    //提示信息在页面上的显示时长
      });
    }
  }
}
```

其中：

（1）显示已选座位"几排几列"是根据curSeat数组来确定的，其在HML通过for命令来实现，其代码如下：

```
<div class="rowCol">
  <text for="(index,item) in curSeat" class="selectText">
    {{Math.floor(item/rowCount)+1}}排{{item%rowCount+1}}座
  </text>
</div>
```

（2）显示已选择了多少座位是根据curSeat数组的长度来确定的，其在HML中的实现代码如下：

```
<text class="title">
  购票：{{curSeat.length}}张,
  单价：{{two(price)}}
</text>
```

（3）判断购买票数达到上限后，是否显示"一次最多购买5张票"的提示信息，是通过弹出信息框来实现的，其在HML中的代码如下：

```
prompt.showToast({                              //当已选座位大于等于5时，弹出提示信息
  message: '一次最多购买5张票',                   //提示信息的内容
  duration: 4000                                //提示信息在页面上的显示时长
});
```

3. 监听与数据格式化

在鸿蒙中通过监听curSeat数组长度数据的变化来重新计算总价，其在本实例中的代码如下：

```
computed:{                                      //定义计算属性
  total(){                                      //计算属性total
    return this.curSeat.length*this.price       //返回已选座位个数×座位单价
  }
}
```

另外，在显示电影票单价和总价时，通过JS文件中定义的方法实现保留两位小数的功能，并在金额前面加上人民币符号，其在本实例中的代码如下：

```
two(x){
  return '¥'+x.toFixed(2)
}
```

在HML中使用该方法的代码如下：

```
<text class="title">
  购票: {{curSeat.length}}张,
  单价: {{two(price)}}
</text>
<text class="title">
  总价: {{two(total)}}
</text>
```

4. 电影信息展示与确认购买按钮

图7-3（b）显示了电影海报和电影的部分相关信息，为了简便，这部分仅显示了电影海报，其在HML中的实现代码如下：

```
<div class="filmInfo">
  <image src="/common/images/cyh.jpg"></image>
</div>
```

另外，当用户点击"确认下单"按钮时，该按钮在JS中的响应方法的处理代码如下：

```
handleSubmit(){                                 //点击"确认下单"按钮的事件触发函数
  if(this.curSeat.length>0){                    //已选座位个数大于0，表示有已选座位
    prompt.showDialog({                         //弹出对话框
      title: "操作提示",                          //弹出对话框的标题
      message: "确认购买?",                       //弹出对话框的信息
      buttons: [                                //弹出对话框的按钮
        {
          text: "确    认",                      //弹出对话框第一个按钮上的文字
          color: "#e20a0b"                      //弹出对话框第一个按钮上的文字颜色
        },
        {
          text: "取    消",                      //弹出对话框第二个按钮上的文字
```

```
          color: "#777777"              //弹出对话框第二个按钮上的文字颜色
      }
    ],
    success: res => {                    //点击对话框中的按钮后执行的回调函数
      if(res.index===0){                 //回调函数返回值res.index为0，表示第1个按钮
        prompt.showToast({               //显示提示框
          message: "转到支付页面!"        //提示框中显示的信息
        })
      }
    }
  })
 }
}
```

7.2.3 完整程序

【例7-2】影院订票前端页面

1. HML文件的完整内容

```html
<!--example7_2.hml-->
<div class="container">
  <div>
    <text>屏幕</text>
  </div>
  <div class="seatLists">
    div  for="(index,item) in seatFlag" class="seatItem {{seatFlag[index]==-1?'
    noSeat':seatFlag[index]==0?'seatSpace':seatFlag[index]==1?'seatActive':
    'seatNoUse'}}" onclick="handleClickSeat(index)">
    </div>
  </div>
  <div class="selectSeat">
    <text style="font-size: 24px;">您选中的座位是：\n</text>
    <div class="rowCol">
      <text for="(index,item) in curSeat" class="selectText">
        {{Math.floor(item/rowCount)+1}}排{{item%rowCount+1}}座
      </text>
    </div>
    <text class="title">购票：{{curSeat.length}}张，单价：{{two(price)}}</text>
    <text class="title">总价：{{two(total)}}</text>
    <div class="confirmDiv">
      <button class="confirmBtn" onclick="handleSubmit">确认下单</button>
    </div>
  </div>
  <div class="filmInfo">
    <image src="/common/images/cyh.jpg"></image>
  </div>
</div>
```

2. CSS文件的完整内容

```css
/*example7_2.css*/
.container {
  flex-direction: column;
  justify-content: center;
```

```
    align-items: center;
    height: 1096px;
    width: 100%;
}
.seatLists{
    flex-wrap: wrap;
    justify-content: center;
    align-content: center;
    height: 280px;
    width: 340px;
    margin-top: 20px;
}
.seatItem {
    width:  20px;
    height: 20px;
    margin: 2px;
    background-image: url("/common/images/bg.png");
    background-repeat: no-repeat;
    background-position: 0px -21px;
    background-size: 100%;
}
.seatSpace{
    background-position: 0px -21px;
}
.seatActive{
    background-position: 0px 0px;
}
.seatNoUse{
    background-position: 0px -42px;
}
.noSeat{
    background-position: 0px -61px;
}
.selectSeat{
    flex-direction: column;
    border: 1px solid orangered;
    width:  90%;
    height: 200px;
    border-radius: 10px;
    padding: 5px;
}
.selectText{
    font-size: 14px;
    background-color: #eee;
    margin: 5px;
}
.rowCol{
    height: 30px;
    margin-bottom: 10px;
}
.title{
    font-size: 20px;
    margin-bottom: 10px;
}
```

```css
.confirmDiv{
  justify-content: center;
  align-content: center;
  width: 100%;
}
.confirmBtn{
  width: 200px;
  height: 40px;
  background-color: orange;
}
.filmInfo{
  width: 90%;
  border-radius: 20px;
  overflow: hidden;
  margin-top: 10px;
  height: 600px;
}
```

3. JS文件的完整内容

```js
//example7_2.js
import prompt from '@system.prompt';
export default {
  data: {
    seatFlag: [
    0, 0, 0, 0, 0, 0, 0, 0, 0, 0,
    0, 0, 0, 0, 0, 0, 0, 0, 0, 0,
    0, 0, 0, 0, 0, 0, 0, 0, 0, 0,
    0, 0, 0, 0, 0, 0, 0, 0, 0, 0,
    0, 0, 0, 0, 0, 0, 0, 0, 0, 0,
    0, 0, 0, 0, 0, 0, 0, 0, 0, 0,
    0, 0, 0, 0, 0, 0, 0, 0, 0, 0,
    0, 0, 0, 0, 0, 0, 0, 0, 0, 0,
    0, 0, 0, 0, 2, 2, 0, 0, 0, 0,
    0, 0, 0, 2, 2, 0, 2, 2, 0, 0,
    -1, 0, 0, 0, 0, 0, 0, 0, 0, -1,
    -1, -1, 0, 0, 0, 0, 0, 0, -1, -1
    ],
    curSeat:[],
    rowCount:14,
    price:42
  },
  computed:{
    total(){
      return this.curSeat.length*this.price
    }
  },
  two(x){
    return '¥'+x.toFixed(2)
  },
  handleClickSeat(index,e){
    if(this.seatFlag[index]===1){
      this.seatFlag.splice(index,1,0)
      this.curSeat.splice(this.curSeat.findIndex(item=>item===index),1)
```

```
        }
        else{
          if(this.seatFlag[index]===0){
            if(this.curSeat.length<5){
              this.seatFlag.splice(index,1,1)
              this.curSeat.push(index)
            }
            else {
              prompt.showToast({
                message: '一次最多购买5张票',
                duration: 4000
              });
            }
          }
          else if(this.seatFlag[index]===2){
            prompt.showToast({
              message: '此票已售出，请选择其他座位电影票',
              duration: 4000
            });
          }
        }
      },
    handleSubmit(){
      if(this.curSeat.length>0){
        prompt.showDialog({
          title: "操作提示",
          message: "确认购买?",
          buttons: [
            {
              text: "确    认",
              color: "#e20a0b"
            },
            {
              text: "取    消",
              color: "#777777"
            }
          ],
          success: res => {
            if(res.index===0){
              prompt.showToast({
                message: "转到支付页面!"
              })
            }
          }
        })
      }
    }
  }
}
```

7.3 本章小结

本章讲解了待办事项和影院订票页面的两个综合案例，重点是让大家体会鸿蒙JS特性的实现，这两个案例均要求读者具有较高的JS程序设计的能力和JS对页面行为的控制能力。通过这两个案例的实现，大家不仅可以更进一步、更深刻地理解前面章节学过的所有知识，而且能够体会到鸿蒙框架的数据渲染、事件触发响应、监听属性、计算属性、各种指令等在实际项目中的灵活应用。

7.4 实验 综合练习

实验一 待办事项

1. 实验目的

（1）综合运用HML、CSS、JS能力。

（2）掌握鸿蒙开发应用的数据绑定、事件触发响应。

（3）掌握对象数组数据的操纵，包括增加数据和删除数据。

（4）掌握鸿蒙开发应用的计算属性和各种指令。

2. 实验内容

实现待办事项的手机端页面（见图7-1和图7-2）。要求具有以下主要功能：

（1）最左侧为任务名称列表。

（2）中间列用于显示事项的完成情况：待办和完成两种状态。

（3）最右侧为待办事项的"删除"按钮，可通过该按钮删除对应的待办事项。

（4）新增待办事项功能。

实验二 影院订票手机端页面

1. 实验目的

（1）综合运用HML、CSS、JS能力。

（2）掌握鸿蒙开发应用的数据绑定、事件触发响应。

（3）掌握文本插值显示。

（4）掌握鸿蒙开发应用的计算属性和各种指令。

2. 实验内容

实现影院订票手机端页面（见图7-3和图7-4）。要求具有以下主要功能：

（1）一次最多仅能选中5张电影票。

（2）显示所选电影票的单价和总价。

（3）可选的电影票、已选的电影票、售出的电影票要有图形颜色或样式区别。

（4）要能使用图形方式进行电影座位的选择。

生命周期与页面路由

本章学习目标：

　　鸿蒙设备页面在加载前、加载过程中、加载后可能需要执行一些操作，此时可以使用本章阐述的生命周期函数进行处理。另外，本章还会说明页面的资源访问和页面路由。通过本章的学习，大家应该掌握以下主要内容：

- 鸿蒙 JS 开发的生命周期。
- 鸿蒙设备的资源访问。
- 鸿蒙 JS 开发的页面路由。

本章知识结构

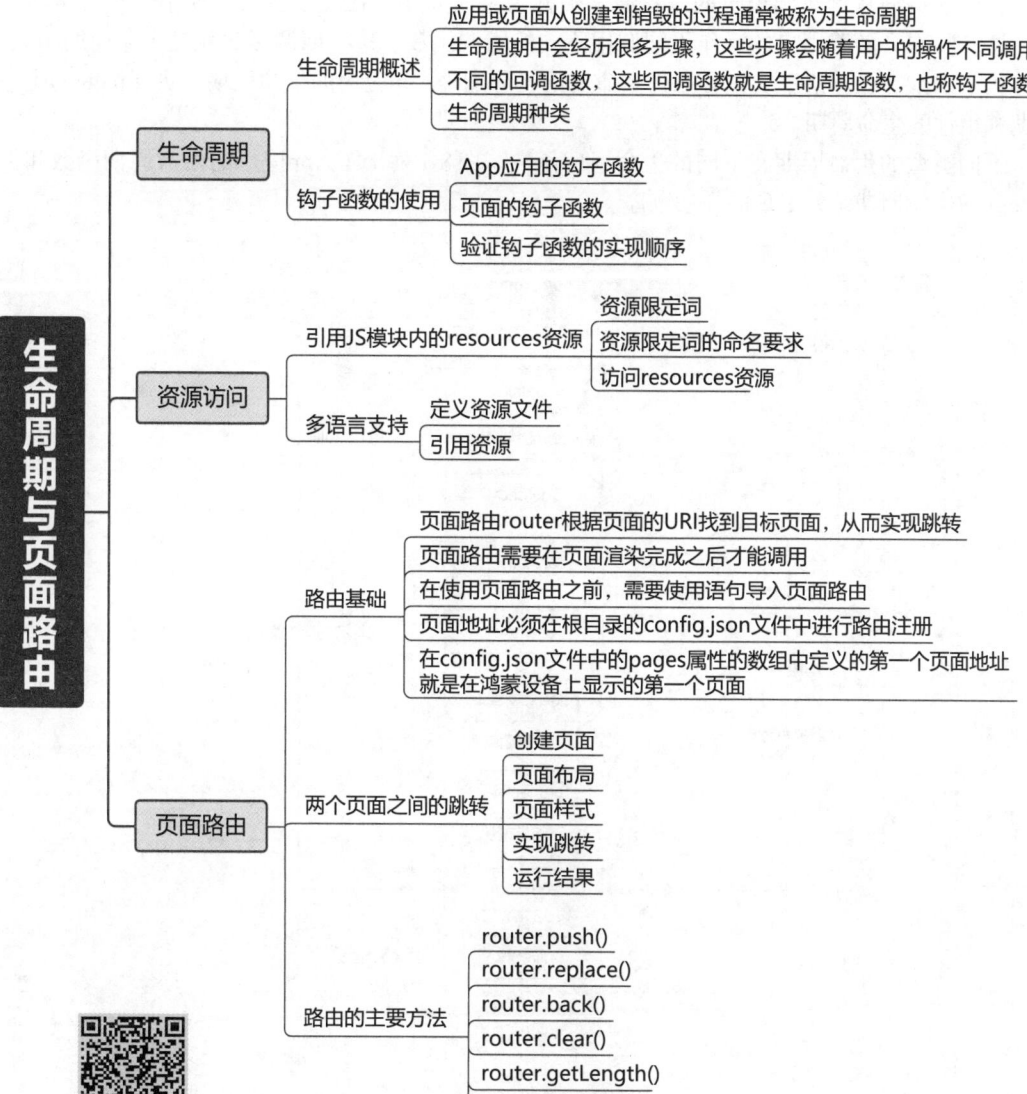

全景思维导图

8.1 生命周期

8.1.1 生命周期概述

应用或页面从创建到销毁的过程通常被称为生命周期，在这个生命周期中会经历很多步骤，这些步骤会随着用户的操作不同调用不同的回调函数，这些回调函数就是生命周期函数，也称钩子函数。在鸿蒙系统中有三种生命周期，分别是App应用的生命周期、页面page的生命周期和组件的生命周期。

不同类型的生命周期有不同的生命周期函数，图8-1列出了App应用的生命周期函数和页面page的生命周期函数出现的先后顺序。

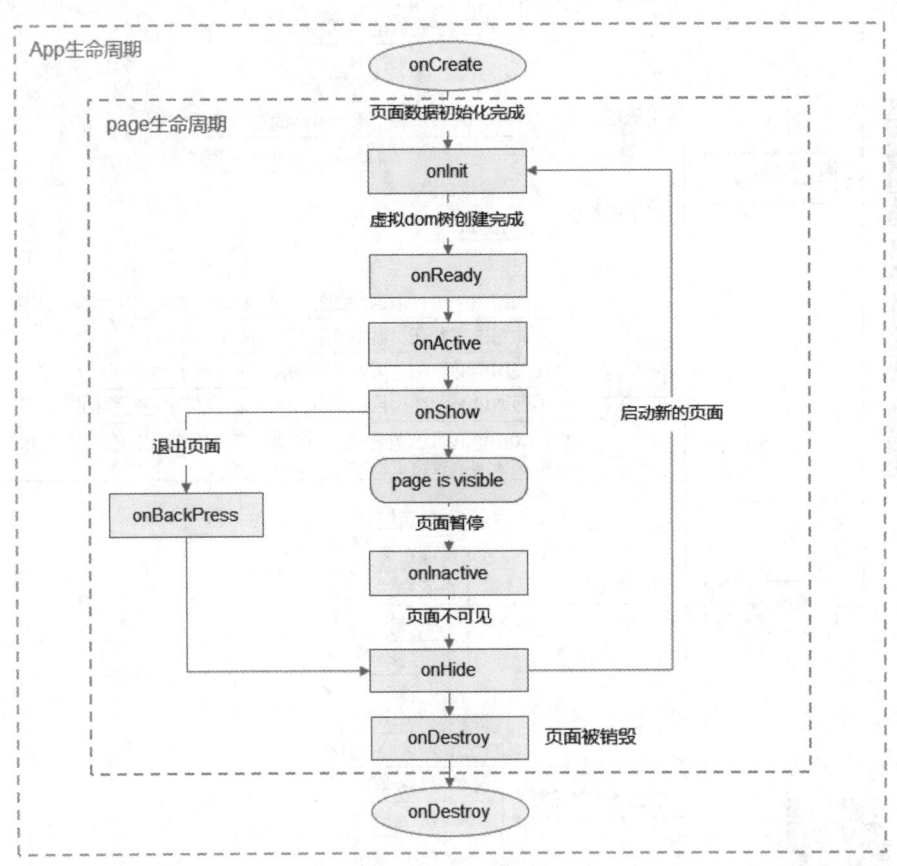

图8-1 生命周期

App应用的生命周期函数是在app.js文件中进行定义的，这类生命周期函数有以下两种：

（1）onCreate：当App应用创建时触发。

（2）onDestroy：当App应用退出时触发。

其执行过程是，当在鸿蒙系统中打开某个App应用时，这个App应用就会执行onCreate生命周期函数，该函数仅会被执行一次；当用户关闭当前App应用时，就会触发onDestroy生命周期函数。

页面page的生命周期函数在每一个不同的页面中都有各自的生命周期函数，其定义如下：

（1）onInit：页面数据初始化完成时触发，只触发一次。

（2）onReady：页面创建完成时触发，只触发一次。

（3）onActive：页面激活时触发。

（4）onShow：页面显示时触发。

（5）onInactive：页面暂停时触发。

（6）onHide：页面隐藏时触发。

（7）onDestroy：页面销毁时触发。

8.1.2　钩子函数的使用

1.　App应用的钩子函数

图8-1中的App应用的钩子函数对应着项目根目录中定义的app.js文件，其文件内容如下：

```
//app.js文件内容
export default {
  onCreate() {
    console.info('App应用被创建:onCreate');
  },
  onDestroy() {
    console.info('App应用被销毁onDestroy');
  },
};
```

2.　页面的钩子函数

页面的钩子函数一般定义在页面的JS文件内。页面的钩子函数的定义方法如下：

```
export default {
  onInit(){

  },
  onReady(){

  },
  onShow(){

  },
  ...              //其他钩子函数
  onDestroy(){

  }
}
```

3.　验证钩子函数的实现顺序

【例8-1】验证钩子函数的实现顺序

　　本例用来说明App应用和页面page的钩子函数的使用方法，以及这些钩子函数所执行的先后顺序。项目首先执行app.js文件中的内容，然后执行example8_1页面文件，到此顺序执行了app.js中的onCreate()钩子函数、example8_1.js文件中的onInit()、onReady()、onShow()钩子函数。其运行结果如图8-2右侧的手机页面结果和图8-2下方的控制台输出结果所示。

扫一扫，看视频

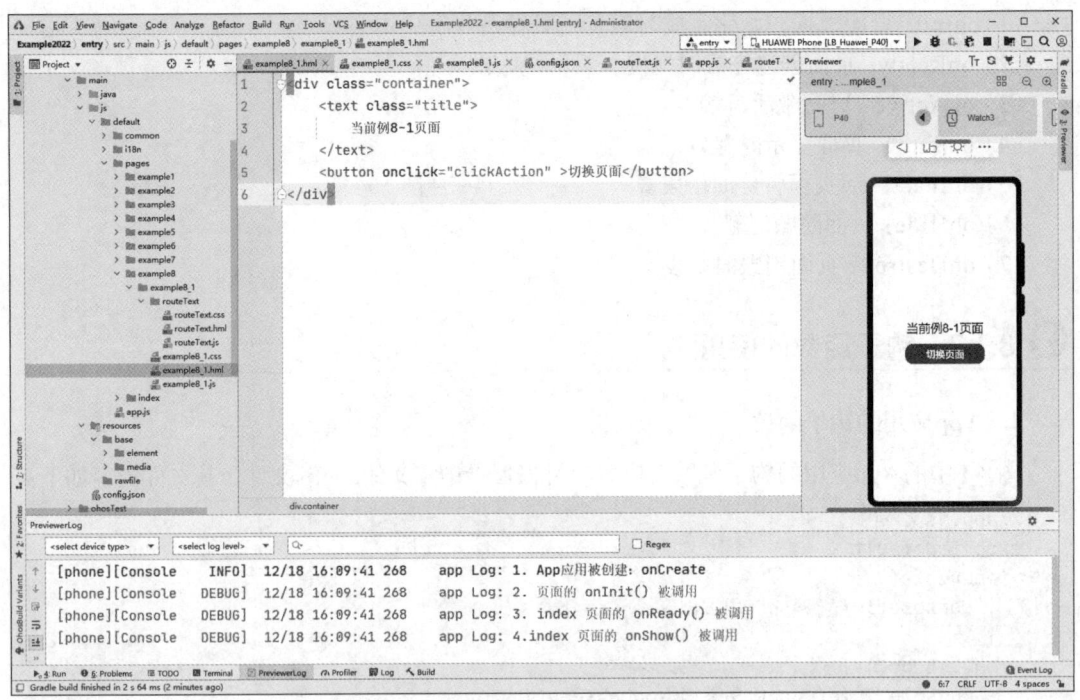

图 8-2　验证钩子函数的实现顺序 1

在example8_1页面文件中有一个"切换页面"按钮，单击该按钮可以把当前执行的页面导航到routeText页面，在此过程中执行了example8_1.js文件中的onDestroy()钩子函数，其运行结果如图8-3右侧的手机页面结果和图8-3下方的控制台输出结果所示。

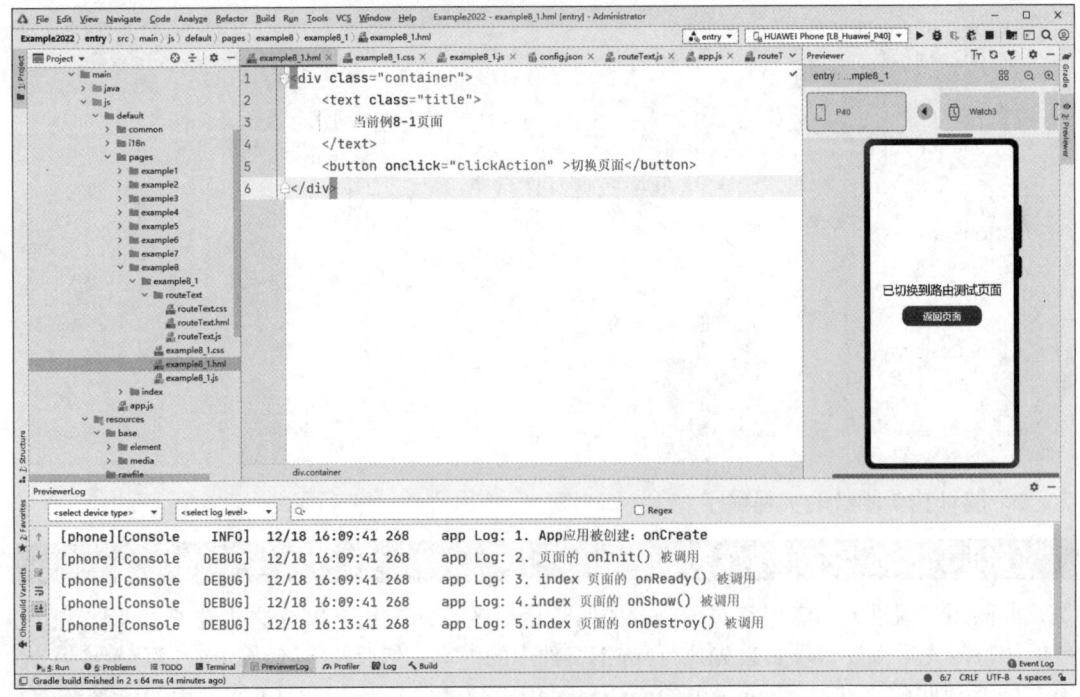

图 8-3　验证钩子函数的实现顺序 2

在routeText页面中有一个"返回页面"按钮，单击该按钮可以重新返回到example8_1页面，在此过程中又再次执行了example8_1.js文件中的onInit()、onReady()、onShow()钩子函数。其运行结果如图8-4右侧的手机页面结果和图8-4下方的控制台输出结果所示。

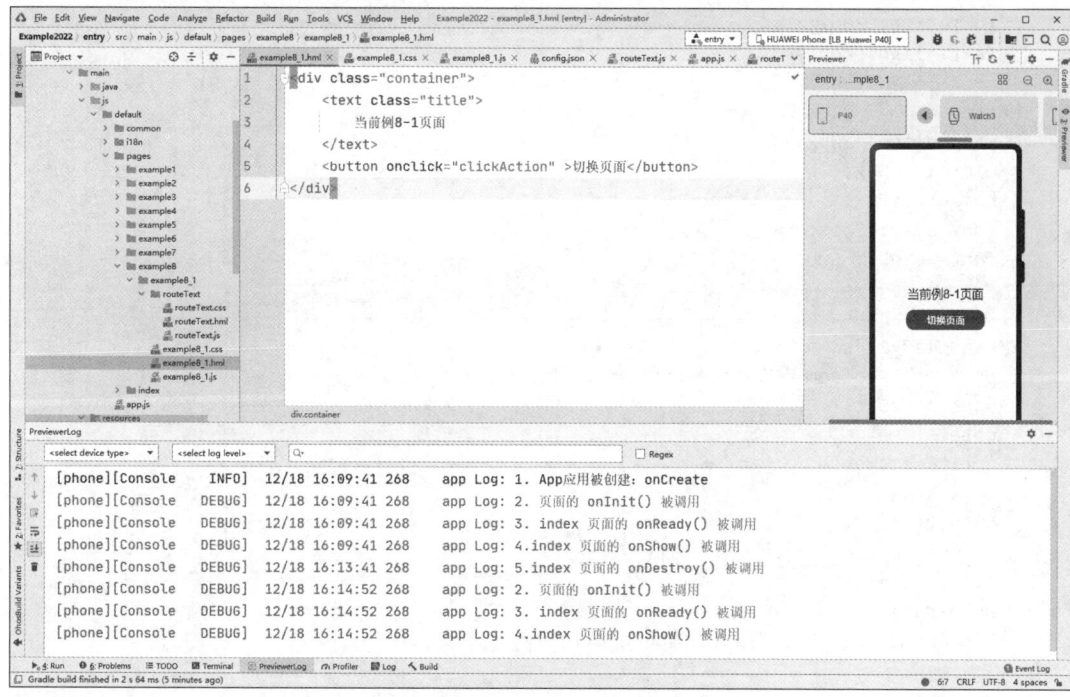

图8-4 验证钩子函数的实现顺序3

当鸿蒙设备在example8_1页面显示时终止该App应用，则会先执行example8_1.js文件中的onDestroy()钩子函数，再执行app.js中的onDestroy()钩子函数。

程序实现步骤及相关代码如下：

```
//app.js.js
export default {
  onCreate() {
    console.info('1.App应用被创建: onCreate');
  },
  onDestroy() {
    console.info('6.App应用被销毁:onDestroy');
  }
}
-------------------------------------------------
<!--example8_1.hml-->
<div class="container">
  <text class="title">
    当前例8-1页面
  </text>
  <button onclick="clickAction">切换页面</button>
</div>
-------------------------------------------------
/*example8_1.css*/
.container {
  flex-direction: column;
  justify-content: center;
```

```
    align-items: center;
    width: 100%;
    height: 100%;
}
.title {
    font-size: 30px;
    text-align: center;
}
button{
    margin-top: 20px;
    width: 200px;
    height: 50px;
    font-size: 24px;
    font-weight: 600;
}
```

```
//example8_1.js
import router from '@system.router'
export default {
    data: {
        title: 'World'
    },
    onInit(){
        console.log("2.页面的onInit()被调用");
    },
    onReady(){
        console.log("3.index页面的onReady()被调用");
    },
    onShow(){
        console.log("4.index页面的onShow()被调用");
    },
    onDestroy(){
        console.log("5.index页面的onDestroy()被调用");
    },
    clickAction(){
        router.replace({
            uri:'pages/example8/routeText/routeText',
        });
    }
}
```

```
<!--routeText.hml-->
<div class="container">
    <text class="title">
        已切换到routetext页面
    </text>
    <button onclick="clickAction">返回页面</button>
</div>
```

```
/*routeText.css*/
.container {
    flex-direction: column;
    justify-content: center;
    align-items: center;
    width: 100%;
    height: 100%;
```

```
}
.title {
  font-size: 30px;
  text-align: center;
}
button{
  margin-top: 20px;
  width: 200px;
  height: 50px;
  font-size: 24px;
  font-weight: 600;
}
---------------------------------------------------------------
//routeText.js
import router from '@system.router'
export default {
  clickAction(){
    router.replace({
      uri:'pages/example8/example8_1/example8_1',
    });
  }
}
```

8.2 资源访问

8.2.1 引用 JS 模块内的 resources 资源

1. 资源限定词

在App项目的resources目录中主要存放应用的资源文件(字符串、图片、音频等),resources目录中又分两大类目录,一类是base目录与限定词目录,另一类是rawfile目录。这里主要分享限定词目录的命名要求。

限定词目录由移动国家码和移动网络码、语言、文字、国家或地区、横竖屏、设备类型、颜色模式和屏幕密度等维度中的一个或多个表示应用场景或设备特征的限定词组合而成,限定词之间通过下划线(_)或者中划线(-)连接。

开发者在resources目录下创建限定词文件时,需要掌握限定词文件的命名要求以及限定词文件与设备状态的匹配规则。

2. 资源限定词的命名要求

(1)限定词的组合顺序:移动国家码_移动网络码-语言_文字_国家或地区-横竖屏-设备类型-颜色模式-屏幕密度。开发者可以根据应用的应用场景和设备特征,选择其中的一类或几类限定词组成目录名称,顺序不可颠倒。

(2)限定词的连接方式:语言、文字、国家或地区之间、移动国家码和移动网络码之间采用下划线连接,除此之外的其他限定词之间均采用中划线连接,如zh_Hant_CN、zh_CN-car-ldpi。

(3)限定词的取值范围:每类限定词的取值必须符合表8-1的条件,否则,将无法匹配目录中的资源文件。另外,限定词对于大小写十分敏感。

237

（4）限定词前缀：resources资源文件的资源限定词有前缀res，如res-ldpi.json。

（5）默认资源限定文件：resources资源文件的默认资源限定文件为res-defaults.json。

（6）资源限定文件中不支持使用枚举格式的颜色来设置资源。

表8-1　限定词的取值范围

限定词类型	含义与取值说明
移动国家码和移动网络码	移动国家码（MCC）和移动网络码（MNC）的值取自设备注册的网络。MCC后面可以跟随MNC，使用下划线连接，也可以单独使用，如mcc460表示中国、mcc460_mnc00表示中国 _ 中国移动
语言	表示设备所使用的语言类型，由2~3个小写字母组成，如zh表示中文、en表示英语、mai表示迈蒂利语
文字	表示设备使用的文字类型，由1个大写字母（首字母）和3个小写字母组成，如Hans表示简体中文、Hant表示繁体中文
国家或地区	表示用户所在的国家或地区，由2~3个大写字母或3个数字组成，如CN表示中国、GB表示英国
横竖屏	表示设备的屏幕方向，取值有vertica（竖屏）、horizontal（横屏）
设备类型	表示设备的类型，取值有phone、tablet、car、tv、wearable
颜色模式	表示设备的颜色模式，取值有dark（深色模式）、light（浅色模式）
屏幕密度	表示设备的屏幕密度（单位为dpi），取值如下： sdpi：表示小规模的屏幕密度（Small-scale Dots Per Inch），适用于dpi取值为(0, 120]的设备。 mdpi：表示中规模的屏幕密度（Medium-scale Dots Per Inch），适用于dpi取值为(120, 160]的设备。 ldpi：表示大规模的屏幕密度（Large-scale Dots Per Inch），适用于dpi取值为(160, 240]的设备。 xldpi：表示特大规模的屏幕密度（Extra Large-scale Dots Per Inch），适用于dpi取值为(240, 320]的设备。 xxldpi：表示超大规模的屏幕密度（Extra Extra Large-scale Dots Per Inch），适用于dpi取值为(320, 480]的设备。 xxxldpi：表示超特大规模的屏幕密度（Extra Extra Extra Large-scale Dots Per Inch），适用于dpi取值为(480, 640]的设备

3. 访问resources资源

在应用开发的HML文件和JS文件中使用\$r方法可以对JS模块内的js/default/resources目录下的JSON资源进行格式化，获取相应的资源内容。js/default/resources文件夹在创建工程时默认是没有的，需要手动进行创建，其目录结构图如图8-5所示。

\$r方法中的入口参数是一个字符串类型，用于指出获取资源限定下具体的资源内容。在页面的HML文件中访问资源的语法如下：

```
{{$r('strings.hello')}}
```

在页面的JS文件中访问资源的语法如下：

```
this.$r('strings.hello')
```

其中，strings.hello就是定义在资源限定文件中的键值，而此时访问的是资源默认的resources目录下的res-defaults.json文件中的内容，其源代码定义如下：

```
{
```

```
strings: {
    hello: 'hello world'
  }
}
```

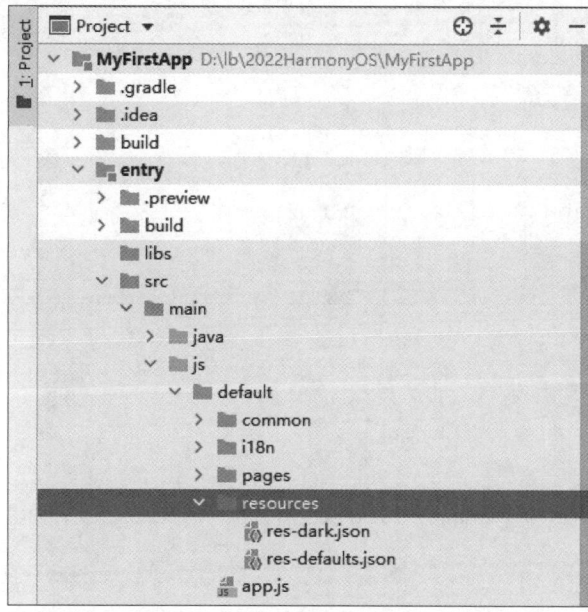

图 8-5　res-defaults.json文件

【例8-2】资源访问

在default文件夹下创建resources/res-defaults.json资源文件，用来定义一些资源，本例中定义了一个图片路径和一个背景颜色，其内容如下：

```
{
  "image": {
    "clockFace": "/common/images/book.jpg"
  },
  "colors": {
    "background": "#00ff00"
  }
}
```

扫一扫，看视频

在本例中，分别通过$r方法在页面的HML文件和JS文件中使用res-defaults.json资源文件中的对象，在页面中设置一段文字的背景和显示图片。其在手机上的显示结果如图8-6所示。

程序实现步骤及相关代码如下：

```
<!--example8_2.hml-->
<div class="container">
  <text class="title">
    定义的图片文件名：{{image}}
  </text>
  <text class="title" style="background-color:
                    {{$r('colors.background')}};">
    定义的背景色：{{$r('colors.background')}}
  </text>
  <image src="{{$r('image.clockFace')}}"></image>
```

239

```
</div>
----------------------------------------------------------------
/*example8_2.css*/
.container {
  flex-direction: column;
  justify-content: center;
  align-items: center;
  border: 1px solid red;
}
.title {
  font-size: 24px;
  text-align: center;
  margin: 25px;
}
----------------------------------------------------------------
//example8_2.js
export default {
  data: {
    image: ''
  },
  onInit(){
    this.image=this.$r("image.clockFace")    //访问默认资源文件内容
  }
}
```

图 8-6　资源访问

8.2.2　多语言支持

　　基于开发框架进行开发时会涉及多个国家和地区，开发框架支持多语言能力后，可以让应用开发者无须开发多个不同语言的版本，就可以同时支持多种语言的切换，为项目维护带来便利。不同语言版本的切换是在手机或相关设备上设置了语言和地区之后由鸿蒙系统自动读取不同的资源文件来进行的。开发者仅需要通过定义资源文件和引用资源两个步骤，就可以使开发框架具有多语言能力。

1. 定义资源文件

资源文件用于存放应用在多种语言场景下的资源内容，开发框架使用JSON文件的格式保存资源定义。在鸿蒙开发框架的文件组织中指定在i18n文件夹内放置语言资源文件。语言资源文件的名称由通过中划线连接的语言、文字、国家或地区的限定词组成，其中，文字和国家或地区可以省略，命名规则如下：

```
language[-script-region].json
```

命名规则限定词的取值需符合表8-2中的要求，如zh-Hant-HK（中国香港地区使用的繁体中文）、zh-CN（中国使用的简体中文）、zh（中文）。

表 8–2　限定词取值要求

限定词类型	含义与取值说明
语言	表示设备使用的语言类型，由 2~3 个小写字母组成，如 zh 表示中文、en 表示英语
文字	表示设备使用的文字类型，由 1 个大写字母（首字母）和 3 个小写字母组成，如 Hans 表示简体中文、Hant 表示繁体中文
国家或地区	表示用户所在的国家或地区，由 2~3 个大写字母或 3 个数字组成，如 CN 表示中国、GB 表示英国

当开发框架无法在应用中找到系统语言的资源文件时，默认使用en-US.json中的资源内容。例如，在i18n文件夹内定义两个语言的资源文件，分别是en-US.json和zh-CN.json，en-US.json文件内容如下：

```
//en-US.json文件内容
{
  "strings": {
    "hello": "Hello world!",
    "object": "Object parameter substitution-{name}",
    "array": "Array type parameter substitution-{0}",
    "myData": "Use en-US.json content"
  },
  "files": {
    "image": "image/en_picture.PNG"
  }
}
```

zh-CN.json文件内容如下：

```
//zh-CN.json文件内容
{
  "strings": {
    "hello": "鸿蒙，您好",
    "object": "对象值是：{name}",
    "array": "数组类型值是：{1}"
  },

  "files": {
    "image": "/common/images/book.jpg"
  }
}
```

生命周期与页面路由

2. 引用资源

在应用中使用$t方法引用资源，$t既可以在HTML文件中使用，也可以在JS文件中使用。系统将根据当前语言环境和指定的资源路径，显示对应语言的资源文件中的内容。$t以函数的方式进行，其含义是根据系统语言完成简单的替换。例如，在页面的HTML文件中使用$t方法的语句如下：

```
{{$t('strings.hello')}}
```

如果用户的鸿蒙系统选择的语言是简体中文，那么在前面"定义资源文件"中，虽然已经在i18n文件夹内定义了两种语言的资源文件（en-US.json和zh-CN.json），系统匹配的顺序是先在zh-CN.json资源文件中查找，再到en-US.json资源文件中查找。因此，上面这条语句的运行结果是"鸿蒙，您好"。在页面的JS文件中使用$t方法的语句如下：

```
this.$t('strings.hello')
```

在zh-CN.json文件内容中的strings对象定义了如下语句：

```
"strings": {
  "object": "对象值是：{name}",
}
```

其中，{name}是具名占位符格式，可以在页面的HTML文件或JS文件中进行具体定义。例如，在HTML文件中指定具名占位符的内容为HarmonyOS，其使用的语句如下：

```
{{$t('strings.object', {name: 'HarmonyOS'})}}
```

此语句中指定name的值为HarmonyOS，用来替代zh-CN.json文件内容中strings.object属性中的{name}，显示的结果是"对象值是：HarmonyOS"。另外，在zh-CN.json文件内容中的strings对象中还定义了如下语句：

```
"strings": {
  "array": "数组类型值是：{1}"
}
```

其中，{1}是数字占位符格式，在页面的HTML文件或JS文件中必须使用数组方式进行具体定义，并把数字占位符格式中的数字作为数组下标的索引值。例如，在HTML文件中指定数字占位符的数组是"['张三','刘兵']"，其使用的语句如下：

```
{{$t('strings.array', ['张三','刘兵'])}}
```

此语句指定数字占位符1使用数组"['张三','刘兵']"的第一个元素，用来替代zh-CN.json文件内容中strings.array属性中的{1}，显示的结果是"数组类型值是：刘兵"。

如果在页面的HTML文件中使用了没有在zh-CN.json文件中定义的对象属性，则会在en-US.json中进行查找。例如，在页面的HTML文件中使用下面的语句：

```
{{$t("strings.myData")}}
```

在页面上显示的结果是：

```
Use en-US.json content
```

【例8-3】多语言访问

扫一扫，看视频

在本例中，分别通过$t方法在页面的HTML文件和JS文件中使用zh-CN.json或en-US.json资源文件中的对象属性内容，大家应该仔细体会其运行结果所代表的含义，并能对其进行拓展，在今后的实际项目中灵活运用。该例在手机设备上的显示结果如图8-7所示。

程序实现步骤及相关代码如下：

```html
<!--example8_3.hml-->
<div class="container">
    <text class="title">
        {{$t("strings.myData")}}
    </text>
    <text class="title">
        {{$t("strings.hello")}}
    </text>
    <text class="title">
        {{$t('strings.object', {name: 'HarmonyOS'})}}
    </text>
    <text class="title">
        {{$t('strings.array', ['刘艺丹','刘兵'])}}
    </text>
    <text class="title">
        图片地址是: {{$t('files.image')}}
    </text>
    <image src="{{$t('files.image')}}"></image>
    <text class="title">{{hello}}</text>
    <text class="title">{{replaceObject}}</text>
    <text class="title">{{replaceArray}}</text>
</div>
```

```css
/*example8_3.css*/
.container {
  flex-direction: column;
  justify-content: center;
  align-items: flex-start;
  width: 100%;
}
.title {
  font-size: 24px;
  text-align: center;
  font-weight: 400;
}
```

```js
//example8_3.js
export default {
  data: {
    hello: '',
    replaceObject: '',
    replaceArray: '',
    replaceSrc: '',
  },
  onInit(){
    this.hello = this.$t('strings.hello');
    this.replaceObject = this.$t('strings.object', {name: 'Hello world'});
    this.replaceArray = this.$t('strings.array', ['Hello', 'world']);
    this.replaceSrc = this.$t('files.image');
  }
}
```

图 8-7   多语言访问

8.3 页面路由

8.3.1 路由基础

很多应用都是由多个页面组成的。例如，用户可以从音乐列表页面点击含有超链接的歌曲名，页面就会跳转到该歌曲的播放界面。开发者需要通过页面路由将这些页面串联起来，根据需要实现页面间的相互跳转。

页面路由 router 根据页面的 URI 找到目标页面，从而实现跳转。页面路由需要在页面渲染完成之后才能调用。在 onInit 和 onReady 生命周期函数中，页面还处于渲染阶段，禁止调用页面路由方法。在使用页面路由之前，需要使用以下语句导入页面路由。

```
import router from '@system.router';
```

页面地址必须在根目录的 config.json 文件中进行路由注册，在 config.json 文件中的 pages 属性的数组中定义的第一个页面地址就是在鸿蒙设备上显示的第一个页面，config.json 文件内容如下：

```
{
  "app": {
    "bundleName": "com.example.myfirstapp",
    "vendor": "example",
    "version": {
      "code": 1000000,
      "name": "1.0.0"
    }
  },
  "deviceConfig": {},
  "module": {
    //其他定义
```

```
    "js": [
        {
            "pages": [                          //页面路由数组
                "pages/index/index",            //App应用执行的第一个的页面路由
                "pages/router/test",            //第二个的页面路由
                "pages/example/test1",          //第三个的页面路由
            ],
            "name": "default",
            "window": {
                "designWidth": 720,
                "autoDesignWidth": true
            }
        }
    ]
}
}
```

从这里的config.json中可以看出第一个打开的页面地址是pages/index/index，如果需要把某个页面设置成首页，则需要把该页面的地址放到pages数组的第一个元素位置。

右击图8-8的pages目录下的指定目录，在弹出的下拉菜单中选择New→JS Page，当新页面创建成功之后会在config.json文件中的pages数组的最后自动创建一个页面地址元素。

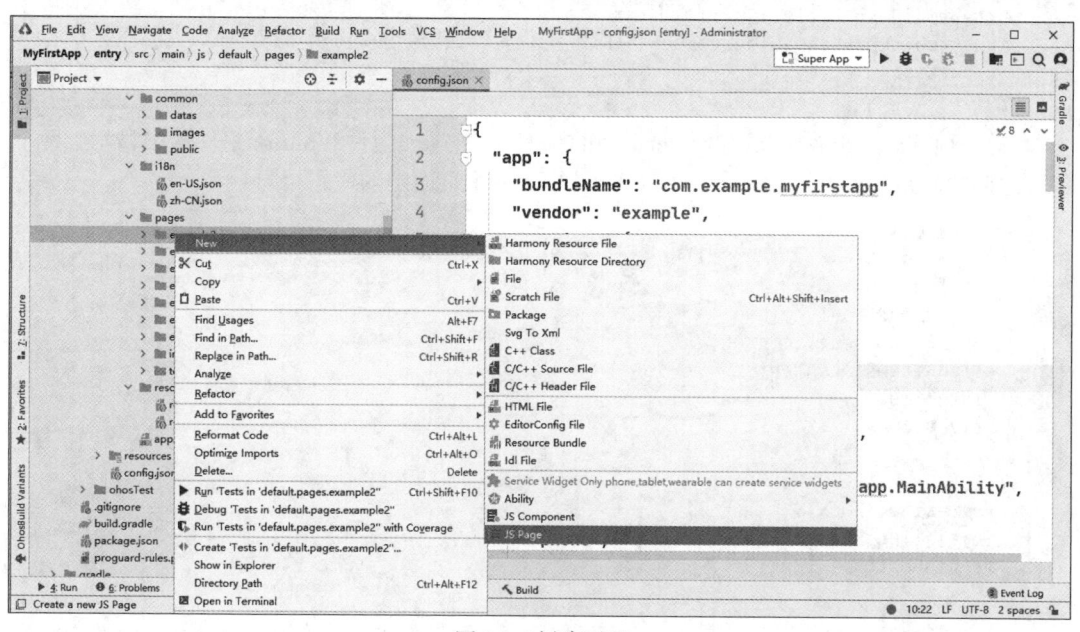

图8-8　创建页面

两个页面之间跳转的具体实现步骤如下：

（1）在Project窗口右击pages文件夹，选择New→ JS Page，创建一个首页和一个详情页。

（2）在首页中可以调用router.push()路由到详情页。

（3）在详情页中可以调用router.back()回到首页。

8.3.2　两个页面之间的跳转

【例8-4】两个页面之间的跳转

（1）创建页面。在本例中，首先在pages目录中创建文件夹example8_4，然后在example8_4

目录中创建两个JS Page页面，分别命名为index和router。创建完成之后，config.json文件的pages数组中将会增加以下两个元素：

```
"pages": [
    ...
    "pages/example8/example8_4/index/index",
    "pages/example8/example8_4/router/router"
]
```

（2）页面布局。index和router这两个页面均包含一个text组件和一个button组件：text组件用来指明当前页面，button组件用来实现两个页面之间的相互跳转。HTML文件中的代码示例如下：

```
<!-- index.hml -->
<div class="container">
  <text class="title">这个是主页面</text>
  <button type="capsule" value="跳转到子页面" class="button" onclick="launch">
  </button>
</div>
_____

<!-- router.hml -->
<div class="container">
  <text class="title">这是子页面</text>
  <button type="capsule" value="返回到主页面" class="button" onclick="launch">
  </button>
</div>
```

（3）页面样式。设置index和router页面的页面样式，text组件和button组件居中显示，两个组件之间的间距为20px。CSS文件中的代码如下（两个页面中的代码相同）：

```
/*index.css*/
/*detail.css*/
.container {
  flex-direction: column;
  justify-content: center;
  align-items: center;
  width:100%;
  height:100%
}
.title {
  font-size: 30px;
  text-align: center;
  margin-bottom: 20px;
}
```

（4）实现跳转。在主页面index中，为了使button组件的点击事件launch()方法生效，需要在页面的JS文件中实现跳转逻辑，调用router.push()方法将URI指定的页面添加到路由栈中，即跳转到URI指定的页面；在子页面router中使用router.back()方法返回到主页面index。在调用router方法之前，需要导入router模块，代码示例如下：

```
//index.js
import router from '@system.router';
export default {
  launch() {
    router.push ({
      uri: 'pages/example8/example8_4/router/router',
    });
  },
}
```

鸿蒙应用开发从零基础到实战——始于安卓，成于鸿蒙（视频·案例·应用版）

```
─────────────────────────────────────────────────────────
//router.js
import router from '@system.router';
export default {
  launch() {
    router.back();
  },
}
```

（5）运行结果。上面的页面程序在穿戴设备上的运行结果如图8-9所示。

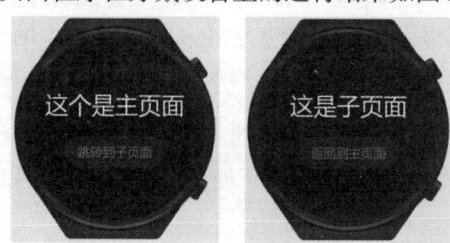

图8-9　页面之间的跳转

🎯 8.3.3　路由的主要方法

1. router.push()

router.push()方法的主要作用是跳转到鸿蒙应用内的指定页面。该方法的参数是一个对象，在该对象中可以定义两个属性，分别是uri和params。

（1）uri：表示目标页面的指定地址，有页面绝对路径和特殊值两种格式。

● 页面绝对路径，由配置文件config.json中的pages列表提供，例如：

```
pages/index/index
pages/detail/detail
```

● 特殊值，如果uri的值是"/"，则跳转到首页。

（2）params：用来指明跳转时要同时传递到目标页面的数据，跳转到目标页面后，参数可以在页面中直接使用，如this.data1（data1是跳转时params参数中的key值）。如果目标页面中已有该字段，则其值会被传入的字段值覆盖。

【例8-5】带参数的页面跳转

例8-4是router.push()最简单的应用，仅是单纯地在页面之间跳转，并没有传递参数。而本例将进行参数传递，大家应该重点体会主页面在跳转过程中如何进行参数传递，子页面如何接收由主页面传递过来的参数。本例在穿戴设备上的运行结果如图8-10所示，如果直接调用子页面，没有参数从主页面传递过来，在子页面中将显示默认定义的数据，如图8-11所示。

扫一扫，看视频

图8-10　带参数页面跳转

图8-11　直接运行子页面

（1）创建页面。本例在pages的指定目录中创建两个页面，分别是index和router。创建完成之后，config.json文件的pages数组中将会增加以下两个元素：

```
"pages": [
    ...
"pages/example8/example8_5/index/index",
"pages/example8/example8_5/router/router"
]
```

（2）页面布局。index主页面包含一个text组件和一个button组件：text组件用来指明当前页面，button组件用来实现两个页面之间的相互跳转。HTML文件中的代码示例如下：

```
<!-- index.html -->
<div class="container">
  <text class="title">这个是主页面</text>
  <button type="capsule" value="跳转到子页面" class="button" onclick="launch">
  </button>
</div>
```

router子页面包含两个text组件，用于显示从主页面传递过来的数据，当该页面独立运行时，将使用在该页面定义的默认数据进行显示。HTML文件中的代码示例如下：

```
<!-- router.html -->
<div class="container">
  <text class="title">
    信息：{{msg}}
  </text>
  <text class="title">
    数组值：{{msgObject.data}}
  </text>
</div>
```

（3）页面样式。设置index的页面样式，text组件和button组件居中显示，两个组件之间的间距为20px。CSS文件中的代码如下：

```
/*index.css*/
.container {
  flex-direction: column;
  justify-content: center;
  align-items: center;
  width:100%;
  height:100%
}
.title {
  font-size: 20px;
  text-align: center;
  margin-bottom: 20px;
}
```

设置router的页面样式，两个text组件居左显示，字体大小为20px。CSS文件中的代码如下：

```
/*router.css*/
.container {
  flex-direction: column;
  justify-content: center;
  width:100%;
  height:100%
```

```
  }
  .title {
    font-size: 20px;
  }
```

（4）实现跳转。在主页面index中，为了使button组件的点击事件launch方法生效，需要在页面的JS文件中实现跳转逻辑，调用router.push()方法将URI指定的页面添加到路由栈中（页面路由栈支持的最大Page数量为32），即跳转到URI指定的页面，同时设置param参数，在该参数中设置两个属性，分别是msg和msgObject。在调用router方法之前，需要导入router模块。源代码如下：

```
//index.js
import router from '@system.router';
export default {
  launch() {
    router.push({
      uri: 'pages/example8/example8_5/router/router',
      params: {
        msg: '主页面发送的信息',
        msgObject: {
          data: [123, 456, 789]
        },
      },
    });
  }
}
```

在子页面中定义的接收数据应该与主页面有相同的属性名，即msg和msgObject。调用主页面时，因为传递过来的变量与本页面所定义的数据名相同，所以会自动修改同名变量的数据值。如果没有调用主页面而是直接显示子页面，将会使用本页面定义的默认数据值来渲染到页面。代码示例如下：

```
//router.js
export default {
  data: {
    msg: '子页面默认信息',
    msgObject: {
      data: [1, 2, 3]
    }
  }
}
```

2. router.replace()

router.replace()方法的主要作用是用应用内的某个页面替换当前页面，并销毁被替换的页面。该方法的参数是一个对象，其中的定义方法与router.push()中的参数设置相同。这两种实现方法的区别是使用router.push()方法从主页面跳转到子页面后，在子页面上可以通过router.back()从地址堆栈中把返回地址弹出并返回到主页面。而使用router.replace()将无法通过router.back()返回到主页面。

【例8-6】使用router.replace()实现带参数的页面跳转

本例使用router.replace()实现例8-5所完成的功能。仅需要在主页面的JS文件中把router.push()替换成router.replace()即可。代码示例如下：

```
import router from '@system.router';
export default {
    launch() {
        router.replace({
            uri: 'pages/example8/example8_6/router/router',
            params: {
                msg: '主页面发送的信息',
                msgObject: {
                    data: [123, 456, 789]
                },
            },
        });
    }
}
```

3. router.back()

router.back()的主要作用是返回上一页面或指定的页面。该方法的参数是一个对象，在该对象中仅可以定义一个URI属性，该属性是字符串类型，不是必填属性。router.back()没有参数时，自动返回上一页面，当带URI参数时，则返回指定的pages页面。

在例8-4中的 router.js文件中说明了如何使用router.back()方法。除了这种简单的使用方法之外，下面说明经过两级页面的返回及返回指定页面操作。

```
//index页面
router.push({
  uri: 'pages/detail/detail',     //压入页面地址栈
});
//detail页面
router.push({
  uri: 'pages/mall/mall',         //压入页面地址栈
});

//mall页面通过back()方法取出页面地址栈的首地址，将返回detail页面
router.back();
//detail页面通过back()方法取出页面地址栈的首地址，将返回index页面
router.back();
//通过back()方法，返回到指定的detail页面
router.back({uri:'pages/detail/detail'});
```

4. router.clear()、router.getLength()、router.getState()

router.clear()方法的作用是清空页面栈中的所有历史页面，仅保留当前页面作为栈顶页面；router.getLength()方法的作用是获取当前页面栈中的页面数量，该方法的返回值是一个字符串类型，说明页面栈中数据的多少；router.getState()方法的作用是获取当前页面的状态信息，其返回的参数有三个。

（1）index：表示当前页面在页面栈中的索引。需要说明的是，从栈底到栈顶，index从1开始递增。

（2）name：表示当前页面的名称，即对应文件名。

（3）path：表示当前页面的路径。

【例8-7】页面栈信息的获取与清除

在本例中将制作三个页面，分别是page1、page2和page3。其中，页面page1和page2的作用就是向页面栈中增加路由信息。这两个页面中仅有一个文本框和一个按钮，文本框

中显示当前是哪一个页面，按钮则是把页面导航到指定页面，如图8-12（a）和图8-12（b）所示，页面page1上的按钮导航到页面page2，页面page2上的按钮导航到页面page3，页面page3将读取页面栈的相关信息并显示，如图8-12（c）所示，但当用户点击"清除路径"按钮时，则清空页面栈中的所有历史页面，仅保留当前页面（page3）作为栈顶页面，如图8-12（d）所示。

　　（a）　　　　　　　（b）　　　　　　　（c）　　　　　　　（d）

图8-12　页面栈信息的获取与清除

（1）页面page1的相关代码如下：

```
<!--page1.hml-->
<div class="container">
  <text class="title">
    页面1
  </text>
<button onclick="nextPage">跳转到页面2</button>
</div>
-------------------------------------------------------------
/*page1.css*/
.container {
  flex-direction: colun;
  justify-content: center;
  align-items: center;
  width:  100%;
  height: 100%
}
.title {
  font-size: 20px;
  text-align: center;
  margin-bottom: 10px;
}
button{
  background-color: #333;
  width: 150px;
}
-------------------------------------------------------------
//page1.js
import router from '@system.router';
export default {
  data: {
    title: 'World'
  },
  nextPage(){
    router.push({uri:"pages/example8/example8_7/page2/page2"})
  }
}
```

251

（2）页面page2的相关代码如下：

```html
<!--page2.hml-->
<div class="container">
    <text class="title">
        页面2
    </text>
    <button onclick="nextPage">跳转到页面3</button>
</div>
```

```css
/*page2.css*/
.container {
  flex-direction: column;
  justify-content: center;
  align-items: center;
  width: 100%;
  height: 100%
}
.title {
  font-size: 20px;
  text-align: center;
  margin-bottom: 10px;
}
button{
  background-color:#333;
  width: 150px;
}
```

```js
//page2.js
import router from '@system.router';
export default {
  data: {
    title: 'World'
  },
  nextPage(){
    router.push({uri:"pages/example8/example8_7/page3/page3"})
  }
}
```

（3）页面page3的相关代码如下：

```html
<!--page3.hml-->
<div class="container">
  <text class="title">
    {{msg}}
  </text>
  <button onclick="clearRouter">清除路径</button>
</div>
```

```css
/*page3.css*/
.container {
  flex-direction: column;
  justify-content: center;
  width: 100%;
  height: 100%
}
.title {
```

```
    font-size: 14px;
    text-align: center;
}
------------------------------------------------------------------
//page3.js
import router from '@system.router';
export default {
  data: {
    msg: ''
  },
  readRouter(){
    this.msg='页面栈内的页面数量:'+router.getLength()
    var page = router.getState();
    this.msg+='\n当前页面在页面栈中的索引:'+page.index
    this.msg+='\n当前页面的名称:'+page.name
    this.msg+='\n当前页面的路径:'+page.path
  },
  onInit(){
    this.readRouter()
  },
  clearRouter(){
    router.clear()
    this.readRouter()
  }
}
```

8.4 本章小结

　　本章详细讲解了生命周期、资源访问和页面路由三方面的内容。生命周期是App从创建到销毁的过程，重点对生命周期的工作过程、有哪些钩子函数以及如何运用这些钩子函数等进行了阐述。如果需要在鸿蒙的各页面中访问同一数据，可以使用资源访问方式进行定义。另外，还可以通过定义资源文件达到多语言支持。最后讲解了页面路由的定义和使用方法，并通过实例说明了各页面在切换过程中如何进行参数传递。

8.5 习题

一、选择题

1. 以下选项中不能进行路由跳转的方法是(　　　)。

　　A. push()　　　　　B. replace()　　　　　　C. back()　　　　　　　　D. jump()

2. 下面的JS文件程序中，下划线位置的属性是(　　　)。

```
import router from '@system.router';
export default {
  pushPage() {
    router.push({
```

```
      _____: 'pages/index/index',
    params: {
      msg: 'hello',
      msgObject: {
        data: [1,2,3]
      },
    },
  });
 }
}
```

    A. url   B. uri   C. address   D. http

3.（   ）不是鸿蒙页面的钩子函数。

    A. onCreate   B. onInit   C. onReady   D. onShow

4.（   ）是鸿蒙App应用的钩子函数。

    A. onCreate   B. onInit   C. onReady   D. onShow

5. 在页面的JS文件中访问资源的语句如下：

```
this.$r('strings.hello')
```

该语句访问的资源文件是（   ）。

    A. resources/res-defaults.json   B. js/default/resources/res-defaults.json

    C. js/resources/res-defaults.json   D. res-defaults.json

6. 在页面的JS文件中访问资源的语句如下：

```
this.$t('strings.hello')
```

该语句访问的资源文件是（   ）。

    A. js/zh-CN.json   B. js/default/resources/res-defaults.json

    C. js/i18n/zh-CN.json   D. res-defaults.json

二、程序分析

1. 当运行以下程序后，点击按钮两次，鸿蒙手机上的运行结果是怎样的？

```html
<!--excerise8_2_1.hml-->
<div class="container">
  <div>
    <text class="title">{{count}} </text>
    <text class="title"> | </text>
    <text class="title">{{double}}</text>
  </div>
  <button @click="changeCount">增加</button>
</div>
```
_____
```css
/*excerise8_2_1.css*/
.container {
  flex-direction: column;
  justify-content: center;
  align-items: center;
  left: 0px;
  top: 0px;
  width: 100%;
  height: 100%;
}
.title {
```

```
    font-size: 30px;
    margin: 10px;
}
button{
    margin: 20px;
    width: 200px;
    height: 40px;
}
_____
//excerise8_2_1.js
export default {
  data: {
    count:0
  },
  changeCount(){
    this.count++
  },
  onInit(){
    this.count=8
  },
  computed:{
    double(){
      return this.count * 2
    }
  }
}
```

2. 当运行以下程序后，鸿蒙手机上的运行结果是怎样的？

```
<!--excerise8_2_1.hml-->
<div class="container">
    <text class="text-style">{{value}}</text>
</div>
_____
/*excerise8_2_1.css*/
.container {
    flex-direction: column;
    justify-content: center;
    align-items: center;
    left: 0px;
    top: 0px;
    width: 100%;
    height: 100%;
}
.title {
    font-size: 30px;
    margin: 10px;
}
_____
//excerise8_2_1.js
export default {
  data: {
    value:0
  },
  onInit() {
    this.value+=22
  },
```

```
onAttached() {
  this.value += 44
},
onDetached() {
  this.value = 88
},
onPageShow() {
  this.value+=33
}
}
```

8.6 实验 页面导航

1. 实验目的

（1）掌握路由的导入方法。

（2）掌握路由跳转的机制。

（3）掌握toolbar组件的使用方法。

2. 实验内容

定义4个页面，使用toolbar组件实现页面的底部导航，在不同的页面上其底部相应的导航图标和导航文字显示为红色。其在鸿蒙手机设备上的显示结果如图8-13所示。

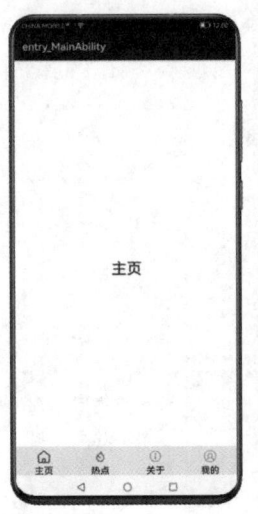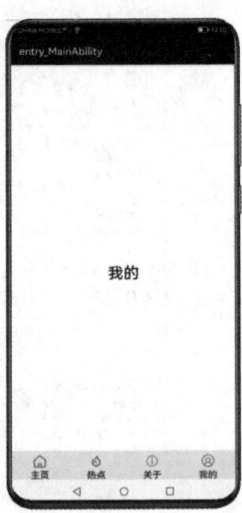

图8-13 页面导航

自定义组件

本章学习目标：

　　本章主要讲解鸿蒙应用开发的一个强大功能 —— 组件化，其可以将很多独立的功能封装成组件，再用这些组件拼装成一个复杂的页面。通过本章的学习，大家应该掌握以下主要内容：

- 鸿蒙应用开发中的组件定义与引用。
- 鸿蒙应用开发中组件之间的数据传递。
- 组件的生命周期。

本章知识结构

组件基础
- 组件的引用
  - 组件的定义
    - 组件（Component）是构建页面的核心，每个组件通过对数据和方法的封装实现独立的可视、可交互功能单元
    - 组件之间相互独立，随取随用，也可以在需要相同的地方重复使用
    - 组件间合理地搭配组件以定义满足业务需求的新组件，减少代码开发量
    - 组件化
    - 在系统内部可重复使用组件，组件和组件之间可以嵌套
    - 组件化和模块化的区别
  - 组件的分类
    - 基础组件
    - 容器组件
    - 媒体组件
    - 画布组件
  - 自定义组件的用法
    - 用户根据业务需求，将已有的组件组合并封装成的新组件
    - 在工程中多次调用，从而提高代码的可读性
    - 导入子组件语句：\<element name='comp' src=''>\</element>
    - 使用子组件的方法是把子组件名称当成组件的标记名来使用
- 由父组件传递数据到子组件
  - props属性
  - 添加默认值
  - 使用$watch 方法感知数据变化
  - computed 计算属性
- 由子组件传递数据给父组件
  - 在子组件中使用this.$emit()方法通过事件向父组件传递数据
  - this.$emit('父组件调用子组件标签所绑定的事件名', { params: 子组件向父组件传送的参数})

自定义组件

组件的生命周期
- 生命周期的定义
- 生命周期回调函数的验证

模板引用
- 模板是一个HML文件，在此文件中通过HML组件构成一个指定的页面
- 页面中通过 "{{ 属性名 }}" 为调用此模板的父组件数据预留位置
- 父组件通过相应的属性名填充数据，让模板形成一个完整的页面
- \<element name='temp' src='模板文件xxx.html的路径'>\</element>

全景思维导图

9.1 组件基础

9.1.1 组件的引用

1. 组件的定义

组件（Component）是构建页面的核心，每个组件通过对数据和方法的封装实现独立的可视、可交互功能单元。组件之间相互独立、随取随用，也可以在需要相同的地方重复使用。同时开发者还可以合理地搭配组件以定义满足业务需求的新组件，减少代码开发量。

所谓组件化，就是把页面拆分成多个组件，每个组件单独使用HML、CSS、JavaScript、模板、图片等资源进行开发与维护，然后在页面制作过程中根据需要去调用相关的组件。因为组件是资源独立的，所以在系统内部可重复使用组件。组件和组件之间可以嵌套，如果项目比较复杂，可以极大地简化代码量，并且对后期的需求变更和维护也更加友好。

组件化和模块化是两个完全不同的概念。模块化是从代码逻辑的角度进行划分，方便代码开发，保证每个功能模块的职能单一；组件化是从UI界面的角度进行划分，前端的组件化方便UI的复用。

例如，每个页面中可能会有页头、侧边栏、导航栏等区域，把多个页面中这些统一的内容定义成一个组件，在需要时可以像搭积木一样快速创建鸿蒙设备页面。

组件化是鸿蒙设备应用程序开发的重要思想，其提供了一种抽象。利用组件可以开发出一个个独立可复用的小组件来构造应用。任何应用都会被抽象成一棵组件树，如图9-1所示。

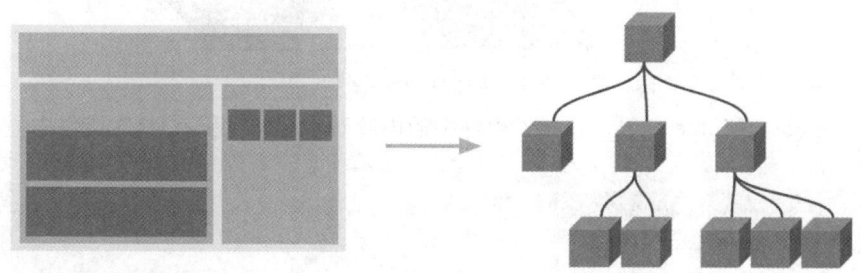

图9-1　应用被抽象成一棵组件树

2. 组件的分类

根据组件的功能，可以分为以下4类：

（1）基础组件：text、image、progress、rating、span、marquee、image-animator、divider、search、menu、chart。

（2）容器组件：div、list、list-item、stack、swiper、tabs、tab-bar、tab-content、list-item-group、refresh、dialog。

（3）媒体组件：camera、video。

（4）画布组件：canvas、image、ImageData对象、Path2D对象。

3. 自定义组件的用法

自定义组件是用户根据业务需求，将已有的组件组合并封装成的新组件，可以在工程中多次调用，从而提高代码的可读性。通过element可以将自定义组件引入宿主页面，导入子组件的语句如下：

```
<element name='comp' src=''></element>
```

其中，name属性用来指出自定义组件名称，组件名称对大小写不敏感，默认使用小写；src属性用来指出自定义组件的HTML文件路径。如果没有设置name属性，则默认使用HTML文件名作为组件名称，本例使用的子组件名称是comp。

使用子组件的方法是把子组件名称当成组件的标记名来使用。例如，本例使用上面导入的comp子组件两次，其使用代码如下：

```
<div>
  <comp></comp>
  <comp></comp>
</div>
```

【例9-1】子组件的导入与使用

扫一扫，看视频

在本例中，定义两个自定义子组件，分别是component和otherComponent，然后在页面example9_1中引用这两个子组件，再在页面example9_1中制作按钮，用来切换显示component和otherComponent两个子组件，运行结果如图9-2所示。

图9-2　子组件的导入与使用

（1）component和otherComponent子组件中的内容基本相同，仅在HML文件中显示的内容略有不同。

```
<!-- 子组件1 component.hml -->
<div class="container">
  <text class="title">
    子组件1
  </text>
</div>
----------------------------------------------------------------
<!-- 子组件2 otherComponent.hml -->
<div class="container">
  <text class="title">
    子组件2
  </text>
</div>
----------------------------------------------------------------
/*子组件1和子组件2的CSS文件内容相同, component.css*/
.container {
  display: flex;
  justify-content: center;
```

```
    align-items: center;
  }
  .title {
    font-size: 30px;
    text-align: center;
  }
```

（2）引用上面两个子组件，代码如下：

```
<!-- example9_1.hml -->
<element name="comp1" src="./component/component"></element>
<element name="comp2" src="./otherComponent/otherComponent"></element>
<div class="container">
  <comp1 if="{{flag}}"></comp1>
  <comp2 else></comp2>
  <button onclick="changeComponent">切换子组件</button>
</div>
——————————————————————————————————————————
/*example9_1.css*/
.container {
  flex-direction: column;
  justify-content: center;
  align-items: center;
  width:  100%;
  height: 100%
}
button {
  width: 150px;
  height: 40px;
  font-weight: 600;
  margin-top: 20px;
}
——————————————————————————————————————————
//example9_1.js
export default {
  data: {
    flag:false
  },
  changeComponent(){
    this.flag=!this.flag
  }
}
```

9.1.2 由父组件传递数据到子组件

1. props属性

自定义子组件可以通过props声明用于接收父组件传递的数据变量，父组件通过设置与props声明的数据变量同名的属性向子组件传递参数，props支持的类型包括String、Number、Boolean、Array、Object、Function。如果使用camelCase（驼峰命名法）命名props属性，在外部父组件传递参数时需要使用 kebab-case（短横线分隔命名法）。例如，当属性compProp在父组件引用时需要转换为comp-prop。为自定义组件添加props属性，通过父组件向下传递参数的示例如下：

（1）在子组件comp的JS文件中定义接收数据compProp。

```
//comp.js
export default {
  props: ['compProp'],
}
```

（2）在子组件comp的HML文件中渲染接收数据compProp。

```
<!-- comp.hml -->
<div class="container">
  <text class="title-style">{{compProp}}</text>
</div>
```

（3）在父组件中向子组件传递数据compProp。

```
<!-- xxx.hml -->
<element name='comp' src='./comp/comp'></element>
<div class="container">
  <comp comp-prop="{{title}}"></comp>
</div>
```

另外，父子组件之间的数据的传递是单向的，只能从父组件传递给子组件，子组件不能直接修改父组件传递下来的值，子组件通过onInit()钩子函数将props传入的值用data接收后作为默认值，再对data的值进行修改。

需要特别说明的是，在父组件中自定义属性名时禁止以on、@、on:、grab: 等保留关键字开头。

【例9-2】计数器子组件

扫一扫，看视频

在本例中，定义计数器子组件，在子组件中获取由父组件传递来的数据作为计数器的初值，再通过加和减两个按钮来对计数器的数值进行控制，当计数器的值为0时，减号按钮将不进行减1操作，始终为0。在父组件中将两次使用子组件，并且两次向子组件传递的初始值不相同。其在穿戴设备上的初始图以及点击加号和减号按钮之后的显示结果如图9-3所示。

图9-3　主组件传递数据初值给计数器子组件

（1）子组件页面component中的内容如下：

```
<!-- component.hml -->
<div class="container">
  <button onclick="sub">-</button>
  <text class="title">
    {{count}}
  </text>
  <button onclick="add">+</button>
</div>
---------------------------------------------------------------
/*component.css*/
```

```css
.container {
  display: flex;
  justify-content: center;
  align-items: center;
}
.title {
  font-size: 20px;
  text-align: center;
  margin: 0px 15px;
}
button{
  width: 20px;
  font-weight: 600;
  background-color: lightyellow;
}
```

```js
//component.js
export default {
  data:{
    count:0
  },
  props:['msg'],          //定义接收数据
  onInit(){               //onInit钩子函数
    this.count=this.msg   //用接收的数据初始化count变量
  },
  sub(){
    if(this.count>0) this.count--
  },
  add(){
    this.count++
  }
}
```

（2）父组件页面example9_2中的内容如下：

```html
<!-- example9_2.hml -->
<element name="counter" src="./component/component"></element>
<div class="container">
  <counter msg="{{count1}}"></counter>
  <counter msg="{{count2}}"></counter>
</div>
```

```css
/*example9_2.css*/
.container {
  flex-direction: column;
  justify-content: center;
  align-items: center;
  width:  100%;
  height: 100%
}
.title {
  font-size: 30px;
  text-align: center;
}
```

```js
//example9_2.js
export default {
  data: {
```

```
    count1: 8,
    count2: 2
  }
}
```

2. 添加默认值

子组件可以通过固定值default设置默认值，当父组件没有设置该属性时，将使用其默认值。在此情况下，props属性必须为对象形式，不能用数组形式。为自定义组件设置接收数据的默认值的示例如下：

（1）在子组件comp的JS文件中定义接收数据compProp，代码如下：

```
//comp.js
export default {
  props: {
    title: {
      default: 'Hello',
    },
  },
}
```

（2）在子组件comp的HML文件中渲染接收数据compProp，代码如下：

```
<!-- comp.html -->
<div class="item">
  <text class="title-style">{{title}}</text>
</div>
```

（3）在父组件中使用子组件但并没有传递数据title，子组件中title的数据将使用默认值Hello，代码如下：

```
<!-- xxx.html -->
<element name='comp' src='./comp/comp'></element>
<div class="container">
  <comp></comp>
</div>
```

3. 使用$watch方法感知数据变化

在第6章中讲解过侦听属性，自定义组件同样也支持侦听属性，其用法与第6章的用法相同。例如，如果需要观察由父组件传递过来的数据是否发生变化，从而进行相应的处理，可以通过$watch方法增加属性变化回调函数，其使用的代码如下：

```
//comp.js
export default {
  props: ['title'],                          //定义接收数据title
  onInit() {
    this.$watch('title', 'onPropertyChange'); //title数据有变化，执行回调函数
  },
  onPropertyChange(newV, oldV) {             //回调函数有两个入口参数
    console.info('title 属性变化' + newV + ' ' + oldV);
  },
}
```

【例9-3】带复位按钮的计数器子组件

本例除了实现例9-2的所有功能之外，还在父组件中设置了"复位"按钮，点击该按钮则把父组件传递给子组件的初值重新传递给子组件，让子组件的计数器复位。此处的实现方式就是在子组件的onInit()生命周期函数中侦听父组件传递过来的变量，当传递的变量有变化时会触发相应的回调函数。但存在一个问题——每次传递的变量都是相同的初值。例如，父组件定义的计数器初值是8，当用户在父组件中点击"复位"按钮，需要再次把初值8传递到子组件，但对于子组件的侦听属性来说，前后两次传递的值都是8，相当于数据并没有变化，也就不会触发相应的回调函数。为了解决这个问题，本例在父组件中定义一个flag变量来存储数据的变化性，每点击一次"复位"按钮，就向子组件传送一个flag变量，并把flag变量取反，为下一次传递不同的变量做准备。其在穿戴设备上的初始图、点击"复位"按钮以及点击加号和减号按钮之后的显示结果如图9-4所示。

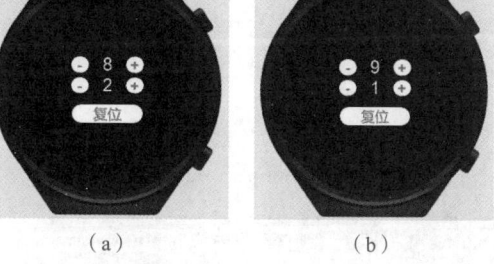

（a）　　　　　　　　　（b）

图9-4　带"复位"按钮的计数器子组件

（1）子组件页面component中的内容如下：

```html
<!-- component.hml -->
<div class="container">
  <button onclick="sub">-</button>
  <text class="title">
    {{count}}
  </text>
  <button onclick="add">+</button>
</div>
```
```css
/*component.css*/
.container {
  display: flex;
  justify-content: center;
  align-items: center;
}
.title {
  font-size: 20px;
  text-align: center;
  margin: 0px 15px;
}
button{
  width: 20px;
  font-weight: 600;
  background-color: lightyellow;
}
```
```javascript
//component.js
```

```
export default {
  data:{
    count:0,
    sourceCount:0
  },
  props:['msg','flag'],                              //定义接收数据
  onInit(){
    this.$watch('flag', 'onPropertyChange');   //侦听变量flag
    this.count=this.msg
  },
  sub(){
    if(this.count>0) this.count--
  },
  add(){
    this.count++
  },
  onPropertyChange(newV, oldV) {
    this.count=this.msg                              //接收父组件数据
  }
}
```

（2）父组件页面example9_3中的内容如下：

```
<!-- example9_3.hml -->
<element name="counter" src="./component/component"></element>
<div class="container">
  <counter msg="{{count1}}" flag="{{flag}}"></counter>
  <counter msg="{{count2}}" flag="{{flag}}"></counter>
  <button onclick="reset">复位</button>
</div>
-------------------------------------------------------------------
/*example9_3.css*/
.container {
  flex-direction: column;
  justify-content: center;
  align-items: center;
  width:  100%;
  height: 100%;
}
.title {
  font-size: 30px;
  text-align: center;
}
button{
  background-color: white;
  width: 80px;
  margin-top: 10px;
}
-------------------------------------------------------------------
//example9_3.js
export default {
  data: {
    count1: 8,
    count2: 2,
    flag:true
```

```
    },
    reset(){
      this.flag=!this.flag
    }
}
```

4. computed 计算属性

自定义组件中经常需要在读取或设置某个属性时进行预处理，以便提高开发效率，此种情况就需要使用computed属性。在computed属性中，可通过设置属性的getter和setter方法在属性读写时进行触发，定义计算属性的代码如下：

```
export default {
  ...
  computed: {
    message() {
      //计算属性的操作代码
      return 返回值;
    },
    //计算属性的另一种写法
    notice: {
      get() {
        return 返回值;
      },
      set(newValue) {
        this.变量= newValue;
      },
    },
  }
}
```

【例9-4】计算属性

本例是通过计算属性侦听两个变量，一个变量通过子组件按钮进行修改，计算属性值会自动跟随修改；另一个变量是通过父组件修改数据，再传递给子组件并在子组件上通过计算属性进行自动计算和渲染。其在穿戴设备上的显示结果如图9-5所示，图9-5（a）是页面运行的初始结果，图9-5（b）是点击"子组件按钮"按钮后的结果，图9-5（c）是点击"父组件按钮"按钮后的结果。

扫一扫，看视频

（a）　　　　　　　　　（b）　　　　　　　　　（c）

图9-5　计算属性

(1)子组件页面component中的内容如下：

```
<!-- component.hml -->
<div class="container">
  <text class="title">
    子组件接收的信息：{{message}}
  </text>
  <button onclick="handleClick">子组件按钮</button>
</div>
```

```
/*component.css*/
.container {
  flex-direction: column;
  justify-content: center;
  align-items: center;
}
.title {
  font-size: 14px;
  text-align: center;
  margin-top: 10px;
}
button{
  margin: 10px 0px;
}
```

```
//component.js
export default {
  props: ['title'],
  data() {
    return {
      time: 'Hello, ',
    };
  },
  computed: {
    message() {
      return this.time + ' ' + this.title;
    },
    notice: {
      get() {
        return this.time;
      },
      set(newValue) {
        this.time = newValue;
      },
    },
  },
  handleClick() {
    this.notice = '您好, ';
  },
}
```

(2)父组件页面example9_4中的内容如下：

```
<!-- example9_4.hml -->
<element name="comp" src="./component/component"></element>
<div class="container">
  <text class="title">父组件信息：{{title}}</text>
  <comp title="{{title}}"></comp>
  <button onclick="handleClick">父组件按钮</button>
</div>
——————————————————————————————————————————————————————
/*example9_4.css*/
.container {
  flex-direction: column;
  justify-content: center;
  align-items: center;
  width: 100%;
  height: 100%;
}
.title {
  font-size: 14px;
  text-align: center;
}
——————————————————————————————————————————————————————
//example9_4.js
export default {
  data: {
    title: '世界'
  },
  handleClick(){
    this.title='鸿蒙'
  }
}
```

9.1.3 由子组件传递数据给父组件

在子组件中使用this.$emit()方法通过事件向父组件传递数据，其使用的语法如下：

this.$emit('父组件调用子组件标签所绑定的事件名', {params: 子组件向父组件传送的参数})

在父组件中使用@child1（或onchild1）语法绑定子组件事件，child就是父组件调用子组件标签所绑定的事件名。例如：

<comp prop1='xxxx' @child1="bindParentVmMethod"></comp>

当子组件触发this.$emit()方法后，父组件执行bindParentVmMethod方法并接收子组件传递的参数。

【例9-5】子组件传递数据到父组件

本例在子组件中定义一个文本框和一个按钮，其文本用来渲染由父组件传递过来的数据，并用计算属性进行字符串的拼接，按钮的点击事件是使用this.$emit()方法向父组件传递数据，在父组件中接收子组件传递过来的数据，再下发到子组件进行渲染。其在穿戴设备上的显示结果如图9-6所示。

扫一扫，看视频

269

图9-6　子组件传递数据到父组件

（1）子组件页面component中的内容如下：

```html
<!-- component.hml -->
<div class="container">
  <text class="title">
    <span class="font">{{msg2}}</span>
  </text>
  <button onclick="handleUploadData">上传数据给父组件</button>
</div>
```
```css
/*component.css*/
.container {
  flex-direction: column;
  justify-content: center;
  align-items: center;
}
.title {
  font-size: 30px;
  text-align: center;
  margin-bottom: 10px;
}
```
```javascript
//component.js
export default {
  data:{
    title:'headers'
  },
  props:{
    msg:{
      type:String
    }
  },
  computed:{
    msg2(){
      return this.msg+"，您好!"
    }
  },
  handleUploadData(){
    this.$emit("sonFathar", {name:"汪汪",age:18})     //向父组件发送数据
  }
}
```

（2）父组件页面example9_5中的内容如下：

```
<!-- example9_5.hml -->
<element name="header" src="./component/component"></element>
<div class="container">
  <header msg="{{message}}" @son-fathar="handleReceive"></header>
</div>
-----------------------------------------------------------------------
/*example9_5.css*/
.container {
    flex-direction: column;
    justify-content: center;
    align-items: center;
    width:  100%;
    height: 100%;
}
.title {
  font-size: 30px;
  text-align: center;
}
-----------------------------------------------------------------------
//example9_5.js
export default {
  data: {
    message: '刘兵',
    flag: false
  },
  handleReceive(e){
    this.message = e.detail.name + e.detail.age
  }
}
```

9.2 组件的生命周期

鸿蒙的生命周期有三种，分别是App应用生命周期、页面page的生命周期和组件的生命周期，在第8章中讲解了前面两种生命周期，本节主要说明组件的生命周期。

9.2.1 生命周期的定义

鸿蒙为自定义组件提供了一系列生命周期回调函数，便于开发者管理自定义组件的内部逻辑。自定义组件生命周期回调函数主要包括onInit、onAttached、onDetached、onLayoutReady、onDestroy、onPageShow和onPageHide。下面依次介绍各个生命周期回调函数。

（1）onInit：初始化自定义组件。自定义组件初始化生命周期回调函数，当自定义组件创建时触发该回调函数，主要用于自定义组件中必须使用的数据初始化，该回调函数只会触发一次调用。

（2）onAttached：自定义组件装载。自定义组件被创建后，加入Page组件时触发该回调函数，该回调函数触发时表示组件将被显示，该生命周期可用于初始化显示相关数据，通常用于加载图片资源、开始执行动画等场景。

（3）onDetached：自定义组件摘除。自定义组件摘除时，触发该回调函数，常用于停止动画或异步逻辑停止执行的场景。

（4）onLayoutReady：自定义组件布局完成。自定义组件插入Page组件树后，将会对自定义组件进行布局计算，调整其内容元素的尺寸与位置，当布局计算结束后触发该回调函数。

（5）onDestroy：自定义组件销毁。自定义组件销毁时触发该回调函数，常用于资源释放。

（6）onPageShow：自定义组件Page显示。自定义组件所在Page显示后触发该回调函数。

（7）onPageHide：自定义组件Page隐藏。自定义组件所在Page隐藏后触发该回调函数。

9.2.2 生命周期回调函数的验证

【例9-6】验证自定义组件生命周期回调（钩子）函数的实现顺序

扫一扫，看视频

本例用来说明自定义组件生命周期的钩子函数的使用方法，以及这些钩子函数所执行的先后顺序。项目首先执行页面example9_6中的内容，在该页面中调用子组件component，到此顺序执行了component.js文件中的onInit()、onAttached()、onPageShow()和onLayoutReady()钩子函数，其运行结果如图9-7所示。

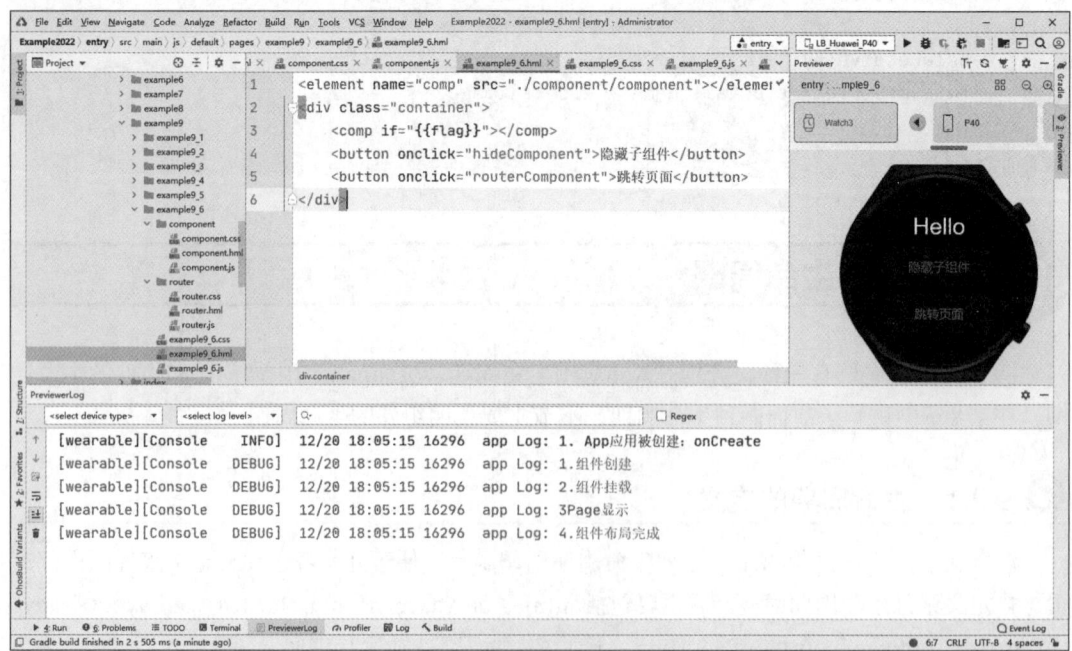

图9-7　自定义组件钩子函数1

在图9-7所示的页面文件中，穿戴设备上有一个"跳转页面"按钮，该按钮可以把当前执行的页面导航到routerComponent页面，在此过程中执行了component.js文件中的onPageHide()钩子函数，如图9-8所示。

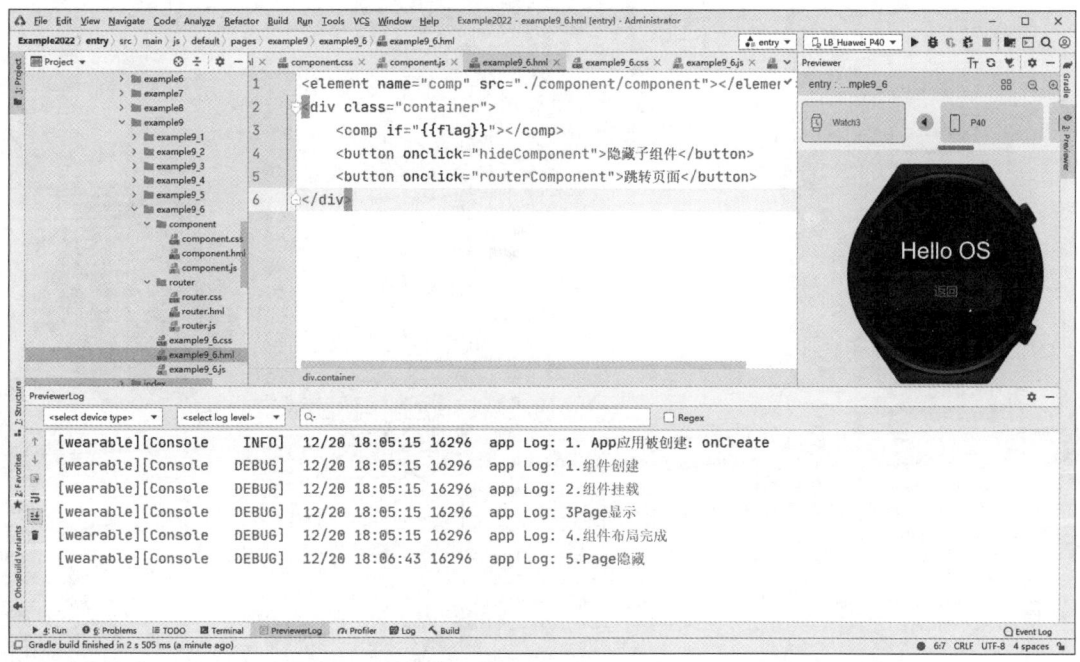

图9-8　自定义组件钩子函数2

在图9-8所示的页面文件中，穿戴设备上有一个"返回"按钮，该按钮可以把当前执行的页面返回到example9_6页面，在此过程中执行了component.js文件中的onPageShow()钩子函数，如图9-9所示。

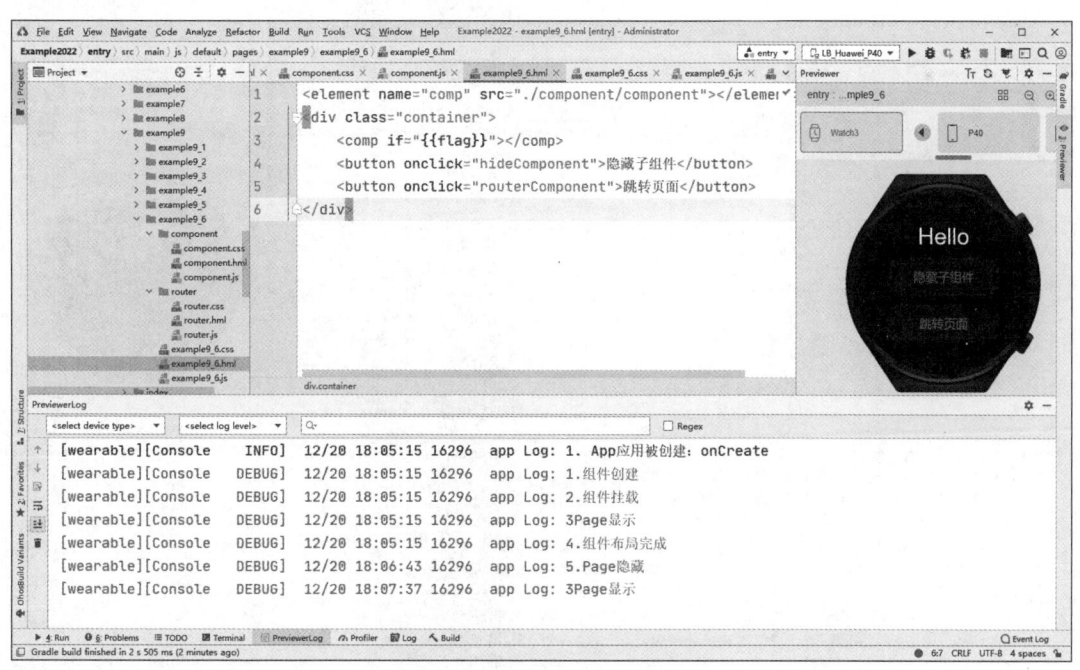

图9-9　自定义组件钩子函数3

在图9-9所示的页面文件中，穿戴设备上有一个"隐藏子组件"按钮，该按钮可以把当前执行的页面中的子组件隐藏，在此过程中执行了component.js文件中的onLayoutReady()和onDetached()钩子函数，如图9-10所示。

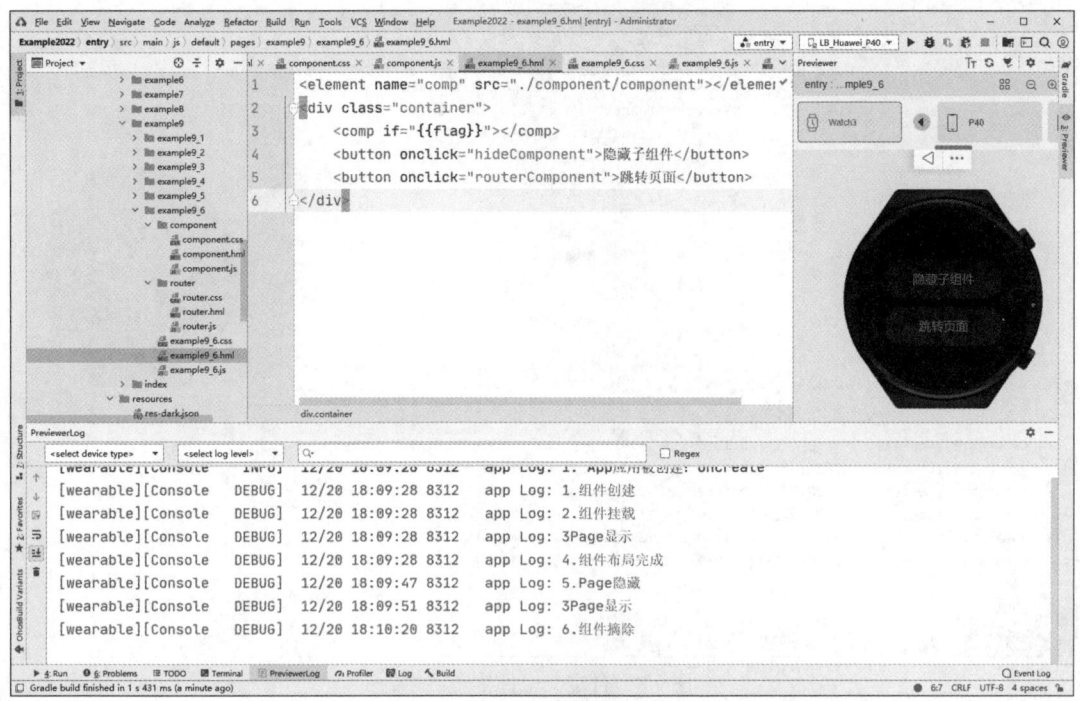

图9-10　自定义组件钩子函数4

在图9-10所示的页面文件中，在穿戴设备上再次单击"隐藏子组件"按钮可以把当前执行的页面中的子组件显示出来，在此过程中执行了component.js文件中的onInit()、onAttached()、onPageShow()和onLayoutReady()钩子函数，如图9-11所示。

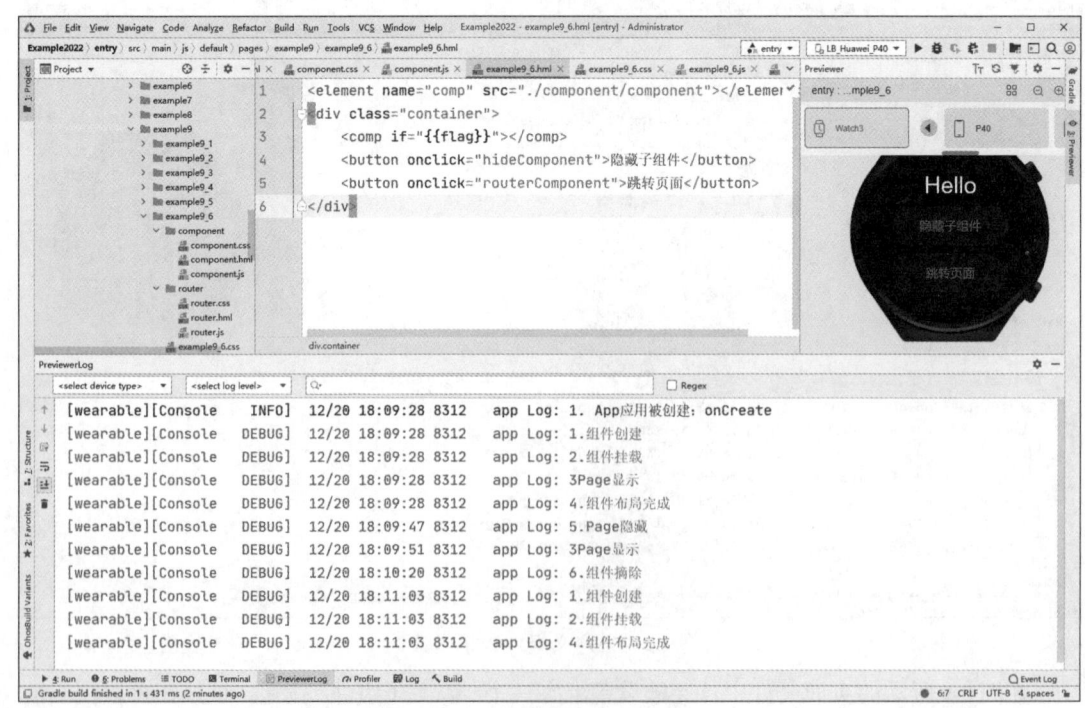

图9-11　自定义组件钩子函数5

（1）子组件页面component中的内容如下：

```html
<!-- component.hml -->
<div class="container">
  <text class="title">
    Hello
  </text>
</div>
```
```css
/*component.css*/
.container {
  flex-direction: column;
  justify-content: center;
  align-items: center;
}
.title {
  font-size: 30px;
  text-align: center;
}
```
```js
//component.js
export default {
  data: {
    value: "组件创建"
  },
  onInit() {
    console.log("1.组件创建")
  },
  onAttached() {
    this.value = "组件挂载"
    console.log("2.组件挂载")
  },
  onPageShow() {
    console.log("3Page显示")
  },
  onLayoutReady(){
    console.log("4.组件布局完成")
  },
  onPageHide() {
    console.log("5.Page隐藏")
  },
  onDetached() {
    console.log("6.组件摘除")
  },
  onDestroy(){
    console.log("7.onDestroy")
  }
}
```

（2）父组件页面example9_6中的内容如下：

```html
<!-- example9_6.hml -->
<element name="comp" src="./component/component"></element>
<div class="container">
  <comp if="{{flag}}"></comp>
  <button onclick="hideComponent">隐藏子组件</button>
  <button onclick="routerComponent">跳转页面</button>
</div>
```

```css
/*example9_6.css*/
.container {
  flex-direction: column;
  justify-content: center;
  align-items: center;
  width:100%;
  height:100%;
}
.title {
  font-size: 30px;
  text-align: center;
}
button{
  margin-top: 10px;
  width: 150px;
  height: 50px;
}
```
_____
```js
//example9_6.js
import router from '@system.router';
export default {
  data: {
    flag:true
  },
  hideComponent(){
    this.flag=!this.flag
  },
  routerComponent(){
    router.push({
      uri: 'pages/example9/example9_6/router/router'
    })
  }
}
```

（3）跳转页面router中的内容如下：

```html
<!-- router.hml -->
<div class="container">
  <text class="title">
    Hello {{title}}
  </text>
<button onclick="routerJump">返回</button>
</div>
```
_____
```css
/*router.css*/
.container {
  flex-direction: column;
  justify-content: center;
  align-items: center;
  width:  100%;
  height: 100%;
}
.title {
  font-size: 30px;
  text-align: center;
}
```

```
button{
  width: 150px;
  height: 50px;
  margin-top: 10px;
}
----------------------------------------------------------------
//router.js
import router from '@system.router'
export default {
  data: {
    title: 'OS'
  },
  routerJump(){
    router.back()
  }
}
```

9.3 模板引用

模板是一个HML文件，在此文件中通过HML组件构成了一个指定的页面，在这个页面中通过"{{属性名}}"为调用此模板的父组件数据预留位置，父组件通过相应的属性名填充数据，让模板形成一个完整的页面。在父组件中引入模板的语法如下：

```
<element name='temp' src='模板文件xxx.hml的路径'></element>
```

在父组件中使用模板文件的语法如下：

```
<temp name="{{name}}" age="{{age}}"></temp>
```

使用该模板文件传递name和age两个数据给模板文件时，需要在模板文件的合适位置通过"{{ name }}"或"{{ age }}"来使用这两个数据。

【例9-7】模板文件的定义与引用

本例是在模板文件中显示由父组件传递过来的数据，包括姓名（name）和年龄（age）。这里应该重点体会定义模板和引用模板的方法。本例初始的运行结果和点击"切换数据"按钮后的运行结果如图9-12所示。

扫一扫，看视频

```
<!-- 模板文件: template.hml -->
<div style="justify-content: center;">
  <text>
    <span>{{name}}, </span>
    <span>{{age}}</span>
  </text>
</div>
----------------------------------------------------------------
<!-- example9_7.hml -->
<element name="temp" src="./template.hml"></element>
<div class="container">
  <temp name="{{name}}" age="{{age}}"></temp>
  <button class="btn" @click="handleClick">
```

```
        切换数据
    </button>
</div>
————————————————————————————————————————————————
/*example9_7.css*/
.container {
    flex-direction:column;
    justify-content: center;
    align-items: center;
    width: 100%;
    height: 100%;
}
.btn {
    font-size: 20px;
    margin: 10px;
    width: 150px;
}
————————————————————————————————————————————————
//example9_7.js
export default {
    data: {
        name: '刘兵',
        age:22
    },
    handleClick(){
        this.name='汪汪'
        this.age=18
    }w
}
```

图9-12　模板文件的定义与引用

9.4　本章小结

　　本章详细讲解了组件、组件的生命周期和模板引用三方面的内容。组件是鸿蒙应用开发最强大的功能之一，其核心目标是为了提高代码的可重用性，减少开发的重复性。9.1节重点对组件的创建方法、组件中数据的定义和引用方法、各个组件之间的数据传递方法、组件的切换方法等进行了阐述；9.2节重点讲解了组件的生命周期，包括组件的生命周期的定义与生命周期的钩子函数的验证；9.3节讲解了如何定义与引用模板，这种方法有利于设计一个统一的页面格式。

9.5 习题

1. 当运行以下程序后，说明其在手机设备上的运行结果。

（1）父组件源程序如下：

```html
<!-- father.hml -->
<element name='comp' src='../son/son'></element>
<div class="container">
  <text class="title">您好，</text>
  <comp comp-prop="{{title}}"></comp>
</div>
```

```css
/*father.css*/
.container {
  display: flex;
  justify-content: center;
  align-items: center;
  left: 0px;
  top: 0px;
  width: 100%;
  height: 100%;
}
.title {
  font-size: 30px;
}
```

```js
//father.js
export default {
  data: {
    title: '鸿蒙!'
  }
}
```

（2）子组件源程序如下：

```html
<!-- son.hml -->
<div class="container">
  <text class="title">
    {{compProp}}
  </text>
</div>
```

```css
/*son.css*/
.container {
  display: flex;
  justify-content: center;
  align-items: center;
  left: 0px;
  top: 0px;
}
.title {
  font-size: 30px;
}
```

```
//son.js
export default {
  props: ['compProp']
}
```

2. 当运行以下程序后，说明其在手机设备上的运行结果。

(1) 父组件源程序如下：

```
<!-- father.hml -->
<element src="../son/son" name="comp"></element>
<div class="container">
  <text>{{text}}</text>
  <comp @event-type1="textClicked"></comp>
</div>
```

```
/*father.css*/
.container {
  flex-direction: column;
  justify-content: center;
  align-items: center;
  left: 0px;
  top: 0px;
  width: 100%;
  height: 100%;
}
.title {
  font-size: 30px;
}
```

```
//father.js
export default {
  data: {
    text: '开始',
  },
  textClicked (e) {
    this.text = e.detail.text;
  },
}
```

(2) 子组件源程序如下：

```
<!-- son.hml -->
<div class="container">
  <text class="text-style" onclick="childClicked">点击这里查看隐藏文本</text>
  <text class="text-style" if="{{showObj}}">hello world</text>
</div>
```

```
/*son.css*/
.container {
  flex-direction: column;
  justify-content: center;
  align-items: center;
  left: 0px;
  top: 0px;
}
.title {
  font-size: 30px;
  text-align: center;
```

```
}
—————————————————————————————————————————————————————————
//son.js
export default {
  data:{
    showObj:true
  },
  childClicked () {
    this.showObj = !this.showObj;
    this.$emit('eventType1', {text: '收到子组件参数:'+this.showObj});
  }
}
```

9.6 实验　使用子组件实现复选框的全选和取消全选

1. 实验目的

（1）掌握父子组件的定义方法。

（2）掌握父组件向子组件传递数据的方法。

（3）掌握子组件向父组件传递数据的方法。

2. 实验内容

自定义子组件，实现复选框的全选与取消全选。当点击"全选"按钮时，复选框全部被选中；当点击"全部取消"按钮时，复选框全部被取消选中状态，并在父组件中显示出用户在子组件中选择的数据。复选框的数据和初始选中状态由父组件决定，如图9-13所示。

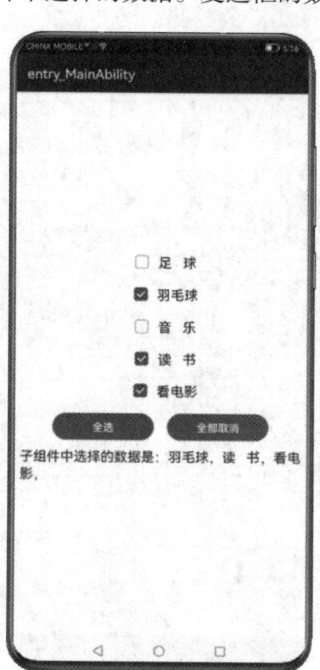
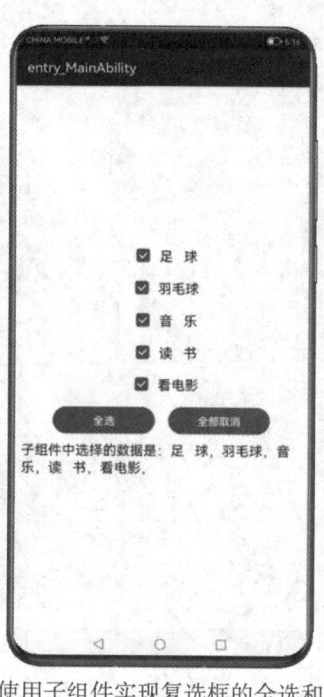
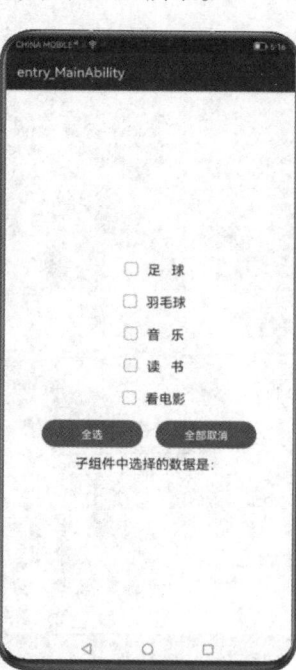

图9-13　使用子组件实现复选框的全选和取消全选

接口

本章学习目标：

本章主要讲解鸿蒙接口的基本功能和鸿蒙系统的能力。通过本章的学习，大家应该掌握以下主要内容：

- 鸿蒙系统的定时器与动画。
- 鸿蒙系统的剪切板。
- 鸿蒙系统的通知消息与电池属性。
- 鸿蒙系统的屏幕亮度和地理位置。

本章知识结构

定时器
- setTimeout()方法和setInterval()方法
  - setTimeout()方法
  - setInterval()方法
  - var intervalID = setInterval(handle, delay,args);
  - var timeoutID = setTimeout(handle, delay,args);
- clearTimeout()方法和clearInterval()方法
  - clearTimeout()方法
  - clearInterval()方法
  - 入口参数都是要取消的重复定时器的ID，是由 setInterval()方法 或setTimeout()方法 生成的

接口

基本功能

动画
- 动画样式
  - 种类
  - transform-origin
  - transform
  - animation
  - animation-name
  - animation-delay: 定义动画播放的延迟时间，单位为s和ms（默认为ms）
  - animation-duration: 定义一个动画周期，单位为s和ms（默认ms）。需要说明的是，必须设置该样式，否则时长为 0，则不会播放动画
  - animation-iteration-count: 定义动画播放的次数，默认播放一次，可通过设置为infinite 进行无限次播放
  - animation-timing-function: 设置动画执行的速度曲线，用于使动画更为平滑
  - animation-direction: 设置动画的播放模式
  - animation-fill-mode: 指定动画开始和结束的状态
  - animation-play-state: 指定动画的当前状态
  - transition: 指定组件状态切换时的过渡效果
- 动画接口
  - createAnimator()是通过鸿蒙接口创建动画对象的方法
  - createAnimator()方法需要的参数是一个对象
  - animator支持的接口

剪切板
- 鸿蒙系统的剪切板是在内存中开辟的一块动态空间，用来完成复制、粘贴操作
- 有很多程序也可以借用系统的剪切板来完成特定的任务
- 使用剪切板则需要导入剪切板模块
- 主要方法
  - createPlainTextData
  - setPasteData
  - getPasteData

系统能力

通知消息
- 使用notification接口实现
- 使用notification接口之前必须先进行导入
- 其参数是一个对象

电池和充电属性
- 需要使用batteryInfo接口
- 要先导入接口模块
- batteryInfo接口获得的电池和充电属性都是只读属性

屏幕亮度
- 使用brightness接口
- 要先导入接口模块
- 获取设备当前的屏幕亮度值
- 设置设备当前的屏幕亮度值
- 获取设备当前的屏幕亮度模式
- 设置设备当前的屏幕亮度模式

地理位置
- 使用geolocation获取设备的地理位置
- 要先导入接口模块
- geolocation.getLocationType(OBJECT)
- geolocation.getSupportedCoordTypes()

全景思维导图

10.1 系统功能

10.1.1 定时器

定时器一般用于倒计时、控制页面广告显示时间、计时等。

1. setTimeout()方法和setInterval()方法

setTimeout()方法用于设置一个定时器，当该定时器的时间结束，会执行一个回调函数。setTimeout()方法返回一个用来表示定时器编号的整数，这个整数可以传递给clearTimeout()方法，从而取消对应的定时器。需要说明的是，setTimeout()方法表示设定的时间结束时仅会执行一次回调函数。

用setInterval()方法设置的定时器，当定时时间结束，会调用一个回调函数并重新启动定时器，可以多次启动定时器和调用回调函数，取消setInterval()方法设置的定时器的方法是clearInterval()。

这两个方法的使用方法如下：

```
var intervalID = setInterval(handle, delay,args);
var timeoutID = setTimeout(handle, delay,args);
```

其中，handle是定时时间结束所调用的回调函数；delay表示定时的时间，其单位是ms，如果该属性值是1000，则表示定时1s；args参数是一个数组，该参数的作用是当定时器结束作为参数传递给handle回调函数。函数的返回值是重复定时器ID，用于停止该动画。

例如，定时1s让变量count减1，其代码如下：

```
var intervalID = setInterval(function() {
  This.count--;
}, 1000);
```

2. clearTimeout()方法和clearInterval()方法

clearTimeout()方法可取消通过setTimeout()方法设置的重复定时任务；clearInterval()方法可取消通过setInterval()方法设置的重复定时任务。这两种方法的入口参数都是要取消的重复定时器的ID，是由setInterval()方法或setTimeout()方法生成的。

【例10-1】广告页的打开与定时关闭

扫一扫，看视频

本例中定义了一个广告页，跳出广告页有两种方法：一种是倒计时10s自动进入主页面，另一种是通过点击"跳过"按钮自动关闭广告页。这里为了简便，并没有单独制作广告页和主页面，而是在一个页面中通过一个布尔变量来控制是显示主页面还是显示广告页。在实际项目中可以通过单独制作广告页，然后当定时时间结束时使用页面路由跳转到主页面。本例中的广告页的显示结果如图10-1（a）所示，进入主页面后的显示结果如图10-1（b）所示。

程序源码如下：

```
<!-- example10_1.hml -->
<div class="container">
  <div class="control" if="{{flag}}">
```

```
      <button onclick="goHome">跳过</button>
      <text class="countTxt">{{count}}</text>
    </div>
    <text class="title" if="{{flag}}">
      {{title}}
    </text>
    <text class="title" else>
      {{title}}
    </text>
</div>
```

```
/*example10_1.css*/
.container {
  flex-direction: column;
  align-items: center;
  left: 0px;
  top: 0px;
  width: 100%;
  height: 100%;
}
.control{
  margin-left: 200px;
  margin-top: 10px;
}
.control button{
  width: 80px;
  margin-right: 20px;
  font-size: 24px;
}
.countTxt{
  background-color: tomato;
  border-radius: 20px;
  width: 40px;
  height: 40px;
  text-align: center;
  color: white;
  font-size: 24px;
}
.title {
  font-size: 24px;
  text-align: center;
  width: 200px;
  height: 100px;
  top: 40%;
}
```

```
//example10_1.js
let timeId=null;                    //定义并初始化timeId变量
export default {
  data: {
    title: '欢迎访问王者App,广告页',
    count:10,                       //定时计数器变量，初值为10次
    flag:true                       //广告页（true）和主页（false）的控制变量
  },
  onInit(){
    var that=this                   //定义回调函数中访问data数据中的指针that
```

```
        timeId=setInterval(function(){      //设定定时器到后的匿名回调函数
          that.count--                      //计数器减1
          if(that.count<1){                 //如果计数器小于1
            that.flag=false                 //flag设置为false，相当于关闭广告页
            that.title='欢迎进入王者App主页面！'
          }
        },1000)                             //定时1000ms
      },
      goHome(){                             // "跳过" 按钮的事件触发函数
        this.flag=false                     //flag设置为false，相当于关闭广告页
        this.title='欢迎进入王者App主页面！'
        clearInterval(timeId)               //取消定时器
      }
    }
```

（a）   （b）

图10-1　广告页与主页面

10.1.2　动画

1. 动画样式

在鸿蒙设备中，可以通过设置组件样式来显示动画，这样就可以让组件动态地旋转、平移、缩放。可以设置动画样式的属性名主要包括以下内容。

（1）transform-origin：在未设置transform-origin属性时，CSS变形的旋转、移位、缩放等操作都是以组件自己的中心（变形原点/中心点）位置进行的，而transform-origin属性用于设置旋转组件的基点位置。使用transform-origin并结合CSS动画可以使组件沿着自定义的某一基点进行旋转和位移。定义的语法如下：

```
transform-origin: x-axis y-axis;
```

其默认值为：

```
transform-origin:50% 50%;
```

transform-origin属性值可以是百分比和像素等具体的值，也可以是top、right、bottom、left和center这样的关键词。例如，以<div>组件顶部中心为基点旋转180°，其CSS定义语句如下：

```
.inner {                              /*inner类选择器*/
   transform-origin:50% 0;            /*设置旋转原点在X轴长度50%位置，Y轴在顶部*/
   transform: rotate(180deg);         /*旋转180度*/
   width: 100%;                       /*宽度为父组件的100%*/
   height: 100%;                      /*高度为父组件的100%*/
   background-color: #6a5acdeb;       /*背景色为#6a5acdeb*/
}
```

（2）transform：从字面上看transform就是变形、改变的意思。在鸿蒙的CSS中，transform属性主要包括旋转rotate、扭曲skew、缩放scale、移动translate以及矩阵变形matrix等，其具体属性值见表10-1。

表 10-1 transform 属性值

名 称	类 型	描 述
none	—	不进行任何转换
matrix	<number>	入口参数有 6 个值，分别代表 scaleX、 skewY、 skewX、 scaleY、 translateX、 translateY
matrix3d	<number>	入口参数为 16 个值的 4×4 矩阵
translate	<length>| <percent>	平移动画属性，支持设置 X 轴和 Y 轴两个维度的平移参数
translate3d	<length>| <percent>	三个入口参数，分别代表 X 轴、Y 轴、Z 轴的平移距离
translateX	<length>| <percent>	X 轴方向平移动画属性
translateY	<length>| <percent>	Y 轴方向平移动画属性
translateZ	<length>| <percent>	Z 轴方向平移动画距离
scale	<number>	缩放动画属性，支持设置 X 轴和 Y 轴两个维度的缩放参数
scale3d	<number>	三个入口参数，分别代表 X 轴、Y 轴、Z 轴的缩放参数
scaleX	<number>	X 轴方向缩放动画属性
scaleY	<number>	Y 轴方向缩放动画属性
scaleZ	<number>	Z 轴方向缩放动画参数
Rotate	<deg> | <rad> | <grad> | <turn>	旋转动画属性，支持设置 X 轴和 Y 轴两个维度的选中参数
rotate3d	<deg> | <rad> | <grad> | <turn>	四个入口参数，前三个分别为 X 轴、Y 轴、Z 轴的旋转向量，第四个是旋转角度
rotateX	<deg> | <rad> | <grad> | <turn>	X 轴方向旋转动画属性
rotateY	<deg> | <rad> | <grad> | <turn>	Y 轴方向旋转动画属性
rotateZ	<deg> | <rad> | <grad> | <turn>	Z 轴方向旋转动画属性
skew	<deg> | <rad> | <grad> | <turn>	两个入口参数，分别为 X 轴和 Y 轴的 2D 倾斜角度
skewX	<deg> | <rad> | <grad> | <turn>	X 轴的 2D 倾斜角度
skewY	<deg> | <rad> | <grad> | <turn>	Y 轴的 2D 倾斜角度
perspective	<number>	3D 透视场景下镜头距离元素表面的距离

另外需要说明的是，旋转角度用deg来表示，如10deg表示10°。下面是该属性的几个应用实例，都是以组件自己的中心位置为基点。

```
transform:scale(1.5);                 /*表示把组件放大1.5倍*/
```

```
/*表示向右位移120px，如果向上位移，修改后面的值0，向左、向下位移，则值为负（-）*/
translate(120px,0);
transform: rotate(90deg);    /*旋转90度*/
```

（3）animation：一个简写属性。用于设置以下6个动画属性：

- animation-name：规定需要绑定到选择器的keyframe名称。
- animation-duration：规定完成动画所花费的时间，单位为s或ms。
- animation-timing-function：规定动画的速度曲线。
- animation-delay：规定在动画开始之前的延迟。
- animation-iteration-count：规定动画应该播放的次数。
- animation-direction：规定是否应该轮流反向播放动画。

其定义使用的语法如下：

```
animation: name duration timing-function delay iteration-count direction;
```

其中每个字段不区分先后，但是duration / delay按照出现的先后顺序解析。例如，动画从左向右移动200px、5s完成动画，并且无限循环播放动画，代码如下：

```
div{                           /*选中页面中的所有<div>组件*/
  width:100px;                 /*宽度100px*/
  height:100px;                /*高度为100px*/
  background-color:red;        /*背景色红色*/
  position:relative;           /*相对定位*/
  animation:mymove 5s infinite;  /*关键帧mymove，5s完成动画，infinite无限循环*/
}
@keyframes mymove               /*定义关键帧mymove*/
{
  from {left:0px;}              /*从左0px的位置*/
  to {left:200px;}             /*移动到左200px的位置*/
}
```

（4）animation-name：指定@keyframes。@keyframes中可以设置如下属性：

- background-color：动画执行后应用到组件上的背景颜色。
- opacity：动画执行后应用到组件上的不透明度值，取值范围为0~1，默认为1。
- width：动画执行后应用到组件上的宽度值。
- height：动画执行后应用到组件上的高度值。
- transform：定义应用在组件上的变换类型。
- background-position：设置背景图的位置。例如：

```
background-position: 200px 30%
background-position: 100px top
background-position: center center
```

（5）animation-delay：定义动画播放的延迟时间，单位为s和ms（默认为ms）。

（6）animation-duration：定义一个动画周期，单位为s和ms（默认为ms）。需要说明的是，必须设置该样式，否则时长为0，则不会播放动画。

（7）animation-iteration-count：定义动画播放的次数，默认播放一次，可通过设置为infinite进行无限次播放。

（8）animation-timing-function：设置动画执行的速度曲线，用于使动画更为平滑。该属性设置的可选项如下：

- linear：表示动画从头到尾的速度都是相同的。

- ease: 表示动画以低速开始，然后加快，在结束前变慢，cubic-bezier(0.25, 0.1, 0.25, 1.0)。
- ease-in: 表示动画以低速开始，cubic-bezier(0.42, 0.0, 1.0, 1.0)。
- ease-out: 表示动画以低速结束，cubic-bezier(0.0, 0.0, 0.58, 1.0)。
- ease-in-out: 表示动画以低速开始和结束，cubic-bezier(0.42, 0.0, 0.58, 1.0)。
- friction: 阻尼曲线，cubic-bezier(0.2, 0.0, 0.2, 1.0)。
- extreme-deceleration: 急缓曲线，cubic-bezier(0.0, 0.0, 0.0, 1.0)。
- sharp: 锐利曲线，cubic-bezier(0.33, 0.0, 0.67, 1.0)。
- rhythm: 节奏曲线，cubic-bezier(0.7, 0.0, 0.2, 1.0)。
- smooth: 平滑曲线，cubic-bezier(0.4, 0.0, 0.4, 1.0)。
- cubic-bezier: 在三次贝塞尔函数中定义动画变化过程，入口参数的X值和Y值的取值范围为0~1。
- steps: 阶梯曲线，语法为steps(number[, end|start])。其中，number必须设置，支持的类型为正整数；第二个参数可选，表示在每个间隔的起点或终点发生阶跃变化，支持设置end或start，默认值为end。

（9）animation-direction: 设置动画的播放模式。其模式主要有以下几种：
- normal: 动画正向循环播放。
- reverse: 动画反向循环播放。
- alternate: 动画交替循环播放，奇数次正向播放，偶数次反向播放。
- alternate-reverse: 动画反向交替循环播放，奇数次反向播放，偶数次正向播放。

（10）animation-fill-mode: 指定动画开始和结束的状态。主要包括以下几种：
- none: 在动画执行之前和之后都不会应用任何样式到目标上。
- forwards: 在动画结束后，目标将保留动画结束时的状态（在最后一个关键帧中定义）。
- backwards: 动画将在animation-delay期间应用第一个关键帧中定义的值。当animation-direction为normal或alternate时应用from关键帧中的值，当animation-direction为reverse或alternate-reverse时应用to关键帧中的值。
- both: 动画将遵循forwards和backwards的规则，从而在两个方向上扩展动画属性。

（11）animation-play-state: 指定动画的当前状态。主要包括以下两种：
- paused: 动画状态为暂停。
- running: 动画状态为播放。

（12）transition: 指定组件状态切换时的过渡效果。可以通过transition属性设置如下四个属性：
- transition-property: 规定设置过渡效果的CSS属性的名称，目前支持宽、高、背景色。
- transition-duration: 规定完成过渡效果需要的时间，单位为s。
- transition-timing-function: 规定过渡效果的时间曲线，支持样式动画提供的曲线。
- transition-delay: 规定过渡效果延时启动时间，单位为s。

【例10-2】通过CSS样式实现动画

本例通过CSS样式定义一个动画，该动画实现一个矩形框旋转并放大。动画的开始和结束是通过一个按钮进行控制的，在按钮的点击事件中设置一个布尔变量，该布尔变量控制不同<div>块的显示以实现动画的播放与停止。本例初始状态如图10-2（a）所示，点击"动画开始"按钮，开始按CSS设定的样式进行动画播放，显示结果如图10-2（b）所示。

扫一扫，看视频

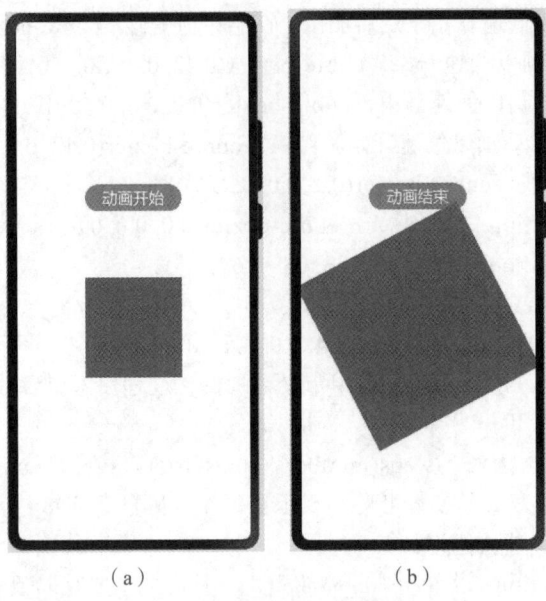

（a）　　　　　　　（b）

图10-2　CSS样式动画

程序源代码如下：

```
<!-- example10_2.hml -->
<div class="container">
  <button onclick="handleClick">{{buttonTitle}}</button>
  <div class="rect" if="{{classFlag}}"></div>
  <div class="space" else></div>
</div>
-----------------------------------------------------------------
/*example10_2.css*/
.container {
  flex-direction: column;
  justify-content: center;
  align-items: center;
  height: 100%;
  width: 100%;
}
button{
  margin-bottom: 100px;
  width: 150px;
  background-color: darkorange;
  height: 40px;
  font-size: 24px;
}
.space{
  width: 150px;                    /*宽度为150px*/
  height: 150px;                   /*高度为150px*/
  background-color:#f76160;        /*背景色为#f76160*/
}
.rect{
  width: 150px;                    /*宽度为150px*/
  height: 150px;                   /*高度为150px*/
  /*动画是线性的，即动画从头到尾的速度都是相同的*/
  animation-timing-function: linear;
  background-color: #f76160;
```

```
    animation: Go 3s infinite;              /*关键帧Go，3s完成动画，infinite无限循环*/
}
@keyframes Go                              /*关键帧Go*/
{
  from {                                   /*动画的初始状态*/
    background-color: #f76160;             /*背景色为#f76160*/
    /*位置0px，旋转角度0度，缩放比例1.0*/
    transform:translate(0px) rotate(0deg) scale(1.0);
  }
  to {                                     /*动画的结束状态*/
    background-color: #09ba07;             /*背景色为#09ba07*/
    /*位置0px，旋转角度180度，缩放比例2.0*/
    transform:translate(0px) rotate(180deg) scale(2.0);
  }
}
————————————————————————————————————————————————————————
//example10_2.js
export default {
  data: {
    classFlag:false,                       //定义classFlag，并设置初始值为false
    buttonTitle:'动画开始'                  //定义按钮标题，并设置初始值为"动画开始"
  },
  handleClick(){
    if(this.classFlag)                     //classFlag为true
      this.buttonTitle='动画开始'          //按钮标题改为"动画开始"
    else                                   //classFlag为false
      this.buttonTitle='动画结束'          //按钮标题改为"动画结束"
    this.classFlag=!this.classFlag         //classFlag取反，用于切换按钮标题
  }
}
```

2. 动画接口

createAnimator()是通过鸿蒙接口创建动画对象的方法。使用该方法前必须使用下面的语句导入Animator。

```
import Animator from "@ohos.animator";
```

createAnimator()方法需要的参数是一个对象，创建animator的语句如下：

```
animator = Animator.createAnimator(options);
```

其中，options对象所设置的属性主要有：

（1）duration：动画播放的时长，单位为ms，默认为0。

（2）easing：动画插值曲线，默认为 ease 。

（3）delay：动画延时播放时长，单位为ms，默认为0，即不延时。

（4）fill：动画启停模式，默认为none。

（5）direction：动画播放模式，默认为normal。

（6）iterations：动画播放次数，默认为1，设置为0时不播放，设置为1时无限次播放。

（7）begin：动画插值起点，不设置时默认为0。

（8）end：动画插值终点，不设置时默认为1。

另外，animator支持的接口主要有：

（1）update：过程中可以使用这个接口更新动画参数，入口参数与createAnimator一致。

（2）play：开始动画。

（3）finish：结束动画。

（4）pause：暂停动画。

（5）cancel：取消动画。

（6）reverse：倒播动画。

【例10-3】通过animator接口实现动画

本例通过animator接口创建动画。先定义一个小圆，然后点击此圆能让这个小圆平滑放大，再次点击该圆又可以平滑缩小到初始状态。初始状态如图10-3（a）所示，点击小圆变成大圆的显示结果如图10-3（b）所示。

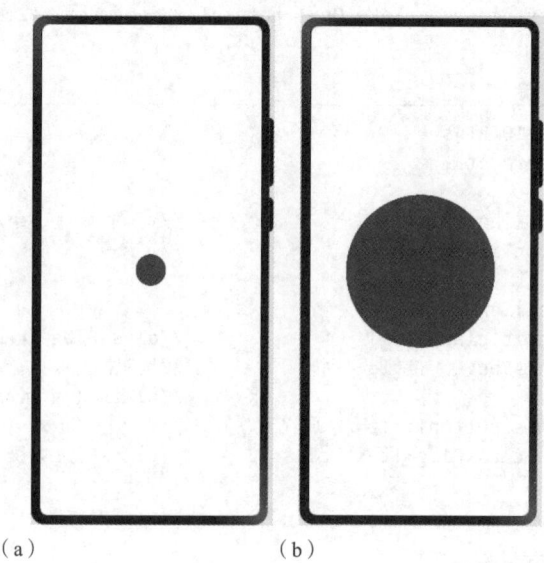

（a）　　　　　　　　　（b）

图10-3　animator接口实现动画

程序源代码如下：

```
<!-- example10_3.hml -->
<div class="container">
  <div class="animation" style="height: {{divHeight}}px; width: {{divWidth}}px;
  border-radius: {{divHeight/2}}px;" onclick="Show" >
  </div>
</div>
--------------------------------------------------------------------
/*example10_3.css*/
.container {
  display: flex;
  justify-content: center;
  align-items: center;
  left: 0px;
  top: 0px;
  width: 100%;
  height: 100%;
}
.animation{
  background-color: blueviolet;
}
```

```
//-----------------------------------------------------------------------
//example10_3.js
import Animator from "@ohos.animator";
export default {
  data : {
    divWidth: 50,
    divHeight: 50,
    animator: null,
    flag: true,
    option: null
  },
  onInit() {
    var options = {                 //定义入口参数options
      duration: 1500,               //动画时长：1500ms
      easing: 'friction',           //动画执行的速度曲线为阻尼曲线
      fill: 'forwards',             //当动画完成后，保持最后一个属性值
      iterations: 1,                //动画播放次数：1次
      begin: 50.0,                  //动画插值起点:50.0
      end: 50.0                     //动画插值终点:50.0
    };
    this.animator = Animator.createAnimator(options);  //创建动画
  },
  Show() {
    var options1 = {
      duration: 2000,
      easing: 'friction',
      fill: 'forwards',
      iterations: 1,
      begin: 50.0,
      end: 250.0
    };
    var options2 = {
      duration: 2000,
      easing: 'friction',
      fill: 'forwards',
      iterations:1,
      begin: 250.0,
      end: 50.0
    };
    if(this.flag)                   //flag变量为true
      this.option= options1         //动画使用options1参数由小变大
    else                            //flag变量为true
      this.option= options2         //动画使用options2参数由大变小
    this.flag=!this.flag            //flag取反
    this.animator.update(this.option);                //更新参数option
    var _this = this;               //使回调函数能够调用data中的数据需要另存指针this
    //逐帧插值回调事件，入口参数为当前帧的插值
    this.animator.onframe = function(value) {
      _this.divWidth = value;   //把插值读到data中定义的divWidth变量中
      _this.divHeight = value;  //把插值读到data中定义的divHeight变量中
    };
    this.animator.play();        //执行动画
  }
}
```

10.1.3 剪切板

鸿蒙系统的剪切板是在内存中开辟的一块动态空间，用来完成复制、粘贴操作。除此之外，有很多程序也可以借用系统的剪切板来完成特定的任务。在鸿蒙设备中，如果需要使用剪切板，首先需要使用如下语句导入剪切板模块。

```
import pasteboard from '@ohos.pasteboard';
```

1. createPlainTextData

createPlainTextData()方法是创建文本类型的PasteData对象，其入口参数是一个字符串，该字符串就是向剪切板写入的数据内容。

2. setPasteData

setPasteData()方法是将数据写入剪切板，并使用callback方式返回结果。

3. getPasteData

getPasteData()方法是读取剪切板中的内容，并使用callback方式返回结果。

【例10-4】剪切板的设置与获取

扫一扫，看视频

本例是访问和设置鸿蒙系统的剪切板，大家应重点体会剪切板的访问和设置方式。本例程序初始的访问结果如图10-4（a）所示。在鸿蒙的备忘录App中输入一段文字"鸿蒙剪切板"，选中这段文字并复制到剪切板，如图10-4（b）所示，然后回到图10-4（a）中，点击"获取系统剪切板内容"按钮，点击后的结果如图10-4（c）所示，剪切板中的内容将显示到屏幕上。

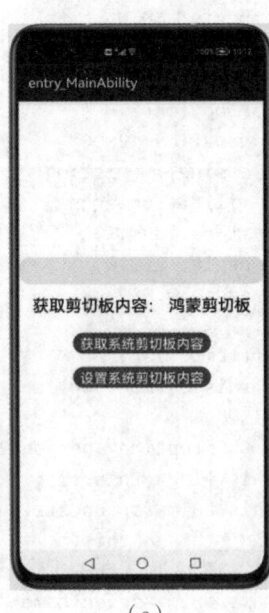

（a）　　　　　　　　　（b）　　　　　　　　　（c）

图10-4　获取剪切板中的内容

在图10-5（a）所示的输入框中输入一段文字"刘老师好"，然后点击"设置系统剪切板内容"按钮，再转到备忘录App中点击"粘贴"按钮，如图10-5（b）所示，"刘老师好"这段文字将会粘贴到备忘录App的输入框中。

（a）　　　　　　　　　（b）

图10-5　设置剪切板中的内容

程序源代码如下：

```html
<!-- example10_4.hml -->
<div class="container">
  <input type="text" onchange="handleInput"></input>
  <text class="title">
    获取剪切板内容：{{title}}
  </text>
  <button onclick="handleGet">获取系统剪切板内容</button>
  <button onclick="handleSet">设置系统剪切板内容</button>
</div>
```

```css
/*example10_4.css*/
.container {
  flex-direction: column;
  justify-content: center;
  align-items: center;
  left: 0px;
  top: 0px;
  width: 100%;
  height: 100%;
}
.title {
  font-size: 24px;
  margin: 15px;
}
button{
  margin: 10px;
  width: 200px;
  height: 30px;
  font-size: 20px;
}
```

```
//example10_4.js
import pasteboard from '@ohos.pasteboard';
export default {
  data: {
    title: '目前是空',
    windowClass:null,
    inputValue:''
  },
  handleGet(){
    var that=this
    //创建系统剪切板
    var systemPasteboard = pasteboard.getSystemPasteboard();
    //创建文本类型的PasteData对象
    var pasteData = pasteboard.createPlainTextData("content");
    //获取系统剪切板中的内容
    systemPasteboard.getPasteData((error, pasteData) => {
      if (error) {
        console.error('Failed to obtain PasteData.' + error.message);
        return;
      }
      //将获取内容放到title变量中，使其能在页面上进行渲染
      that.title= pasteData.getPrimaryText();
    });
  },
  handleSet(){
    //创建系统剪切板
    var systemPasteboard = pasteboard.getSystemPasteboard();
    //创建文本类型的PasteData对象
    var pasteData = pasteboard.createPlainTextData(this.inputValue);
    //设置系统剪切板的内容
    systemPasteboard.setPasteData(pasteData, (error, data) => {
      if (error) {
        console.error('Failed to set PasteData.' + error.message);
        return;
      }
      console.info('PasteData set successfully. ' + data);
    });
  },
  handleInput(e){
    this.inputValue=e.value        //读取用户在文本框中输入的内容
  }
}
```

10.2 系统能力

10.2.1 通知消息

以往的安卓系统直接下拉就可以看到控制中心和最新消息通知，而鸿蒙系统对此显示方式

进行了更改，用户们如果按照以往的常规操作，下拉可能只能调出如图10-6所示的控制中心页面。如果想要调出最新消息通知，则需要在前置摄像头左侧顶部进行下拉。本节就是讲解如何在鸿蒙设备中发送消息通知。

图10-6　控制中心

在鸿蒙应用开发中发送消息通知是使用notification接口实现的，使用notification接口之前必须先进行导入，其使用的语句如下：

```
import notification from '@system.notification';
```

显示通知使用notification.show(OBJECT)方法实现，其参数是一个对象，该对象的属性有以下三个：

（1）contentTitle：通知标题。

（2）contentText：通知内容。

（3）clickAction：通知点击后触发的动作。其包括以下三种：

● bundleName：点击通知后要跳转到的应用的bundleName。

● abilityName：点击通知后要跳转到的应用的abilityName。

● uri：点击通知后要跳转到的uri。需要说明的是，uri可以是页面绝对路径和"/"两种格式。页面绝对路径由配置文件中的pages列表提供，如pages/index/index、pages/detail/detail；如果uri的值是"/"，则跳转到首页。

需要特别说明的是，从API version 7才开始支持notification。notification.show(OBJECT)的语法如下：

```
notification.show({
  contentTitle: '通知标题',
  contentText: '通知内容',
  clickAction: {
    bundleName: '点击通知后要跳转到的应用的bundleName',
    abilityName: '点击通知后要跳转到的应用的abilityName',
    uri: '路径',
  },
});
```

扫一扫，看视频

【例10-5】消息通知

本例中定义了一个文本框和一个按钮，其中文本框是页面的提示消息，按钮是使用notification.show(OBJECT)方法弹出通知消息。初始时的显示结果如图10-7（a）所示，当点击按钮向鸿蒙设备弹出消息后，在鸿蒙的消息通知栏可以读取到弹出的页面消息，如图10-7（b）所示。

（a）   （b）

图10-7　消息通知

程序源代码如下：

```
<!-- example10_5.hml -->
<div class="container">
  <text class="title">
    {{title}}
  </text>
  <button onclick="handleClick">弹出消息</button>
</div>
_____
/*example10_5.css*/
.container {
  flex-direction: column;
  justify-content: center;
  align-items: center;
  left: 0px;
  top: 0px;
  width: 100%;
  height: 100%;
}
.title {
  font-size: 30px;
  text-align: center;
}
button{
  width: 150px;
  font-size: 30px;
```

```
    margin-top: 10px;
  }
------------------------------------------------------------------------
//example10_5.js
import notification from '@system.notification';
export default {
  data: {
    title: '鸿蒙消息通知测试'
  },
  handleClick(){
    notification.show({
      contentTitle: '鸿蒙入门到实战',
      contentText: '本书将在2022年4月份全线发布，敬请期待!',
      clickAction: {
        bundleName: 'com.example.myApplication',
        abilityName: 'entry_MainAbility',
        uri: 'pages/test/mobile/mobile',
      },
    });
  }
}
```

10.2.2 电池和充电属性

鸿蒙系统能力还涉及电量信息模块，在使用电池和充电属性时需要使用batteryInfo接口，而使用该接口之前必须先导入接口模块，使用的语句如下：

```
import batteryInfo from '@ohos.batteryinfo';
```

使用batteryInfo接口获得的电池和充电属性都是只读属性，这些只读属性主要包括以下几个：

（1）batterySOC：表示当前设备剩余电池容量，返回值是数值类型。

（2）chargingStatus：表示当前设备电池的充电状态。返回值及其含义如下：

● NONE:0，表示电池充电状态未知。

● ENABLE:1，表示电池充电状态为使能状态。

● DISABLE:2，表示电池充电状态为停止状态。

● FULL:3，表示电池充电状态为已充满状态。

（3）healthStatus：表示当前设备电池的健康状态，返回值是枚举类型。返回值及其含义如下：

● UNKNOWN:0，表示电池健康状态未知。

● GOOD:1，表示电池健康状态为正常。

● OVERHEAT:2，表示电池健康状态为过热。

● OVERVOLTAGE:3，表示电池健康状态为过压。

● COLD:4，表示电池健康状态为低温。

● DEAD:5，表示电池健康状态为僵死。

（4）pluggedType：表示当前设备连接的充电器类型，返回值是枚举类型。返回值及其含义如下：

● NONE:0，表示连接的充电器类型未知。

● AC:1，表示连接的充电器类型为交流充电器。

- USB：2，表示连接的充电器类型为USB。
- WIRELESS：3，表示连接的充电器类型为无线充电器。

（5）voltage：表示当前设备电池的电压，返回值是数值类型。

（6）technology：表示当前设备电池的技术型号，返回值是字符串类型。

（7）batteryTemperature：表示当前设备电池的温度，返回值是数值类型。

【例10-6】电池和充电性能展示

扫一扫，看视频

本例中定义了一个文本框和一个按钮，其中文本框是页面的提示消息，按钮是使用notification.show(OBJECT)方法弹出通知消息。显示结果如图10-8所示。

程序源代码如下：

```
        <!-- example10_6.hml -->
<div class="container">
  <text class="title">
    {{title}}
  </text>
</div>
--------------------------------------------------------------------------
/*example10_6.css*/
.container {
  display: flex;
  align-items: center;
  left: 0px;
  top: 0px;
  width: 100%;
  height: 100%;
}
.title {
  font-size: 30px;
}
--------------------------------------------------------------------------
// example10_6.js
import batteryInfo from '@ohos.batteryinfo';
const Battery=['充电器类型未知','交流充电器','USB','无线充电器']
const Health=['未知','正常','过热','过压','低温','僵死']
const Plugged=['未知','使能','停止','充满']
export default {
  data: {
    title: 'World'
  },
  onInit(){
    this.title='电池容量: '+batteryInfo.batterySOC+'%'
    this.title+="\n电池充电状态:"+Battery[batteryInfo.chargingStatus]
    this.title+="\n电池的健康状态:"+Health[batteryInfo.healthStatus]
    this.title+="\n连接充电器类型:"+Plugged[batteryInfo.pluggedType]
    this.title+='\n设备电池电压: '+batteryInfo.voltage+'毫伏'
    this.title+='\n电池的技术型号: '+batteryInfo.technology
    this.title+='\n设备电池的温度: '+batteryInfo.batteryTemperature
  }
}
```

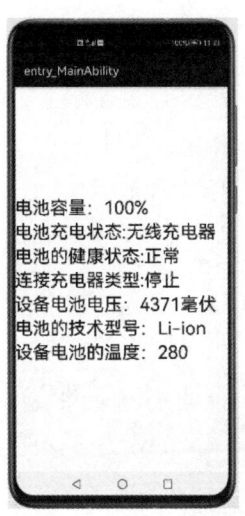

图10-8　电池和充电性能展示

10.2.3　屏幕亮度

鸿蒙的系统能力涉及屏幕亮度模块，在使用屏幕亮度模块时需要使用brightness接口，而使用该接口之前必须先导入接口模块，使用的语句如下：

```
import brightness from '@system.brightness';
```

1. 获取设备当前的屏幕亮度值

获取设备当前的屏幕亮度值使用的是brightness.getValue(OBJECT)方法，该方法的参数是一个对象，其属性包括以下三个：

（1）success：接口调用成功的回调函数，返回屏幕亮度值value，其值是1~255的整数。

（2）fail：接口调用失败的回调函数。

（3）complete：接口调用结束的回调函数。

brightness.getValue(OBJECT)的语法如下：

```
brightness.getValue({
  success: function(data){
    //接口调用成功的回调函数,屏幕亮度返回值使用: data.value
  },
  fail: function(data, code) {
    //接口调用失败的回调函数,调用失败的数据和代码是: data, code
  },
  complete:function(){
    //接口调用结束的回调函数
  }
});
```

2. 设置设备当前的屏幕亮度值

设置设备当前的屏幕亮度值使用的是brightness.setValue(OBJECT)方法，该方法的参数是一个对象，其属性包括以下四个：

（1）value：设置的屏幕亮度值，其值是1~255的整数。需要说明的是，如果值小于等于0，系统按1处理；如果值大于255，系统按255处理；如果值为小数，系统将处理为整数。例如，将值设置为8.1，系统按8处理。

（2）success：接口调用成功的回调函数。

（3）fail：接口调用失败的回调函数。

（4）complete：接口调用结束的回调函数。

brightness.setValue(OBJECT)的语法如下：

```
brightness.setValue({
  value: 100,        //设置的屏幕亮度值
  success: function(){
    //接口调用成功的回调函数
  },
  fail: function(data, code) {
    //接口调用失败的回调函数，调用失败的数据和代码是：data, code
  },
  complete:function(){
    //接口调用结束的回调函数
  }
});
```

3. 获取设备当前的屏幕亮度模式

获取设备当前的屏幕亮度模式使用的是brightness.getMode(OBJECT)方法，该方法的参数是一个对象，其属性包括以下三个：

（1）success：接口调用成功的回调函数，返回值屏幕亮度模式mode是一个数值，其值为0时表示手动调节屏幕亮度模式，为1时表示自动调节屏幕亮度模式。

（2）fail：接口调用失败的回调函数。

（3）complete：接口调用结束的回调函数。

brightness.getMode(OBJECT)的语法如下：

```
brightness.getMode({
  success: function(data){
    //接口调用成功的回调函数，屏幕亮度返回值使用：data.mode
  },
  fail: function(data, code) {
    //接口调用失败的回调函数，调用失败的数据和代码是：data, code
  },
  complete:function(){
    //接口调用结束的回调函数
  }
});
```

4. 设置设备当前的屏幕亮度模式

设置设备当前的屏幕亮度模式使用的是brightness.setMode(OBJECT)方法，该方法的参数是一个对象，其属性包括以下四个：

（1）mode：数值型。

（2）success：接口调用成功的回调函数。

（3）fail：接口调用失败的回调函数。

（4）complete：接口调用结束的回调函数。

brightness.getMode(OBJECT)的语法如下：

```
brightness.getMode({
  mode: 0,           //设置为手动调节屏幕亮度
```

```
    success: function(){
        //接口调用成功的回调函数
    },
    fail: function(data, code) {
        //接口调用失败的回调函数，调用失败的数据和代码是：data, code
    },
    complete:function(){
        //接口调用结束的回调函数
    }
});
```

【例10-7】屏幕亮度值的设置与获取

本例中定义了一个slider组件，该组件用于控制屏幕亮度的数值，其取值范围为0~225，然后用两个按钮进行屏幕亮度值的获取和设置；定义switch组件，用于控制当前屏幕调节是自动调节还是手动调节，再用两个按钮把switch组件设置的值应用到设备上，显示结果如图10-9所示。

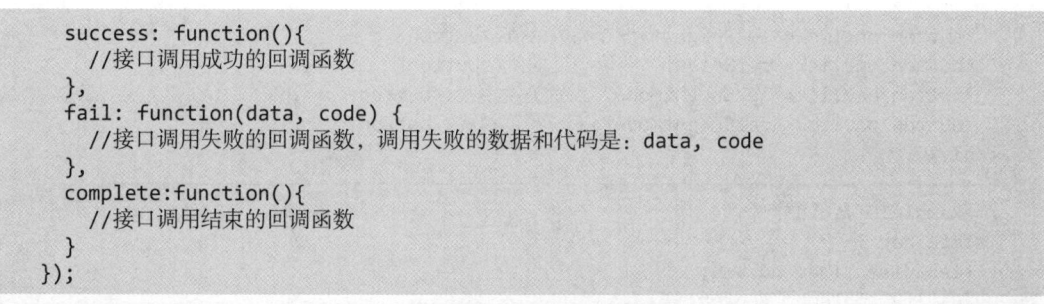

扫一扫，看视频

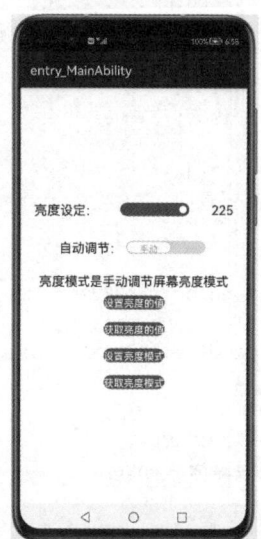

图10-9　电池与充电状态信息

程序源代码如下：

```
<!-- example10_7.html -->
<div class="container">
  <div class="contain">
    <text class="title">亮度设定：</text>
    <slider mode="inset" min="0" max="225" value="{{value}}" onchange="setValue">
    </slider>
    <text class="title">{{brightValue}}</text>
  </div>
  <div>
    <text class="title">自动调节：</text>
    <switch showtext="true" texton="自动" textoff="手动" checked="true"
    @change="switchChange">
    </switch>
  </div>
  <text class="title">
    {{title}}
  </text>
</div>
```

```
    <button onclick="setBright">设置亮度的值</button>
    <button onclick="getBright">获取亮度的值</button>
    <button onclick="setBrightMode">设置亮度模式</button>
    <button onclick="getBrightMode">获取亮度模式</button>
</div>
```

```css
/*example10_7.css*/
.container {
  flex-direction: column;
  justify-content: center;
  align-items: center;
  left: 0px;
  top: 0px;
  width: 100%;
  height: 100%;
}
.contain{
  justify-content: center;
  align-items: center;
  left: 0px;
  top: 0px;
  width: 100%;
}
.contain slider{
  width: 50%;
}
switch{
  texton-color:  #002aff;
  textoff-color: silver;
  text-padding:  20px;
}
.title {
  font-size: 20px;
  text-align: center;
}
button{
  margin: 10px;
}
```

```js
//example10_7.js
import brightness from '@system.brightness';
export default {
  data: {
    title: 'World',
    brightMode:1,
    brightValue:80
  },
  onInit(){
    this.getBright()
  },
  setValue(e){
    this.brightValue = e.value;
  },
  switchChange(e){
    if(e.checked)
    {
      this.brightMode=1
```

```
      }
      else {
        this.brightMode=0
      }
    },
    setBrightMode(){
      var that=this
      brightness.setMode({
        mode: that.brightMode,
        success: function(){
          that.title="屏幕亮度模式设置成功"
        },
        fail: function(data, code){
          console.log('handling set mode fail, code:' + code + ', data: ' + data);
        },
      });
    },
    getBrightMode(){
      var that=this
      brightness.getMode({
        success: function(data){
          if(data.mode===0)
            that.title='亮度模式是手动调节屏幕亮度模式'
          else
            that.title='亮度模式是自动调节屏幕亮度模式'+data.mode
        },
        fail: function(data, code){
          console.log('handling get mode fail, code:' + code + ', data: ' + data);
        },
      });
    },
    getBright(){
      var that=this
      brightness.getValue({
        success: function(data){
          that.brightValue=data.value
          that.title='success get brightness value:' + data.value
        },
        fail: function(data, code) {
          that.title='get brightness fail, code: ' + code + ', data: ' + data
        },
      });
    },
    setBright(){
      var that=this
      brightness.setValue({
        value: that.brightValue,
        success: function(){
          that.title+='handling set brightness success.'
        },
        fail: function(data, code){
         that.title+='handling set brightness value fail, code:' + code + ', data: '+
         data
        },
      });
    }
  }
}
```

10.2.4　地理位置

1.　使用geolocation获取设备的地理位置

鸿蒙设备在使用过程中不可避免地会对当前设备所在的位置进行访问以获取相关的数据。鸿蒙设备通过网络获取数据使用的是geolocation.getLocation(OBJECT)方法，但在使用该方法之前，必须从系统中导入geolocation，其代码如下：

```
import geolocation from '@system.geolocation';
```

该方法的参数是一个对象，该对象中的属性主要包括：

（1）timeout：超时时间，单位为ms，默认值为30000。设置超时是为了防止出现权限被系统拒绝、定位信号弱或者定位设置不当，从而导致请求阻塞的情况，超时后会使用fail回调函数。timeout取值范围为32位正整数，如果设置的值小于等于0，系统按默认值处理。

（2）coordType：坐标系的类型，可通过getSupportedCoordTypes获取可选值，默认值为wgs84。

（3）success：接口调用成功后的回调函数。回调函数带返回值对象，该对象的属性值如下：

● longitude：设备位置的经度信息。
● latitude：设备位置的纬度信息。
● altitude：设备位置的海拔信息。
● accuracy：设备位置的精确度信息。
● time：设备位置的时间信息。

（4）fail：接口调用失败后的回调函数。fail方法返回的错误代码包括：

● 601：获取定位权限失败，失败原因是用户拒绝。
● 602：权限未声明。
● 800：超时，失败原因是网络状况不佳或GPS不可用。
● 801：系统位置开关未打开。
● 802：调用结果未返回前接口又被重新调用，该次调用失败返回错误码。

（5）complete：接口调用结束的回调函数。

geolocation使用的示例如下：

```
import geolocation from '@system.geolocation';
export default {
  handle(){
    geolocation.getLocation({
      success: function(data) {
        //返回值在data对象中
      },
      fail: function(data, code) {
        //返回的错误代码在code中
      },
    });
  }
}
```

2.　获取访问位置权限

在鸿蒙设备中对位置进行访问之前，需要获取相应的权限。在鸿蒙应用开发中，进行权限设置就是对config.json文件进行相应配置，配置的主要步骤是在config.json中的module标签中添加访问位置权限，其代码如下：

```json
"reqPermissions": [
  {
    "reason": "",
    "name": "ohos.permission.LOCATION"
  }
],
```

添加位置如图10-10所示。

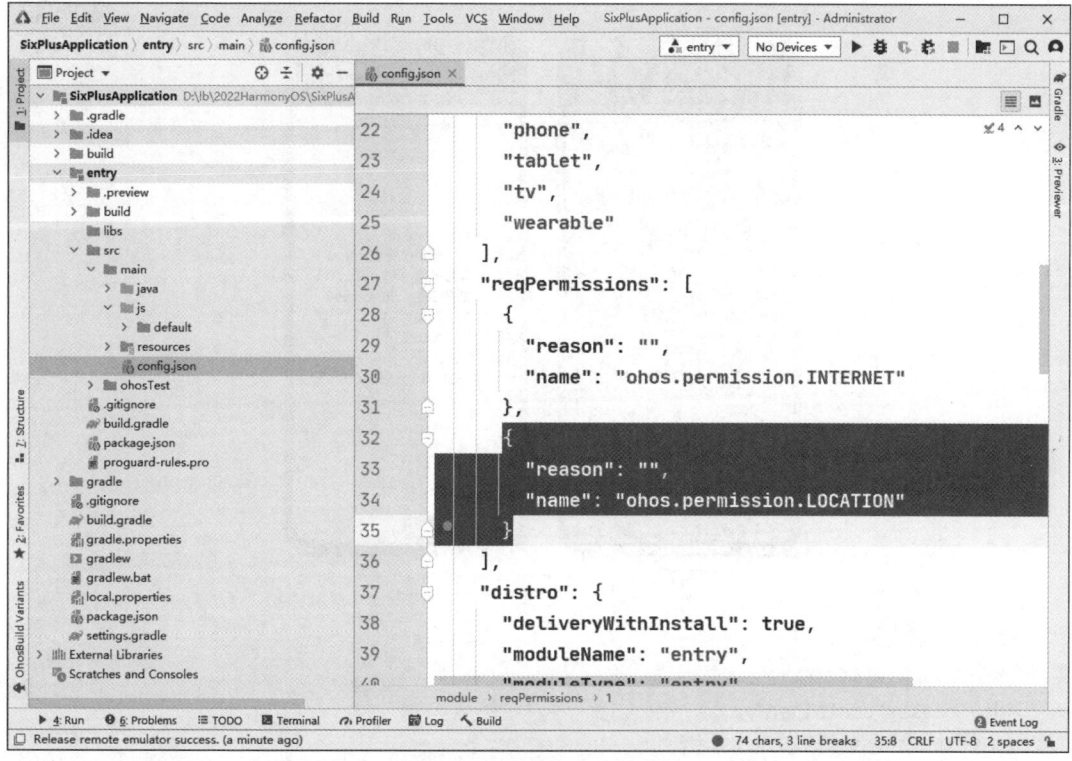

图10-10　添加访问位置权限

3. geolocation.getLocationType(OBJECT)

geolocation.getLocationType(OBJECT)方法用于获取当前设备支持的定位类型。该方法的返回值是一个对象，对象中的属性是三个回调函数，分别是success（接口调用成功的回调函数）、fail（接口调用失败的回调函数）和complete（接口调用结束的回调函数）。success的返回值是一个数组类型，可选的定位类型包括gps和network。

```javascript
geolocation.getLocationType({
  success: function(data) {
    //返回值在data对象中
  },
  fail: function(data, code) {
    //返回的错误代码在code中
  },
});
```

4. geolocation.getSupportedCoordTypes()

geolocation.getSupportedCoordTypes()方法用于获取设备支持的坐标系类型，该方法的返回值是字符串数组，表示坐标系类型，如[wgs84, gcj02]。使用方法如下：

```
var types = geolocation.getSupportedCoordTypes();
```

【例10-8】获取设备位置信息

本例获取了鸿蒙设备的远端模拟器相关的位置信息，大家应重点掌握如何获取这些信息，本例显示结果如图10-11所示。

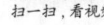

扫一扫，看视频

图10-11 获取设备位置信息

程序源代码如下：

```html
<!-- example10_8.hml -->
<div class="container">
  <text class="title">
    {{title}}
  </text>
</div>
```

```css
/*example10_8.css*/
.container {
  display: flex;
  align-items: center;
  left: 0px;
  top: 0px;
  width: 100%;
  height: 100%;
}
.title {
  font-size: 24px;
}
```

```js
//example10_8.js
import geolocation from '@system.geolocation';
```

```
export default {
  data: {
    title: ''
  },
  onInit(){
    var that=this
    var types = geolocation.getSupportedCoordTypes();
    this.title='坐标系类型：'+types+'\n'
    geolocation.getLocationType({
      success: function(data) {
        that.title+='设备所支持的定位类型：'+ data.types[0]+'\n'
      },
      fail: function(data, code) {
        console.log('fail to get location. code:' + code + ', data:' + data);
      },
    });
    geolocation.getLocation({
      success: function(data) {
        that.title+='设备位置的经度：' +  data.longitude+'\n'
        that.title+='设备位置的纬度：' +  data.latitude+'\n'
        that.title+='设备位置的海拔：' +  data.altitude+'\n'
        that.title+='设备位置的精确度：' +  data.accuracy+'\n'
        var date=new Date(data.time)
        var yearTime=date.getFullYear()+"年"+date.getMonth()+
        "月"+date.getDay()+"日"
        var thisTime=date.getHours()+":"+date.getMinutes()+":"+
        date.getSeconds()
        that.title+='设备位置的时间：'+ '\n'
        that.title+='                    '+ yearTime+thisTime+'\n'
      },
      fail: function(data, code) {
        console.log('fail to get location. code:' + code + ', data:' + data);
      },
    });
  }
}
```

10.3 本章小结

　　本章主要讲解了鸿蒙接口的基本功能和鸿蒙的系统能力，基本功能包括定时器、动画和剪切板，系统能力包括通知消息、电池和充电属性、屏幕亮度以及地理位置等。关于鸿蒙的系统能力这一部分，目前有很多都还是在测试阶段，并且都是从API version 7才开始支持，所以大家在进行相关程序设计时要特别注意生成项目的API version的版本号是否支持相应的接口能力。

10.4 习题

1. 程序阅读，解释下面每一条语句的含义并说明程序运行后的结果。

```
<!-- exercise10_1.hml -->
<div class="container">
  <text class="title">
    {{title}}
  </text>
  <button onclick="myFunction()">点我</button>
</div>
```

```css
/*exercise10_1.css*/
.container {
  flex-direction: column;
  justify-content: center;
  align-items: center;
  left: 0px;
  top: 0px;
  width: 100%;
  height: 100%;
}
.title {
  font-size: 30px;
  text-align: center;
}
button{
  width: 150px;
  height: 50px;
  font-weight: 600;
  margin-top: 20px;
}
```

```js
//exercise10_1.js
export default {
    data: {
        title: ''
    },
    myFunction()
    {
        var that=this;
        setTimeout(function(){
            that.title='hello'
        },3000);
    }
}
```

2. 程序阅读，解释下面每一条语句的含义并说明程序运行后的结果。

```
<!-- exercise10_2.hml -->
<div class="container">
  <text class="titleIn" if="{{isShow}}">
    {{title}}
  </text>
  <button @click="fadeInOut">显示/隐藏</button>
</div>
```

```css
/*exercise10_2.css*/
.container {
  flex-direction: column;
  justify-content: center;
```

```
    align-items: center;
    left: 0px;
    top: 0px;
    width: 100%;
    height: 100%;
}
.titleIn {
    font-size: 30px;
    text-align: center;
    animation: bounce-in 2s;
}
button{
    width: 150px;
    height: 50px;
    font-weight: 600;
    margin-top: 20px;
    font-size: 24px;
}
@keyframes bounce-in {        /*定义关键帧，名称叫bounce-in*/
    0% {
        transform: scale(0);
    }
    50% {
        transform: scale(1.25);
    }
    100% {
        transform: scale(1);
    }
}
------------------------------------------------------------------
//exercise10_2.js
export default {
    data: {
        title: ''
    },
    myFunction()
    {
        var that=this;
        setTimeout(function(){
            that.title='hello'
        },3000);
    }
}
```

10.5 实验 倒计时时钟

1. 实验目的

（1）掌握鸿蒙的几种系统能力的程序设计方法。

（2）掌握定时器的使用方法。

（3）灵活使用CSS样式。

2. 实验内容

实现60s倒计时时钟，倒计时的时间用0~9的数字图片表示，实验结果如图10-12所示。当用户点击"开始"按钮，手表上的计数器减1，当减到0时显示"时间到!"；当用户再次点击"开始"按钮，手表又开始进行60s倒计时。

图10-12　倒计时时钟

数据存储与后台访问能力

本章学习目标：

　　本章主要讲解如何将数据存储到本地鸿蒙设备、如何向网络请求数据，以及如何调用 PA 操纵本地数据库。通过本章的学习，大家应该掌握以下主要内容：

- 鸿蒙设备中的数据的存储与读取。
- 鸿蒙设备向网络发送和请求数据的方法。
- FA 调用 PA。

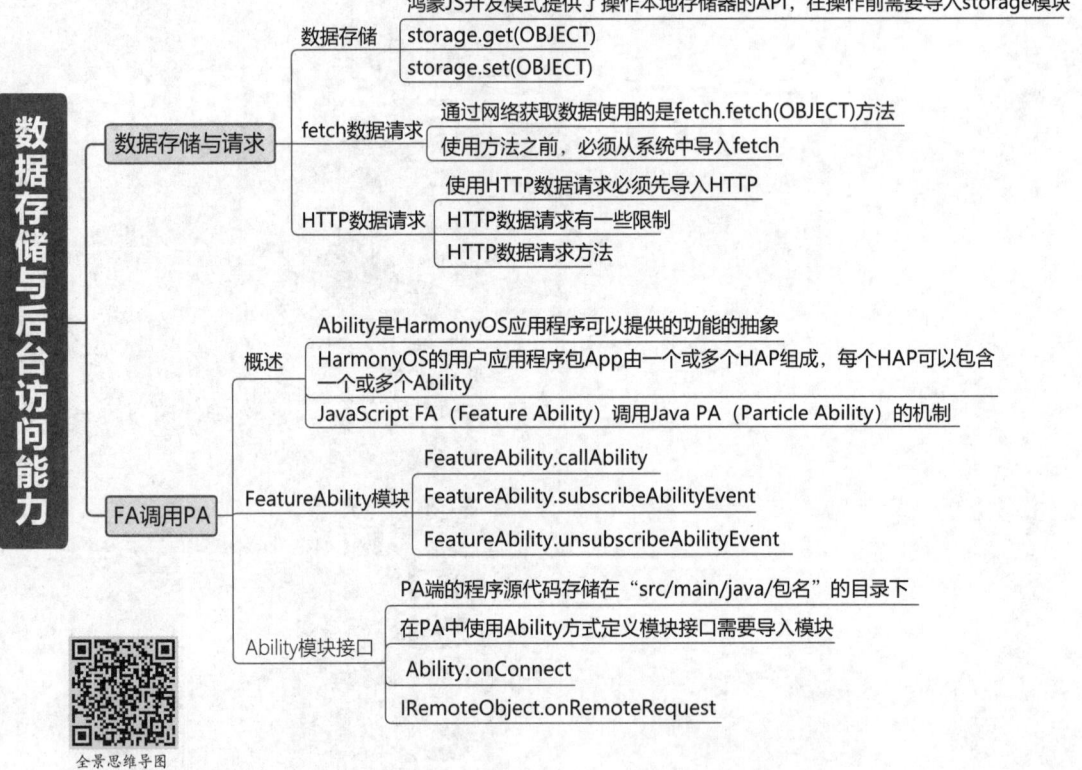

全景思维导图

11.1 数据存储与请求

11.1.1 数据存储

在鸿蒙应用开发时，有时需要将一些数据存储到本地以提升用户体验。例如，在一个电商App中，如果希望用户登录成功后，下次打开App就可以自动登录，则需要将用户信息存储到本地存储器中。鸿蒙JS开发模式提供了操作本地存储器的API，在操作前需要导入storage模块，其代码如下：

```
import storage from '@system.storage';
```

1. storage.get(OBJECT)

storage.get(OBJECT)方法用于读取本地存储器的内容，其参数是一个对象，该对象中的属性主要包括：

（1）key：内容索引键。该值是一个字符串，最大长度为32个字符，且不能包含特殊符号。

（2）default：key不存在时返回的默认值。

（3）success：接口调用成功的回调函数，返回存储的内容。

（4）fail：接口调用失败的回调函数。

（5）complete：接口调用结束的回调函数。

其使用的示例如下：

```
storage.get({
  key: '获取的键名',
  success: function(data) {
    //获取数据成功，返回的键值是data
  },
  fail: function(data, code) {
    //获取数据失败，失败代码是code
  },
  complete: function() {
    //程序调用完成
  },
});
```

2. storage.set(OBJECT)

storage.set(OBJECT)方法用于修改存储的内容，其参数是一个对象，该对象中的属性主要包括：

（1）key：内容索引键。该值是一个字符串，最大长度为32个字符，且不能包含特殊符号。

（2）value：设置的键值，最大值为128。

（3）success：接口调用成功的回调函数，返回存储的内容。

（4）fail：接口调用失败的回调函数。

（5）complete：接口调用结束的回调函数。

其使用的示例如下：

```
storage.set({
```

```
  key: '设置的键名',
  value: '设置的键值',
  success: function() {
    //设置数据成功的回调函数
  },
  fail: function(data, code) {
    //设置数据失败，失败代码是code
  },
  complete: function() {
    //程序调用完成
  },
});
```

【例11-1】本地数据的存储与读取

扫一扫，看视频

本例中定义了两个文本框和两个按钮，其中两个文本框分别用于显示获取的数据和访问的状态，两个按钮分别用于写入数据和获取数据。初始时的显示结果如图11-1（a）所示，当点击"数据写入存储器"按钮时，显示结果如图11-1（b）所示，当点击"读取存储器数据"按钮时，显示结果如图11-1（c）所示。

（a）　　　　　　　　　（b）　　　　　　　　　（c）

图11-1　本地数据的存储与获取

程序源代码如下：

```
<!-- example11_1.hml -->
<div class="container">
  <text class="title">
    Hello {{title}}
  </text>
  <text class="title">
    {{status}}
  </text>
  <button onclick="setStorageData">数据写入存储器</button>
  <button onclick="getStorageData">读取存储器数据</button>
</div>
```

```
/*example11_1.css*/
.container {
  flex-direction: column;
  justify-content: center;
  align-items: center;
  left: 0px;
  top: 0px;
  width:  100%;
  height: 100%;
}
.title {
  font-size: 30px;
  text-align: center;
}
button{
  margin: 10px;
}
————————————————————————————————————————————————————————————————
//example11_1.js
import storage from '@system.storage';
export default {
  data: {
    title: 'Vue.js 3.0',                      //定义标题变量
    status:''                                 //定义数据存储状态变量
  },
  getStorageData(){                           //读取存储器中数据的方法
    //存储当前指针this，以便get方法可以使用that变量读取本页面中定义的数据
    var that=this
    storage.get({                             //存储器的get方法去读取数据
      key: 'storageKey',                      //定义读取数据的键名
      success: function(data) {               //数据读取成功时的回调函数，数据在data中
        that.status='数据读取成功'            //设置读取状态
        that.title=data                       //数据存储并在页面中渲染
      },
      fail: function(data, code) {
        that.status='数据读取失败，代码是：'+ code
      }
    });
  },
  setStorageData(){                           //设置存储器中数据的方法
    let that=this
    storage.set({                             //存储器的set方法去存储数据
      key: 'storageKey',                      //定义存储数据的键名
      value: '鸿蒙',                          //定义存储数据的键值
      success: function() {                   //数据写入成功时的回调函数
        that.status='数据写入成功'            //设置读取状态
      },
      fail: function(data, code) {
        that.status='数据写入失败，代码是： '+ code+"-"+data
      },
    });
  }
}
```

11.1.2　fetch 数据请求

1. fetch数据请求语法

鸿蒙设备通过网络获取数据使用的是fetch.fetch(OBJECT)方法，但在使用该方法之前，必须从系统中导入fetch，其代码如下：

```
import fetch from '@system.fetch';
```

该方法的参数是一个对象，该对象中的属性主要包括：

（1）url：访问网络的统一资源地址URL。

（2）data：请求网络所带的参数，该参数的数据类型是字符串或JSON对象。

（3）header：设置请求的header。

（4）method：请求方法默认为GET，可选值有OPTIONS、GET、HEAD、POST、PUT、DELETE、TRACE。

（5）responseType：默认会根据服务器返回header中的Content-Type确定返回类型，支持文本和JSON格式。

（6）success：接口调用成功的回调函数。

（7）fail：接口调用失败的回调函数。

（8）complete：接口调用结束的回调函数。

其使用的示例如下：

```
import fetch from '@system.fetch'

export default {
  data: {
    responseData: 'NA',
    url: "访问URL地址",
  },
  fetch: function () {
    var that = this;
    fetch.fetch({
      url: that.url,
      success: function(response) {
        //访问成功后的回调函数，返回的数据在response中
      },
      fail: function() {
        //访问失败后的回调函数
      }
    });
  }
}
```

2. 获取网络访问权限

在鸿蒙设备中对网络访问之前，需要获取相应的权限。在鸿蒙应用开发中，进行网络权限设置就是对config.json文件进行相应配置，其配置的主要步骤如下：

（1）在config.json中的module标签中添加访问网络权限，其代码如下：

```
"reqPermissions": [
  {
    "reason": "",
    "name": "ohos.permission.INTERNET"
  }
],
```

添加位置如图11-2所示。

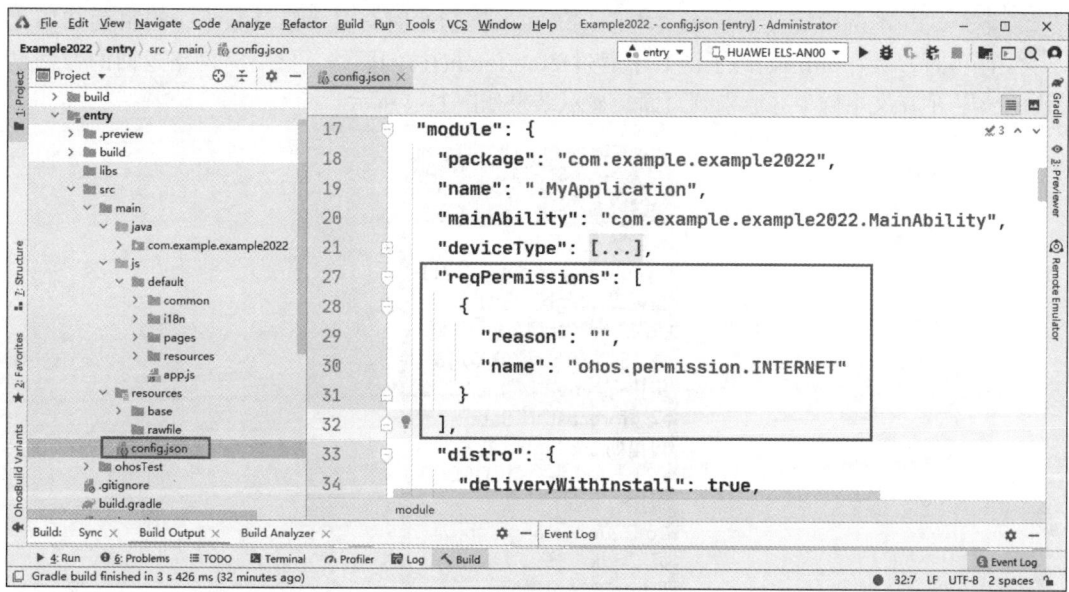

图11-2　添加访问网络权限

（2）默认支持的是HTTPS，如果要支持HTTP，需要在config.json里添加network标签和属性标识 "cleartextTraffic": true，其代码如下：

```
"deviceConfig": {
  "default": {
    "network": {
      "cleartextTraffic": true
    }
  }
}
```

添加位置如图11-3所示。

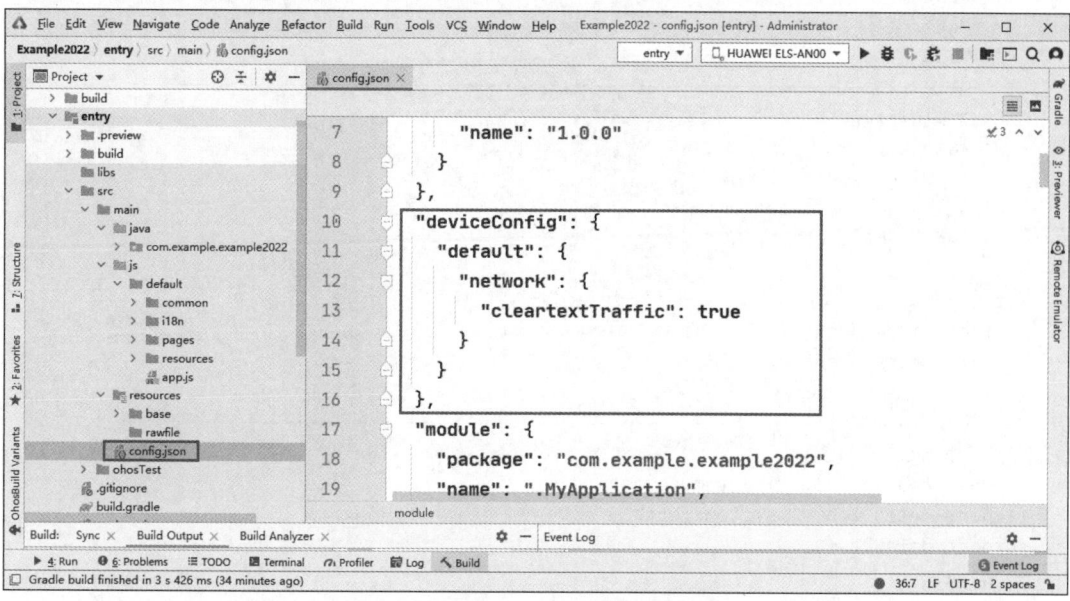

图11-3　添加代码以支持HTTP访问

【例11-2】网络数据的存储与获取

　　本例中定义了一个文本框，该文本框初始时会显示默认数据，当页面初始化时，会在onInit()钩子函数中通过fetch.fetch()访问网络，然后将网络返回的数据显示在文本框中并渲染到页面，显示结果如图11-4所示。

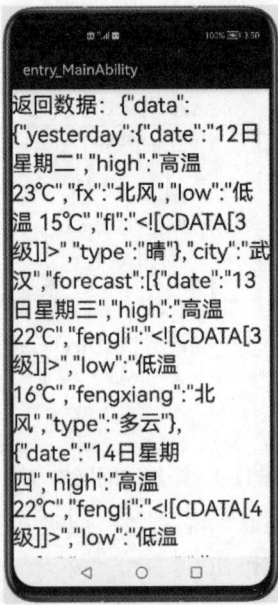

图11-4　网络数据的存储与获取

```
<!-- example11_2.hml -->
<div class="container">
  <div class="container">
    <text class="tet">
      返回数据：{{winfo}}
    </text>
  </div>
</div>
```

```
/*example11_2.css*/
.container {
  flex-direction: column;
  justify-content: center;
  align-items: center;
}
.title {
  font-size: 30px;
  text-align: center;
}
```

```
//example11_2.js
import router from '@system.router';
import fetch from '@system.fetch';
export default {
  data: {
    winfo:"默认数据"
```

```
      },
      goback(){
        router.back();
      },
      onInit() {
        //发起网络请求
        fetch.fetch({
          url:`https://qqlykm.cn/api/api/tq.php?city=武汉`,
          responseType:"json",
          success:(resp)=>
          {
            this.winfo = resp.data;
          },
          //如果获取数据失败则执行以下函数
          fail:(resp)=>
          {
            this.winfo = resp.data;
            console.log("获取数据失败："+this.winfo)
          }
        });
      }
    }
```

11.1.3 HTTP 数据请求

使用HTTP数据请求必须先导入HTTP，其代码如下：

```
import http from '@ohos.net.http';
```

使用HTTP数据请求有一些限制，包括：

（1）需要申请ohos.permission.INTERNET权限。

（2）发起HTTP网络请求限定并发个数为100，超过这一限制的后续请求会失败。

（3）默认支持HTTPS，如果要支持HTTP，需要在config.json里添加network标签。

1. createHttp()

使用HTTP数据请求之前必须先创建一个HTTP，创建对象中包括发起请求、中断请求、订阅/取消订阅HTTP Response Header 事件。每一个HttpRequest对象对应一个HTTP请求。如果需要发起多个HTTP请求，必须为每个HTTP请求创建对应的HttpRequest对象。创建HTTP使用的语句如下：

```
import http from '@ohos.net.http';
let httpRequest = http.createHttp();
```

http.createHttp()方法返回一个HttpRequest对象，该对象的方法包括request、destroy、on和off。

2. HttpRequest()

在调用HttpRequest()方法前，需要先通过createHttp()创建一个任务。HttpRequest()方法的HTTP请求任务有三种不同的使用方法，具体如下：

```
//根据URL地址，发起HTTP网络请求，使用callback方式作为异步方法
request(url: string, callback: AsyncCallback<HttpResponse>):void
//根据URL地址和相关配置项，发起HTTP网络请求，使用callback方式作为异步方法
```

```
request(url: string, options: HttpRequestOptions, callback: AsyncCallback<HttpRespo-
nse>):void
//根据URL地址，发起HTTP网络请求，使用Promise方式作为异步方法
request(url: string, options: HttpRequestOptions): Promise<HttpResponse>
```

其中：

（1）url：发起网络请求的URL地址。

（2）callback：AsyncCallback<HttpResponse>，异步回调函数。

（3）options：发起网络请求时向服务器传递的一些参数。

发起请求的代码片段如下：

```
let httpRequest= http.createHttp();                //创建HTTP对象
httpRequest.request(
  "http://192.168.1.1/index.php?name=lb",          //访问网络请求的URL地址和参数
  {                                                //发起网络请求时向服务器传递的参数对象
    method: 'GET',                                 //GET方法向服务器发起请求
    header: {                                      //HTTP请求头字段
      'Content-Type': 'application/json'
    },
    readTimeout: 60000,                            //读取超时时间，单位为ms
    connectTimeout: 60000                          //连接超时时间，单位为ms
  },
  (err, data) => {                                 //异步回调函数，data是返回数据对象
    if (!err) {
      console.info('Result:' + data.result);       //data.result是返回数据
      console.info('code:' + data.responseCode);   //data.responseCode返回编码
      console.info('header:' + data.header);        //返回头信息
    }
    else {
      console.info('error:' + err.data);            //err是错误对象，err.data是错误数据
    }
  }
);
```

3. on()

HTTP数据请求的on()方法用于订阅HTTP Response Header 事件，其语法格式如下：

```
on(type: 'headerReceive', callback: AsyncCallback<Object>):void
```

其中：

（1）type：订阅的事件类型，当前仅支持headerReceive。

（2）callback：回调函数。

4. off()

HTTP数据请求的off()方法用于取消订阅HTTP Response Header 事件，其语法格式如下：

```
off(type: 'headerReceive', callback: AsyncCallback<Object>):void
```

需要说明的是，可以指定传入on()中的callback取消一个订阅，也可以不指定callback清空所有订阅。

【例11-3】获取Web服务器上的数据

本例是在Apache的Web服务器上读取数据，服务器端程序使用PHP语言编写，其文件名是index.php，其程序代码如下：

```php
<?php
//定义内容类型：application/json，字符集utf-8
header('Content-Type:application/json; charset=utf-8');
//允许所有地址跨域请求
header('Access-Control-Allow-Origin:*');
//允许所有POST、GET请求
header('Access-Control-Allow-Method:POST,GET');
//定义author数组
$authors = array(
array('name' => '张三', 'sex' => '男', 'city' => '大连', 'check' => 'true'),
array('name' => '李四', 'sex' => '女', 'city' => '武汉', 'check' => 'true'),
array('name' => '王五', 'sex' => '女', 'city' => '荆州', 'check' => 'true'),
array('name' => '赵六', 'sex' => '男', 'city' => '武汉', 'check' => 'true'),
);
//以JSON格式返回authors数组
echo json_encode($authors);
?>
```

本例在onInit()生命周期函数中使用HTTP向服务器请求index.php，把返回的数组数据显示在手机页面中，显示结果如图11-5所示。

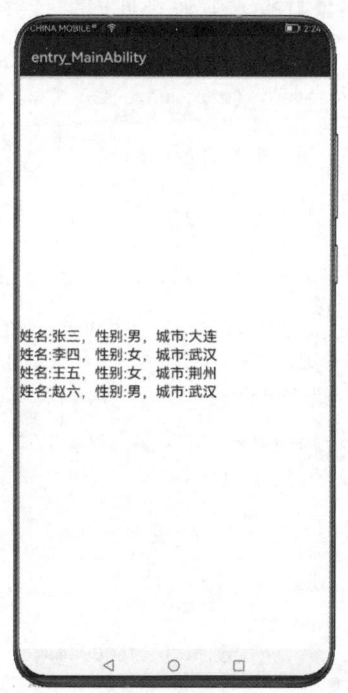

图11-5　获取Web服务器上的数据

```html
<!-- example11_3.hml -->
<div class="container">
  <div for="(index,item) in lists">
    <text class="title">
      姓名:{{item.name}}, 性别:{{item.sex}}, 城市:{{item.city}}
    </text>
  </div>
</div>
```
```
/*example11_3.css*/
```

```
.container {
  flex-direction: column;
  justify-content: center;
  align-items: flex-start;
  height: 100%;
  width: 100%;
}
.title {
  font-size: 20px;
  text-align: center;
}
```

```
//example11_3.js
import http from '@ohos.net.http';
export default {
  data: {
    lists:'',
    msg:''
  },
onInit(){
  //每一个httpRequest对应一个HTTP请求任务，不可复用
  let httpRequest = http.createHttp();
  //用于订阅HTTP响应头，此接口会比request请求先返回。可以根据业务需要订阅此消息
  httpRequest.on('headerReceive', (err, data) => {
    if (!err) {
      console.info('header: ' + data.header);
    } else {
      console.info('error:' + err.data);
    }
  });
  httpRequest.request(
    //填写HTTP请求的url地址，可以带参数也可以不带参数。URL地址需要开发者自定义。GET请求的
    //参数可以在extraData中指定
    "http://192.168.2.103/index.php",
    {
      method: 'GET', //可选，默认为GET
      //开发者根据自身业务需要添加header字段
      header: {
          'Content-Type': 'application/json'
      },
      //当使用POST请求时，此字段用于传递内容
      //extraData: "data to post",
      readTimeout: 60000,        //可选，默认为60000ms
      connectTimeout: 60000      //可选，默认为60000ms
    },(err, data) => {
      if (!err) {
        //data.result为HTTP响应内容，可根据业务需要进行解析
        this.lists= JSON.parse(data.result)
        console.info('code:' + data.responseCode);
        //data.header为HTTP响应头，可根据业务需要进行解析
        console.info('header:' + data.header);
      } else {
        console.info('error:' + err.data);
      }
    });
  }
}
```

如果需要向服务器发送用户名和年龄，再把结果返回到手机页面，则可以使用GET方法修改example11-3.js文件中的URL地址，其地址如下：

```
"http://192.168.2.103/urlAddress.php?username=lb&age=18"
```

服务器端的PHP程序使用$_GET接收提交过来的数据，该PHP程序（urlAddress.php）代码如下：

```php
<?php
//定义内容类型: application/json, 字符集: utf-8
header('Content-Type:application/json; charset=utf-8');
//允许所有地址跨域请求
header('Access-Control-Allow-Origin:*');
//允许所有POST、GET请求
header('Access-Control-Allow-Method:POST,GET');
print_r ("用户名: ".$_GET['username'].", 年龄: ".$_GET['age']);
?>
```

从服务器urlAddress.php返回的结果是一个字符串，其内容如下：

```
用户名: lb, 年龄: 18
```

11.2 FA调用PA

11.2.1 概述

Ability是HarmonyOS应用程序可以提供的功能的抽象。HarmonyOS应用程序的Abilty分为两种类型：Feature Ability（FA）和Particle Ability（PA）。

FA 表示具有UI（User Interface，用户界面）的能力，并旨在与用户进行交互，有多种展现形式，如普通界面形式Page Ability、服务卡片形式Form等，一般使用JS语言实现前台界面。

PA 表示没有UI的能力，并且主要用于提供对FA的支持。例如，提供计算能力作为后台服务Service Ability或提供数据访问能力作为数据存储库Data Ability。两种能力提供了不同的模板，以实现不同的功能。其中，Service Ability提供后台运行任务的能力，如处理复杂后台任务等；而Data Ability用于对外部提供统一的数据访问抽象。Service Ability和Data Ability一般使用Java语言实现。

HarmonyOS的用户应用程序包App由一个或多个HAP组成，每个HAP可以包含一个或多个Ability。当前HarmonyOS Ability具体分类信息见表11-1。

表 11-1 HarmonyOS Ability 具体分类信息

Ability 分类	Ability 模板	用 途	支持语言
FA 交互类	Page Ability	提供与用户交互的能力	Java、JavaScript
PA 逻辑类	Service Ability	提供后台运行任务的能力	Java
	Data Ability	对外提供统一的数据访问抽象	Java

JS UI框架提供的声明式编程使应用开发更加简单，但当前HarmonyOS JS API还不够丰富，无法处理数据等更复杂的业务。为了处理更复杂的业务，同时保证业务数据和UI的解耦，一般会将复杂逻辑放到PA中（即Java端）实现，而界面交互则放到FA中的UI部分（即JS端）实

现，如图11-6所示。

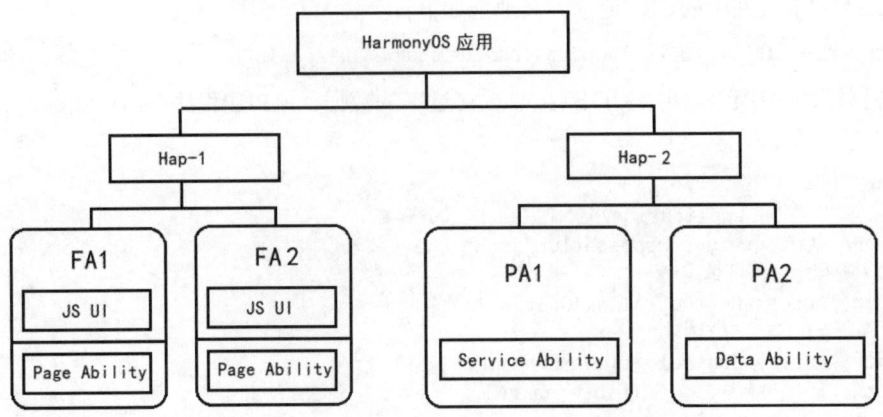

图11-6　使用JS UI框架的HarmonyOS应用开发模型

这就涉及FA与PA的交互，为此，HarmonyOS JS UI框架提供了JS FA调用Java PA的机制，该机制提供了一个通道来传递方法调用、处理数据返回以及订阅事件上报。

（1）FA提供了以下三个JS接口：

● FeatureAbility.callAbility(OBJECT)：调用PA的能力。

● FeatureAbility.subscribeAbilityEvent(OBJECT, Function)：订阅PA的能力。

● FeatureAbility.unsubscribeAbilityEvent(OBJECT)：取消订阅PA的能力。

（2）PA提供了以下两个接口：

● boolean IRemoteObject.onRemoteRequest(int code, MessageParcel data, MessageParcel reply, MessageOption option)：Ability方式，与FA通过RPC方式通信，该方式的优点在于PA可以被不同的FA调用。

● boolean onRemoteRequest(int code, MessageParcel data, MessageParcel reply, MessageOption option)：Internal Ability方式，集成在FA中，适用于与FA业务逻辑关联性强、响应时延要求高的服务。该方式仅支持本FA访问调用。

JS端与Java端通过接口扩展机制进行通信，通过bundleName和abilityName进行关联。在FeatureAbility Plugin收到JS调用请求后，系统根据开发者在JS中指定的abilityType、Ability或Internal Ability选择对应的方式进行处理。开发者在onRemoteRequest()中实现PA提供的业务逻辑，不同的业务通过业务码进行区分。

11.2.2　FeatureAbility 模块

1. FeatureAbility.callAbility

FeatureAbility.callAbility提供调用PA的能力，该方法的返回值是Promise<string>对象，Promise中包含PA返回的结果数据，结果格式为JSON字符串；该方法的入口参数是一个对象，在使用该方法之前，必须先定义入口参数对象的一些属性和属性值，其属性包括以下几种：

（1）bundleName：Ability的包名称，需要与PA端匹配，区分大小写。

（2）abilityName：Ability名称，需要与PA端匹配，区分大小写。

（3）messageCode：Ability操作码，该操作码定义PA的业务功能，需要与PA端约定。

（4）abilityType：Ability类型，对应PA端不同的实现方式。有以下两个取值：

● 0：Ability，拥有独立的Ability生命周期，FA使用远端进程通信并请求PA服务，适用于提供基本服务供多个FA调用或者在后台独立运行的场景。

● 1：Internal Ability，与FA共进程，采用内部函数调用的方式和FA通信，适用于对PA响应时延要求较高的场景，不支持其他FA访问调用能力。

（5）data：发送到Ability的数据，但需要根据不同业务携带相应的业务数据，数据字段名称需要与PA端约定。

（6）syncOption：PA端请求消息处理同步/异步选项，0表示同步方式（默认方式），1表示异步方式。

下面是FA调用PA所使用的代码。

```
const ABILITY_TYPE_EXTERNAL = 0;              //0：采用Ability调用方式
const ACTION_SYNC = 0;                        //0：PA端同步方式请求消息处理
const ACTION_MESSAGE_CODE_PLUS = 1001;        //Ability操作码为1001
calculate: async function() {
  var actionData = {};                        //定义发送到PA中的数据参数对象
  actionData.firstNum = this.numOne;          //第一个数据加入到参数对象
  actionData.secondNum = this.numTwo;         //第二个数据加入到参数对象
  var action = {};                            //定义入口参数对象
  //入口参数的bundleName 属性，即Ability的包名称
  action.bundleName = 'com.example.javajscommunication';
  //入口参数的abilityName属性，即Ability的名称
  action.abilityName = 'com.example.javajscommunication.ServiceAbility';
  //入口参数的messageCode，即Ability操作码，在PA读取该码，从而确定执行什么操作
  action.messageCode = ACTION_MESSAGE_CODE_PLUS;
  //入口数据参数，定义传送给PA的数据
  action.data = actionData;
  action.abilityType = ABILITY_TYPE_EXTERNAL; //0：表示采用Ability调用方式
  action.syncOption = ACTION_SYNC;            //0：表示同步方式
  //await是等待一个FeatureAbility.callAbility异步方法执行完成，结果返回到result
  var result = await FeatureAbility.callAbility(action);
}
```

2. FeatureAbility.subscribeAbilityEvent

FeatureAbility.subscribeAbilityEvent方法用于订阅PA的事件上报。其出口参数是Promise<string>对象，Promise中包含订阅PA返回的结果数据，结果格式为JSON字符串，入口参数与FeatureAbility.callAbility方法的入口参数类似，其属性主要包括bundleName、abilityName、messageCode、abilityType和syncOption。

3. FeatureAbility.unsubscribeAbilityEvent

FeatureAbility.unsubscribeAbilityEvent方法用于取消订阅PA的事件上报。其入口参数和出口参数与FeatureAbility.subscribeAbilityEvent方法相同。

11.2.3 Ability 模块接口

PA端的程序源代码存储在"src/main/java/包名"目录下。例如，如果使用的包名是"com.example.login"，那创建的service程序源代码就存储在"src/main/java/com.example.example2022"目录下。创建service的方法是在包名上右击，在弹出的快捷菜单中选择New→Ability→Empty Service Ability（见图11-7），弹出如图11-8所示的对话框，在该对话框中的Service ability name输入框中输入Service Ability，以创建Service程序。

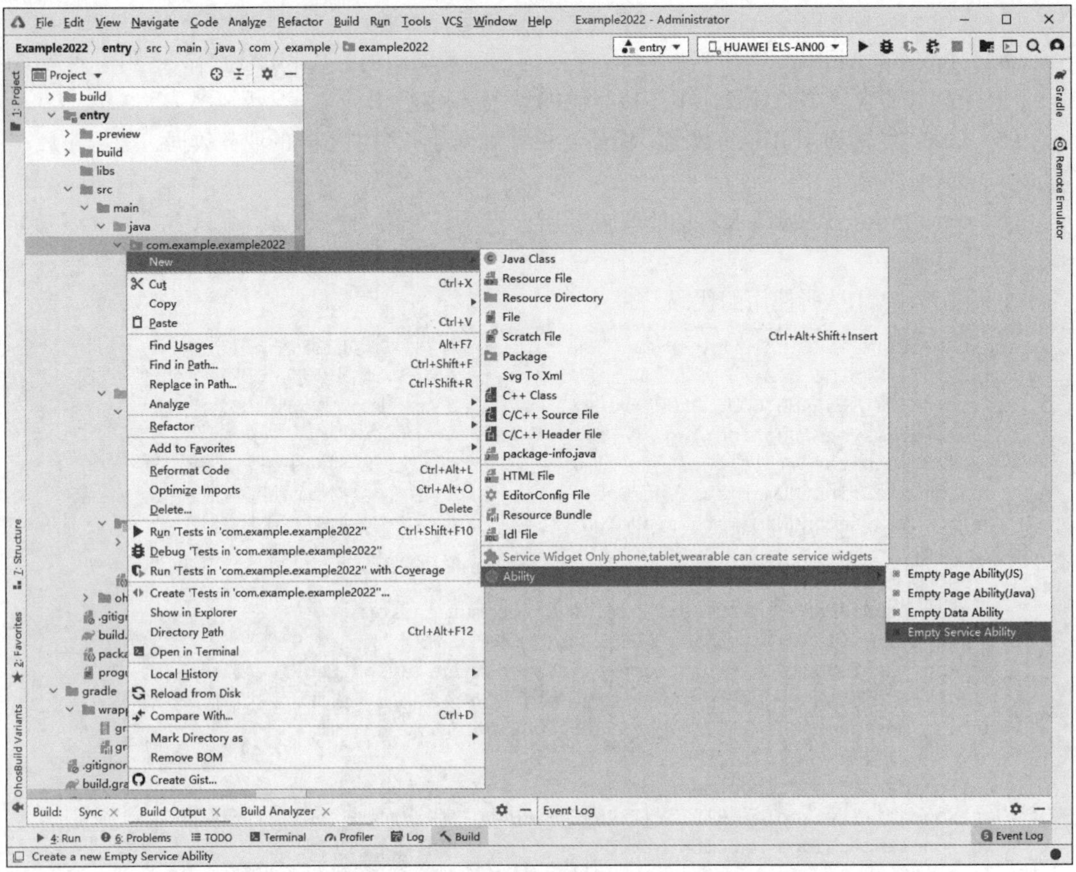

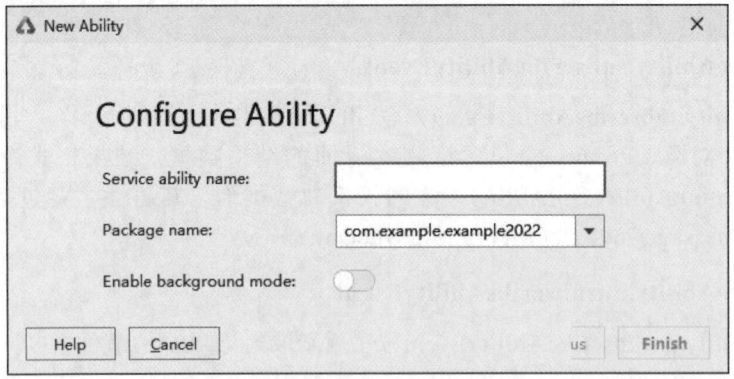

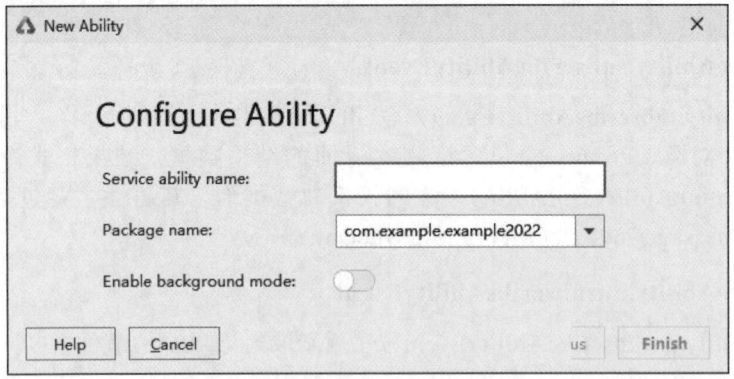

图 11-7　创建 Service Ability

图 11-8　输入 Service Ability 名称

在 PA 中使用 Ability 方式定义模块接口需要导入以下模块：

```
import ohos.aafwk.ability.Ability;
import ohos.rpc.RemoteObject;
```

1. Ability. onConnect

Ability.onConnect 方法是开发者 PA 首次被 FA 连接时的回调方法，并返回 IRemoteObject 对象，该对象是 Service 的代理对象，用于后续的业务通信。开发者需要继承 Ability 类并重写该方法。其入口参数是 Intent，含义是 Service 的连接信息，其使用的源代码如下：

```
@Override
public IRemoteObject onConnect(Intent intent) {
  super.onConnect(intent);
  return remote.asObject();              //remote是自定义的RemoteObject对象
}
```

2. IRemoteObject.onRemoteRequest

IRemoteObject.onRemoteRequest方法是将JS端携带的操作请求业务码、业务数据等按业务要求执行完成后，返回响应给JS端的方法。开发者需要自定义一个方法来继承RemoteObject类并重写onRemoteRequest方法。使用该方法的语句格式如下：

```
public boolean onRemoteRequest(int code, MessageParcel data, MessageParcel reply,
MessageOption option) {
  //业务操作
}
```

其入口参数说明如下：

（1）code：JS端发送的业务请求编码（PA端的定义需要与JS端的业务请求码保持一致）。

（2）data：JS端发送的MessageParcel对象，当前仅支持JSON字符串格式。

（3）reply：将本地业务响应返回给JS端的MessageParcel对象，当前仅支持String格式。

（4）option：指示操作是同步方式还是异步方式。

onRemoteRequest方法处理业务的程序如下：

```
class MyRemote extends RemoteObject implements IRemoteBroker {
  private static final int ACTION_MESSAGE_CODE_PLUS_SUB = 1002;  //订阅
  private static final int ACTION_MESSAGE_CODE_PLUS_UNSUB = 1003; //取消订阅
  private static final int SUCCESS = 0;
  private IRemoteObject remoteObjectHandler;
  MyRemote() {
    super("MyService_MyRemote");
  }
  @Override
  public boolean onRemoteRequest(int code, MessageParcel data, MessageParcel reply,
  MessageOption option) {
  switch (code) {
    case ACTION_MESSAGE_CODE_PLUS_SUB: {
      remoteObjectHandler = data.readRemoteObject();              //获取请求参数对象
      String zsonStr = data.readString();                        //获取参数字符串

        ...//业务处理

      //返回结果，关键字段应与JS方协商
    Map<String, Object> zsonResult = new HashMap<String, Object>();zsonResult.
    put("code", SUCCESS);
      //将map对象转成JSON字符串，并返回给JS端
      reply.writeString(ZSONObject.toZSONString(zsonResult));
      return true;
    }
    case ACTION_MESSAGE_CODE_PLUS_UNSUB: {
      ... //业务处理
    }
    default: {
      ... //业务处理
    }
  }
}
```

扫一扫，看视频

11.2.4 实例

【例11-4】FA调用PA实现进度条

　　本例通过FA在页面上显示一个进度条，通过PA每15ms返回数据来使进度条前进。在FA上设置两个按钮，"下载"按钮用于向PA发出订阅消息，"取消下载"按钮用于向PA发出撤销订阅消息，实现结果如图11-9所示。

图11-9　FA调用PA实现进度条

程序源代码如下：

```html
<!-- example11_4.hml -->
<div class="container">
  <progress if="{{isShow}}" type="ring" percent="{{message}}">
    加载中
  </progress>
  <text if="{{isShow}}">下载中{{message}}%...</text>
  <button on:click="subscribe" class="txt">下载</button>
  <button on:click="unsubscribe" class="txt">取消下载</button>
</div>
```

```css
/*example11-4.css*/
.container {
  flex-direction: column;
  justify-content: center;
  align-items: center;
  height: 100%;
  width: 100%;
}
button{
  padding: 10px 20px;
  width: 80%;
}
.txt {
  margin-bottom: 10px;
}
```

```javascript
//example11_4.js
import prompt from '@system.prompt';
```

```
// 0：采用Ability调用方式；  1：采用Internal Ability调用方式
const ABILITY_TYPE_EXTERNAL = 0;
// 0：同步；  1：异步
const ACTION_SYNC = 0;
//订阅模式
const ACTION_MESSAGE_CODE_PLUS_SUB = 1002;
//取消订阅
const ACTION_MESSAGE_CODE_PLUS_UNSUB = 1003;
export default {
  data: {
    message: 0,                        //进度条数值
    isShow: false                      //控制提示（加载中）的显示和隐藏
  },
  onShow() {
    this.message = 0;
  },
  /*请求开启订阅模式*/
  subscribe: async function() {
    this.isShow = true;                //显示进度条内容
    var that = this;
    var actionData = {};
    actionData.firstNum = that.message;
    var action = {};
    action.bundleName = 'com.example.login';
    action.abilityName = 'com.example.login.ServiceAbility';
    action.messageCode = ACTION_MESSAGE_CODE_PLUS_SUB;
    action.data = actionData;
    action.abilityType = ABILITY_TYPE_EXTERNAL;
    action.syncOption = ACTION_SYNC;
    await FeatureAbility.subscribeAbilityEvent(action,
    function (callbackData) {
      //将JSON字符串转化成JSON对象
      var callbackJson = JSON.parse(callbackData);
      that.message = callbackJson.   data.abilityEvent;
      if (that.message == 100) {       //message为100时进行跳转计算页面
        that.unsubscribe();            //取消订阅
        that.isShow = false;           //隐藏进度条
      }
    })
  },
  /*请求取消订阅，JAVA端停止返回数据*/
  unsubscribe: async function() {
    var action = {};
    action.bundleName = 'com.example.login';
    action.abilityName = 'com.example.login.ServiceAbility';
    action.messageCode = ACTION_MESSAGE_CODE_PLUS_UNSUB;
    action.abilityType = ABILITY_TYPE_EXTERNAL;
    action.syncOption = ACTION_SYNC;
    var result = await FeatureAbility.unsubscribeAbilityEvent(action);
    var ret = JSON.parse(result);
    if (ret.code == 0) {
      prompt.showToast({
        message: '取消下载成功'
      })
    }
    else
    {
      prompt.showToast({
        message: '取消下载失败'
```

```
      })
    }
  }
}
```

本例所调用的PA是Service Ability，其创建方式是在src/main/java/com.example.example2022上右击，在弹出的快捷菜单中选择New→Ability→Empty Service Ability，在弹出的对话框中输入文件名ServiceAbility，创建被调用的Service Ability（见图11-7和图11-8）。

ServiceAbility.java程序源代码如下：

```java
package com.example.example2022;
import ohos.aafwk.ability.Ability;
import ohos.aafwk.content.Intent;
import ohos.rpc.*;
import ohos.hiviewdfx.HiLog;
import ohos.hiviewdfx.HiLogLabel;
import ohos.utils.zson.ZSONObject;
import java.util.HashMap;
import java.util.Map;
public class ServiceAbility extends Ability {
  private static final HiLogLabel LABEL_LOG = new HiLogLabel(3, 0xD001100, "Demo");
  private MyRemote remote = new MyRemote();
  private int number = 0;
  MessageOption option = new MessageOption();
  Map<String, Object> zsonEvent = new HashMap<String, Object>();
  ResaultParams param;

  @Override
  public void onStart(Intent intent) {
    HiLog.error(LABEL_LOG, "ServiceAbility::onStart");
    super.onStart(intent);
  }

  @Override
  public void onBackground() {
    super.onBackground();
    HiLog.info(LABEL_LOG, "ServiceAbility::onBackground");
  }

  @Override
  public void onStop() {
    super.onStop();
    HiLog.info(LABEL_LOG, "ServiceAbility::onStop");
  }

  @Override
  public IRemoteObject onConnect(Intent intent) {
    super.onConnect(intent);
    return remote.asObject();
  }

  class MyRemote extends RemoteObject implements IRemoteBroker {
    private static final int ACTION_MESSAGE_CODE_PLUS_SUB = 1002;
    private static final int ACTION_MESSAGE_CODE_PLUS_UNSUB = 1003;
    private static final int SUCCESS = 0;
    //开启下载状态：  true为可以下载， false 为停止下载
    private boolean go = true;
    private IRemoteObject remoteObjectHandler;
    MyRemote() {
      super("MyService_MyRemote");
```

```
      }
    @Override
    public boolean onRemoteRequest(int code, MessageParcel data, MessageParcel
    reply, MessageOption option) {
      switch (code) {
        case ACTION_MESSAGE_CODE_PLUS_SUB: {
          go = true;                                        //开启可以下载状态
          remoteObjectHandler = data.readRemoteObject(); //获取请求参数对象
          String zsonStr = data.readString();              //获取参数字符串
          try {
            //将字符串对象转成RequestParam实例
            param = ZSONObject.stringToClass(zsonStr, ResaultParams.class);
          }
          catch (RuntimeException e) {}
          startNotify(param);                               //给JS端发送信息
          //返回结果，关键字段应与JS方协商

          Map<String, Object> zsonResult = new HashMap<String, Object>();
          zsonResult.put("code", SUCCESS);
          //将map对象转成JSON字符串，并返回给JS端
          reply.writeString(ZSONObject.toZSONString(zsonResult));
          return true;
        }
        case ACTION_MESSAGE_CODE_PLUS_UNSUB: {
          go = false; //停止方法startNotify中的while循环，停止往JS端发送消息
          Map<String, Object> zsonResult = new HashMap<String, Object>();
          zsonResult.put("code", SUCCESS);
          reply.writeString(ZSONObject.toZSONString(zsonResult));
          return true;
        }
        default: {
          Map<String, Object> zsonResult = new HashMap<String, Object>();
          zsonResult.put("abilityError", "传输错误");
          reply.writeString(ZSONObject.toZSONString(zsonResult));
          return false;
        }
      }
    }
    /*
    开启线程，按照5×3每15ms的频率返回数据给JS端。JAVA发送给JS的数据，
    JS端会通过订阅JAVA PA的回调函数实时获取到
    */
    public void startNotify(ResaultParams param) {
      number = param.getFirstNum();                        //从请求中获取当前进度值
      new Thread(() -> {                                   //开启线程
        while (go) {
          try {
            Thread.sleep(5 * 3);                           //线程睡眠15ms后继续往下执行
            //创建索引为0的空MessageParcel对象
            MessageParcel data = MessageParcel.obtain();
            MessageParcel reply = MessageParcel.obtain();
            zsonEvent.put("abilityEvent", number++);
            //当number超过100 时，go状态设为false，下载结束
            if (number == 101) {
              go = false;
            }
            //数据存到MessageParcel载体
            data.writeString(ZSONObject.toZSONString(zsonEvent));
            remoteObjectHandler.sendRequest(100, data, reply, option); //发送
            reply.reclaim();                               //回收
            data.reclaim();
```

```
                }
                catch (RemoteException | InterruptedException e) {
                    break;
                }
            }
        }).start();
    }
    @Override
    public IRemoteObject asObject() {
        return this;
    }
  }
}
```

参数传递模型是定义传递参数的类型和设置/获取的方法，是通过一个Java类程序来承担的。本例中是把该程序建立在文件夹src/main/java/com.example.example2022（见图11-10）中，右击该文件夹，在弹出的快捷菜单中选择New→Java Class，在弹出的对话框中输入文件名ResaultParams.java，其程序源代码如下：

```
package com.example.example2022;
public class ResaultParams {
    private int firstNum;
    public int getFirstNum() {
        return firstNum;
    }
}
```

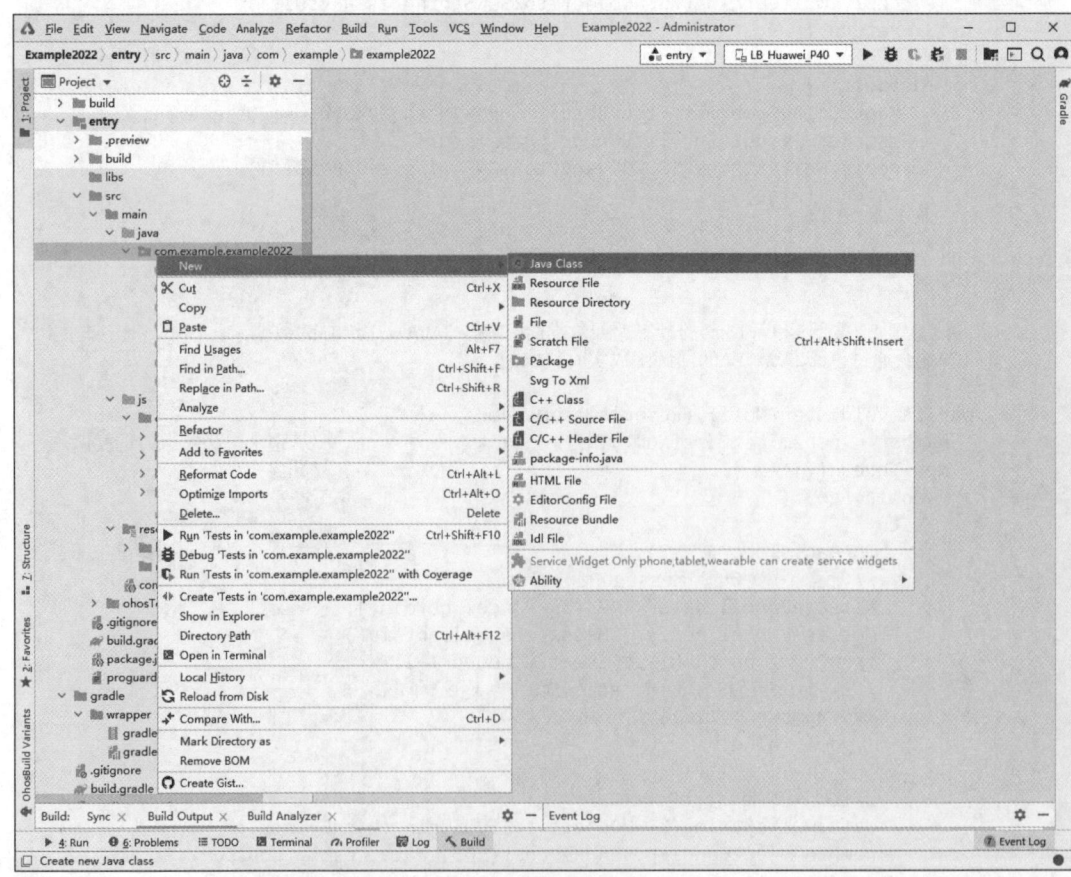

图11-10　新建Java类

【例11-5】FA调用PA实现数据库的访问

目前在HarmonyOS 3.0的FA端进行应用开发时，其对数据库的支持还不够全面，仅能通过调用PA实现数据库的增、删、改、查等访问。本例是在FA端JS文件的onInit()生命周期函数中调用PA端中读取到的数据库中的数据，并把返回的数据用列表的方式显示在手机屏幕上，如图11-11所示。

扫一扫，看视频

序号	用户名	手机号
1	LiuBing	13712345678
2	WangQ	18012345678
3	LiuYD	15012345678
4	LiuX	18112345678
5	李四	13812345678

图 11-11　数据列表显示

程序源代码如下：

```
<!-- example11_5.hml -->
<div class="container">
  <list class="todo-wrapper">
    <!-- 显示表头 -->
    <list-item class="todo-item">
      <text class="todo-title todo-number">序号</text>
      <text class="todo-title">用户名</text>
      <text class="todo-title">手机号</text>
    </list-item>
    <!--根据userName和userPhone数组中的数据展开成数据表的数据-->
    <!--userName和userPhone数组中的数据个数是相同的-->
    <list-item for="{{(index,item) in userName}}" class="todo-item">
      <text class="todo-title todo-number">{{index+1}}</text>
      <text class="todo-title">{{item}}</text>
      <text class="todo-title">{{userPhone[index]}}</text>
    </list-item>
  </list>
</div>
--------------------------------------------------------------------
/*example11_5.css*/
.container {
  flex-direction: column;
  justify-content: center;
  align-items: center;
  left: 0px;
  top: 0px;
```

数据存储与后台访问能力

335

```
    height: 100%;
    width: 100%;
  }
  .todo-wrapper,.todo-item  {
    border: 1px solid grey;
    background-color: beige;
  }
  .todo-title {
    width: 40%;
    height: 50px;
    font-size: 20px;
    text-align: center;
    border-right: 1px solid grey;
  }
  .todo-number{
    width: 20%;
  }
```

```
//example11_5.js
//0：采用Ability调用方式；1：采用Internal Ability调用方式
const ABILITY_TYPE_EXTERNAL = 0;
//0：同步；1：异步
const ACTION_SYNC = 0;
//调用模式：查询数据，要与PA端协调
const ACTION_MESSAGE_CODE_ADD_LIST = 1005;
export default {
  data: {
    message: '',                          //用于存储错误信息
    userName:[],                          //用于存储返回数据表的用户名的数组
    userPhone:[]                          //用于存储返回数据表的手机号的数组
  },
  onInit(){                               //初始化钩子函数
    this.listUser()                       //调用访问数据表的方法
  },
  listUser: async function() {
    var actionData = {};        //定义传递给PA端的数据，类型是一个对象
    var action = {};
    //定义访问的数据包名
    action.bundleName = 'com.example.example2022;
    //定义要访问PA端的Ability名，此处是AccessDbServiceAbility
    action.abilityName = 'com.example.example2022.AccessDbServiceAbility';
    //定义信息代码
    action.messageCode = ACTION_MESSAGE_CODE_ADD_LIST;
    //定义向PA端传递的数据，此处是空，即没有数据传递给PA端
    action.data = actionData;
    action.abilityType = ABILITY_TYPE_EXTERNAL;    //定义采用Ability调用方式
    action.syncOption = ACTION_SYNC;               //定义同步方式
    //访问FA端，其入口参数是action，在action中定义的包名、Ability名、访问代码、传递的数
        据、Ability调用方式、同步方式等，返回结果为result字符串
    var result = await FeatureAbility.callAbility(action);
    //把字符串转换成JSON数组
    var ret = JSON.parse(result);
    //ret.code为0，表示数据返回成功
    if (ret.code == 0) {
      //ret.abilityResult是返回的数据，把该对象转换成字符串getDbData
      var getDbData= JSON.stringify(ret.abilityResult);
      //getDbData字符串中的每一条数据表记录的数据用'/'分隔
```

```
        //用'/'先把字符串分成多条数组
        var arrayDbData=getDbData.split('/')
        //遍历数据表的字符串数组
        for(var i=0;i<arrayDbData.length-1;i++){
          //数据表的三个字段在返回时是以逗号隔开的，所以先用逗号把这三个字段分隔成数组
          var itemDbData=arrayDbData[i].split(',')
          //把userName加入数组，使用splice的原因是鸿蒙要求数组使用该方法才能响应到页面
          this.userName.splice(i, 0, itemDbData[1])
          //把userPhone加入数组
          this.userPhone.splice(i, 0, itemDbData[2])
        }
      } else {
        this.message = 'java端传回的数据报错' + JSON.stringify(ret.code);
      }
    }
}
```

根据图11-7所示的创建Service Ability的步骤创建一个可以访问数据库的Ability，其文件名是AccessDbServiceAbility，程序源代码如下：

```
package com.example.example2022;
import ohos.aafwk.ability.Ability;
import ohos.aafwk.ability.DataAbilityHelper;
import ohos.aafwk.ability.DataAbilityRemoteException;
import ohos.aafwk.content.Intent;
import ohos.data.dataability.DataAbilityPredicates;
import ohos.data.rdb.ValuesBucket;
import ohos.data.resultset.ResultSet;
import ohos.hiviewdfx.HiLog;
import ohos.rpc.*;
import ohos.hiviewdfx.HiLogLabel;
import ohos.utils.net.Uri;
import ohos.utils.zson.ZSONObject;
import java.util.HashMap;
import java.util.Map;

public class AccessDbServiceAbility extends Ability {
  private static final HiLogLabel LABEL_LOG = new HiLogLabel(3, 0xD001100, "Demo");
  private MyRemote remote = new MyRemote();
  //DataAbilityHelper是用于数据操作的帮助程序类
  DataAbilityHelper dataAbilityHelper;
  //Ability类的起始方法
  @Override
  public void onStart(Intent intent) {
    HiLog.error(LABEL_LOG, "AccessDbServiceAbility::onStart");
    super.onStart(intent);
    //定义DataAbilityHelper帮助程序类的实例
    dataAbilityHelper= DataAbilityHelper.create(this);
  }
  //FA在请求PA服务时会调用Ability.connectAbility连接PA，连接成功后，需要在onConnect返回
  //一个remote对象，供FA向PA发送消息
  @Override
  protected IRemoteObject onConnect(Intent intent) {
    super.onConnect(intent);
    return remote.asObject();
  }
  class MyRemote extends RemoteObject implements IRemoteBroker {
```

```
//ACTION_MESSAGE_CODE_LIST_USER是FA端和PA端设定的用于查询用户功能的编码
private static final int ACTION_MESSAGE_CODE_LIST_USER = 1005;
//读取数据表成功后设定返回值是SUCCESS，此处设为0
private static final int SUCCESS = 0;
private IRemoteObject remoteObjectHandler;
MyRemote() {
  super("MyService_MyRemote");
}
//远程请求onRemoteRequest方法，其中
//code：JS端请求时带来的请求码
//data：JS端请求时带来的数据，目前仅支持JSON格式，Java端通过data.readString()获取请
//求的JSON字符串
//reply：Java端返回给JS端的数据，目前仅支持String格式，通过reply.writeString(str)写
//入返回数据
//option：JS端指定同步或异步方式
@Override
public boolean onRemoteRequest(int code, MessageParcel data, MessageParcel
reply, MessageOption option) {
  switch (code) {
    case ACTION_MESSAGE_CODE_LIST_USER:{       //查询用户
      //先向数据库中写入5条记录数据
      addUser("LiuBing","13712345678");
      addUser("WangQ","18012345678");
      addUser("LiuYD","15012345678");
      addUser("LiuX","18112345678");
      addUser("李四","13812345678");
      //连接数据库及数据表的地址
      Uri uri=Uri.parse(
            "dataability:///com.example.example2022.ResultUser/users");
      //定义读取数据表中的哪些字段
      String[] columns={"userId","userName","userTel"};
      //生成一个没有参数的查询
      DataAbilityPredicates dataAbilityPredicates=new DataAbilityPredicates();
    String getDbData="";
    //读取数据库中的数据，把返回结果写入字符串getDbData
    try {
      //根据uri中所定义的数据表去查询，并把返回的记录集存入rs
      ResultSet rs=dataAbilityHelper.query(
                                    uri,columns,dataAbilityPredicates);
      //读取数据表中获取的数据记录个数，并存入rowCount变量
      int rowCount=rs.getRowCount();
      //如果查询的数据记录不是0，说明有查询到的数据记录
      if(rowCount>0){
        rs.goToFirstRow();        //查询指针指向数据表的第一条数据记录
        do{
          //获取数据指针所指向记录的userId、username、userTel
          int userId=rs.getInt(rs.getColumnIndexForName("userId"));
          String username=rs.getString(1);
          String userTel=rs.getString(2);
          //把读取到的数据表数据组合成字符串添加到getDbData字符串的后面
          getDbData+=userId+","+username+","+userTel+"/";
          //数据表指针指向下一条记录，如果没有下一条记录，则结束循环
        } while (rs.goToNextRow());
      }
    } catch (DataAbilityRemoteException e) {
      e.printStackTrace();
    }
```

```
        //新建<String, Object>键值对数组zsonResult
        Map<String, Object> zsonResult = new HashMap<>();
        //向zsonResult 放入数据，包括code（0）和返回的数据表字符串getDbData
        zsonResult.put("code", SUCCESS);
        zsonResult.put("abilityResult", getDbData);
        //将数组zsonResult转换成字符串，返回给FA端
        reply.writeString(ZSONObject.toZSONString(zsonResult));
        return true;
      }
      default: {
        Map<String, Object> zsonResult = new HashMap<String, Object>();
        zsonResult.put("abilityError", "传输错误");
        reply.writeString(ZSONObject.toZSONString(zsonResult));
        return false;
      }
    }
  }
  @Override
  public IRemoteObject asObject() {
    return this;
  }
  //向数据表中写入1条记录数据，入口参数是用户名userName和手机号userPhone
  public void addUser(String userName,String userPhone){
    //新建UserModel的对象param
    UserModel param = new UserModel();
    //准备并生成向数据表写入的数据
    ValuesBucket valuesBucket=new ValuesBucket();
    valuesBucket.putString("userName",userName);
    valuesBucket.putString("userTel",userPhone);
    //设置操纵users数据表的Ability地址，其名称是ResultUser
    Uri uri=Uri.parse("dataability:///com.example.example2022.ResultUser/users");
    try {
      //根据valuesBucket中放入的数据和uri地址，向数据表中插入数据
      //增加几条数据赋值给i
      int i=dataAbilityHelper.insert(uri,valuesBucket);
    } catch (DataAbilityRemoteException e) {
      e.printStackTrace();
    }
  }
 }
}
```

创建一个用户数据模型UserModel，创建步骤如图11-10所示。UserModel数据模型有3个字段，分别是userId、userName和userTel，其源代码如下：

```
package com.example.example2022;
public class UserModel {
  private int userId;
  private String userName;
  private String userTel;

  public int getUserId() {
    return userId;
  }

  public void setUserId(int userId) {
    this.userId = userId;
```

```
  }

  public String getUserName() {
    return userName;
  }

  public void setUserName(String userName) {
    this.userName = userName;
  }

  public String getUserTel() {
    return userTel;
  }

  public void setUserTel(String userTel) {
    this.userTel = userTel;
  }
}
```

定义的数据库名是UserStore.db，使用ResultUser.java类对数据库UserStore.db中的users数据表进行数据的增、删、改、查。ResultUser.java类使用Data Ability实现，其创建方法是在src/main/java/com.example.example2022上右击，在弹出的快捷菜单中选择New→Ability→Empty Data Ability（见图11-12），在弹出的对话框中输入文件名ResultUser。

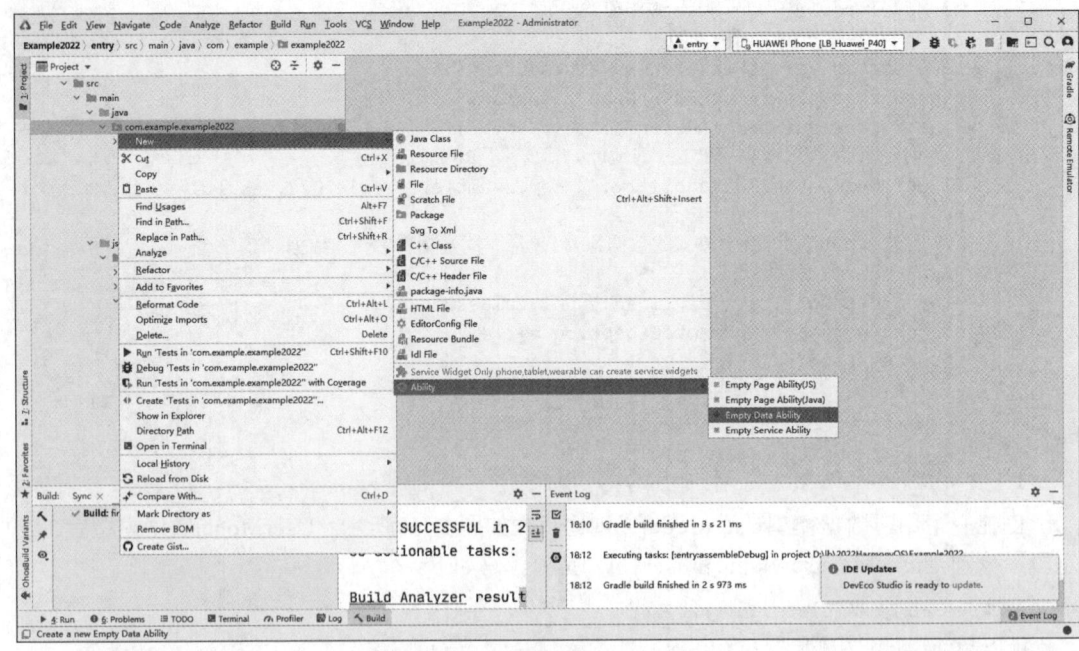

图11-12 创建Data Ability

程序源代码如下：

```
package com.example.example2022;
import ohos.aafwk.ability.Ability;
import ohos.aafwk.content.Intent;
import ohos.data.DatabaseHelper;
import ohos.data.dataability.DataAbilityUtils;
import ohos.data.rdb.*;
import ohos.data.resultset.ResultSet;
```

```
import ohos.data.dataability.DataAbilityPredicates;
import ohos.hiviewdfx.HiLog;
import ohos.hiviewdfx.HiLogLabel;
import ohos.utils.net.Uri;
import ohos.utils.PacMap;
import java.io.FileDescriptor;
public class ResultUser extends Ability {
  private static final HiLogLabel LABEL_LOG = new HiLogLabel(3, 0xD001100, "Demo");
  //RdbStore对象表示与数据库的连接，通过此对象可以对数据表中的数据进行操作
  private RdbStore rdbStore;
  //StoreConfig对象关联数据文件配置，相当于创建或者打开UserStore.db数据库
  StoreConfig config=StoreConfig.newDefaultConfig("UserStore.db");
  private RdbOpenCallback callback=new RdbOpenCallback() {
    @Override
    public void onCreate(RdbStore rdbStore) {
      //数据库首次创建时调用，数据表中有userId、userName、userTel 3个字段
      //其中userId为整型、主键且自增长，userName和userTel为文本型且不能为空
      rdbStore.executeSql("create table if not exists users(userId integer primary
      key autoincrement,userName text not null,userTel text not null unique)");
    }
    @Override
    public void onUpgrade(RdbStore rdbStore, int i, int i1) {
      //数据库升级时调用（版本号变更时）
    }
  };
  @Override
  public void onStart(Intent intent) {
    super.onStart(intent);
    HiLog.info(LABEL_LOG, "ResultUser onStart");
    //创建一个数据库助手用于访问数据库
    DatabaseHelper helper=new DatabaseHelper(this);
    //建立数据库连接，获取RDB存储
    rdbStore=helper.getRdbStore(config,1,callback);
  }
  @Override
  //数据表查询，参数uri是使用鸿蒙设备所操控的数据表的ability地址
  //参数columns是查询结果所返回的数据表中的那些字段
  //参数predicates是查询的条件，如果该参数为空，则默认查询所有记录
  public ResultSet query(Uri uri, String[] columns, DataAbilityPredicates
  predicates) {
    RdbPredicates rdbPredicates= DataAbilityUtils.createRdbPredicates(
    predicates,"users");
    ResultSet resultSet=rdbStore.query(rdbPredicates,columns);
    return resultSet;
  }
  @Override
  //在数据表中插入一条记录
  public int insert(Uri uri, ValuesBucket value) {
    int i=-1;
    String path=uri.getLastPath();
    if("users".equalsIgnoreCase(path)){
      i=(int)rdbStore.insert("users",value);
    }
    return i;
  }
  //在数据表中根据predicates条件删除符合要求的记录
  @Override
```

数
据
存
储
与
后
台
访
问
能
力

```
public int delete(Uri uri, DataAbilityPredicates predicates) {
    RdbPredicates rdbPredicates=DataAbilityUtils.createRdbPredicates(
    predicates,"users");
    int i=rdbStore.delete(rdbPredicates);
    return i;
}
//在数据表中根据predicates条件更新符合要求的记录，更新的值存储在value中
@Override
public int update(Uri uri, ValuesBucket value, DataAbilityPredicates predicates)
{
    RdbPredicates rdbPredicates=DataAbilityUtils.createRdbPredicates(predicates,"users");
    int i = rdbStore.update(value,rdbPredicates);
    return i;
}
}
```

11.3 本章小结

　　11.1节详细讲解了将数据存储到本地存储器的方法，通过这种存储方法可以实现一些需要将数据临时存储到本地的任务，如购物车中的临时数据、用户的登录信息等。同时讲解了从远端服务器获取数据的两种方法：fetch数据请求和HTTP数据请求。在向服务器发送请求的过程中使用PHP语言制作了Web服务器端程序，如果大家不了解PHP语言，则可以查阅相关资料进行学习，本书使用的Web服务器是Apache。11.2节详细讲解了FA如何调用PA，在这种调用PA的方式里对本地数据库进行了读写操作，如果大家对Java程序设计不是很熟悉，则可以查阅相关资料进行学习。

11.4 习题

　　阅读程序，解释下面每一条语句的含义并说明程序运行后的结果。

```
<!-- exercise11_1.html -->
<div class="container">
  <div class="container">
    <button onclick="getInternet">访问服务器数据</button>
    <text class="text">
      返回数据：{{winfo}}
    </text>
  </div>
</div>
------------------------------------------------------------------
/*exercise11_1.css*/
.container {
  flex-direction: column;
  justify-content: center;
  align-items: center;
}
.title {
  font-size: 30px;
```

```
    text-align: center;
  }
  ---------------------------------------------------------------------------
  //exercise11_1.js
  import fetch from '@system.fetch';
  export default {
    data: {
      winfo:"默认数据"
    },
    getInternet(){
      fetch.fetch({
        url:`http://192.168.2.103/`,
        responseType:"json",
        success:(resp)=>
        {
          this.winfo = resp.data;
        },
        fail:(resp)=>
        {
          this.winfo = resp.data;
          console.log("获取数据失败: "+this.winfo)
        }
      });
    },
    onInit() {
      this.getInternet()
    },
  }
```

需要说明的是，从服务器端"http://192.168.2.103/"返回的数据是"Hello World"，其PHP服务器端的源代码如下：

```
<?php
  echo 'Hello World';
?>
```

11.5 实验　数据的上传与获取

1. 实验目的

（1）掌握fetch数据请求的方法。

（2）掌握HTTP数据请求的方法。

（3）掌握页面各种组件的使用方法。

2. 实验内容

手机页面上的显示结果如图11-13（a）所示，定义两个文本框：一个用于输入用户名，一个用于输入密码；另外定义一个"登录"按钮，用于把用户输入的数据提交到服务器。在服务器上接收用户输入的数据，并把接收的数据返回到手机页面，其实现结果如图11-13（b）所示。

（a）　　　　　　　　　　（b）

图11-13　数据的上传与获取

【提示】

（1）此处仅给出服务器端PHP的参考程序，其源代码如下：

```php
<?php
print_r("用户名: ".$_GET["un"]);          //获取用户名
print_r("\n密    码: ".$_GET["pwd"]);      //获取密码
?>
```

（2）上传数据到服务器的地址请参考以下字符串模板：

```
`http://192.168.2.103/index.php?un=${that.userName}&&pwd=${that.userPassword}`
```

综合案例——基于鸿蒙的网上书城的设计与实现

本章学习目标：

    本章通过讲解网上书城 App 的制作过程，对本书学习的内容进行综合实训，另外需要了解在完成一个 App 项目时应该如何进行项目准备和分析。通过本章的学习，大家应该掌握以下主要内容：

- 鸿蒙 App 项目的准备。
- 鸿蒙 App 项目的配置。
- 综合运用鸿蒙应用开发的基础知识。
- 鸿蒙提供的组件进行页面布局和相关组件的运用能力。

12.1　案例分析

12.1.1　案例功能分析

　　如今，线上电商平台发展迅速，传统的线下门店已经不能满足用户的需求，同时也难以维持门店的正常运营，许多线下门店都加入了互联网电子商务平台以提高销售业绩。本案例就是结合实际项目——网上书城来让大家体会鸿蒙应用开发在实际项目中的综合运用。

1. 商品展示筛选

　　在本案例中，用户对于图书的选择和购买与线下操作方式不完全一样，但也可以实现像线下那样的对于图书的挑选功能。通过后台上传相应的图书信息以及各种图书的介绍，用户可以直接在App中筛选图书，当点击不同的图书时，会有图书的详细介绍。App主页面如图12-1所示。

2. 商品分类

　　图书按照不同的分类呈现给消费者，如图12-2所示。在图12-2顶部有书籍和商品的切换按钮，中间的左侧有图书或商品的分类导航 。

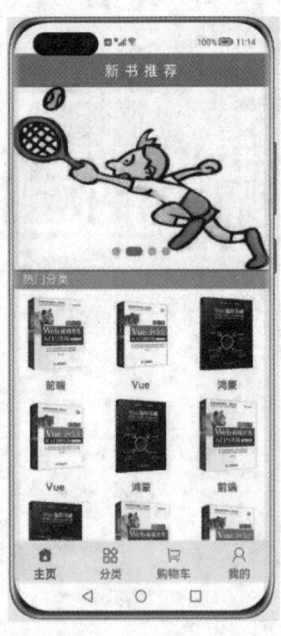
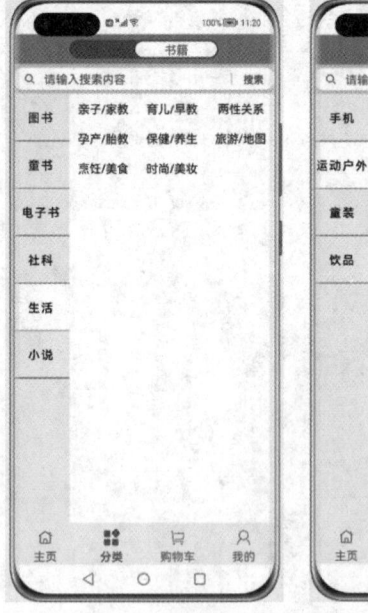
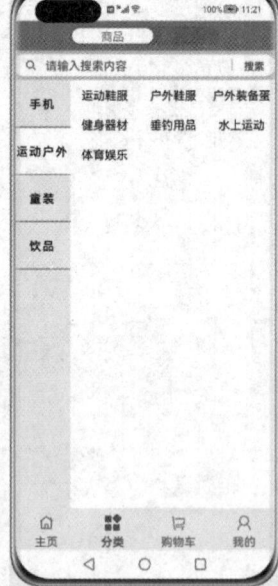

图12-1　图书展示　　　　　　　　　图12-2　商品分类

3. 在线购物车

　　就像用户在线下购买商品一样，此App也具有在线购物车功能，用户可以直接将商品添加到购物车中，这使得购买更容易进行，购物车如图12-3所示。

4. 个人中心

本案例为了简单，在个人中心仅完成显示当前用户和切换用户两个功能，如图12-4所示。

图12-3　购物车　　　　　　　　图12-4　个人中心

12.1.2　项目相关设置

首先创建一个App项目，然后对项目进行一些设置，主要包括消除页面顶部标题、修改手机上的App名字和App图标。

扫一扫，看视频

1. 消除页面顶部标题

在鸿蒙运行过程中，默认在手机设备上都会有一个页面顶部标题，如图12-5（a）所示，页面标题默认值是entry_MainAbility。如果需要消除此页面标题，可以在config.json文件的module模块中添加以下代码：

```
"metaData": {
  "customizeData": [
    {
      "name": "hwc-theme",
      "value": "androidhwext:style/Theme.Emui.Light.NoTitleBar"
    }
  ]
}
```

添加完之后再次重新运行项目就消除了页面标题，如图12-5（b）所示。

（a）有页面顶部标题 （b）消除页面顶部标题

图12-5　App页面顶部标题

2. 修改手机上的App名字

在把App安装到手机上后，手机上的App名字使用的是默认值entry_MainAbility，如图12-6（a）所示。如果需要修改App名字，可以在config.json文件的module模块的abilities数组中的label属性中进行设置，设置位置如下面的下划线部分所示。

```
"module": {
  "abilities": [
    {
      "skills": [
      "visible": true,
      "name": "com.example.login.MainAbility",
      "icon": "$media:icon",
      "description": "$string:mainability_description",
      "label": "$string:entry_MainAbility",
      "type": "page",
      "launchType": "standard"
    }
  ],
}
```

label的属性值是$string:entry_MainAbility，调用的是resources/base/element/string.json文件中的entry_MainAbility，其代码如下：

```
//string.json文件
{
    "string": [
    {
      "name": "entry_MainAbility",
      "value": "entry_MainAbility"
    },
    {
```

```
        "name": "mainability_description",
        "value": "JS_Login Ability"
      }
    ]
  }
```

把string.json文件中的entry_MainAbility对应的值改为"王者购书"即可修改手机上的App名字，修改后的内容如下［修改后的结果见图12-6（b）］：

```
//string.json文件
{
  "string": [
    {
      "name": "entry_MainAbility",
      "value": "王者购书"
    },
    {
      "name": "mainability_description",
      "value": "JS_Login Ability"
    }
  ]
}
```

（a）　　　　　　　（b）

图12-6　修改App名字

3. 修改手机上的App图标

在把App安装到手机上后，手机上的App图标是默认图标（见图12-6）。如果需要修改App图标，可以新建一个图标文件，该图标文件必须存储在resources/base/media中，如图12-7所示，并且文件名的后缀是.png。使用自定义图标文件前，需要进行设置，设置位置如下面的下划线部分所示。

```
"module": {
  "abilities": [
    {
      "skills": [
      "visible": true,
      "name": "com.example.login.MainAbility",
      "icon": "$media:icon",
      "description": "$string:mainability_description",
      "label": "$string:entry_MainAbility",
      "type": "page",
      "launchType": "standard"
    }
  ],
}
```

设置好图标文件之后，手机上的运行结果如图 12-8 所示。

图 12-7　图标文件存储位置

图 12-8　修改 App 图标

12.2　详细设计

12.2.1　广告页与登录页

　　每次打开本案例的 App 时，首先会弹出一个 10s 的广告，在广告页可以使用定时器倒计时 10s 来结束广告页并进入登录页，也可以通过点击页面左上角的"跳过"按钮来结束广告页并进入登录页。广告页如图 12-9（a）所示，登录页如图 12-9（b）所示。

（a）　　　　　　（b）

图12-9　广告页与登录页

1. 广告页

为了简单起见，广告页仅写了一段文字，在实际项目中，可以根据不同的季节或用户的喜好由美工制作一些精美的图片展示在文字所在区域，或者把这些图片作为最外层的div块的背景展示。本例中展示的文字在HML文件中实现，源代码如下：

```
<text class="title">
  {{$t('strings.adTitle')}}
</text>
```

而$t('strings.adTitle')的数据是在/common/i18n/zh-CN.json中定义的，其定义的数据如下面的下划线部分所示。

```
{
  "strings": {
    "adTitle": "广告页",
    "title": "标题",
    "email": "邮箱",
    "login": "登录",
    "password": "密码",
    "privacyStatement": "隐私声明",
    "problem": "遇见问题",
    "forget_password": "忘记密码"
  }
}
```

另外，定时器是通过JS文件中的生命周期函数onInit()实现的。在页面加载完成后启动定时器，相当于每秒执行一次回调函数，代码如下：

```
onInit(){
  var that=this
  timeId=setInterval(function(){
```

```
    that.count--                        //计数器值减1
    if(that.count===0){                 //计数器等于0时
      clearInterval(timeId)             //清除定时器
      router.replace({                  //修改路由到登录页
        uri: 'pages/index/index',
      });
    }
  },1000)                               //定时1s
}
```

初始值count设置为10，每秒执行一次回调，把count的值先减1，然后判断count的值是否为0，如果为0就使用clearInterval()方法清除定时器，再使用页面跳转的router.replace()方法转移到登录页面。此处需要强调的是，this指针在进入onInit()生命周期函数时能起作用，但是再进入setInterval()方法时，this指针指向的不是原来的对象，也就是说，在setInterval()方法内不能通过this访问在data对象中定义的数据，所以为了能够在setInterval()方法内访问到data中定义的数据，可以通过在onInit()方法内定义变量that来存储原来的this对象。

当用户不想等到10s之后再进入登录页时，通过点击广告页上的"跳过"按钮可以立即进入登录页。按钮在HML文件中的源代码如下：

```
<button onclick="handleJump" class="btn">跳过</button>
```

"跳过"按钮的点击事件触发函数在JS文件中的源代码如下：

```
handleJump(){
  router.replace({
    uri: 'pages/index/index',
  });
}
```

广告页的完整代码如下：

```
<!--adPage.hml-->
<div class="container">
  <div class="timeJump">
    <button onclick="handleJump" class="btn">跳过</button>
    <text class="timeText">{{count}}</text>
  </div>
  <text class="title">
    {{$t('strings.adTitle')}}
  </text>
</div>
_____
/*adPage.css*/
.container {
  display: flex;
  flex-direction: column;
  width: 100%;
  left: 0px;
  top: 0px;
}
.title {
  font-size: 30px;
  text-align: center;
  width: 100%;
  height: 90%;
}
```

```css
.timeJump{
  width: 100%;
  padding: 10px;
}
.btn{
  width: 100px;
  margin: 8px;
  height: 30px;
}
.timeText{
  background-color: orange;
  width: 40px;
  height: 40px;
  border-radius: 20px;
  font-size: 20px;
  color: white;
  text-align: center;
  font-weight: 600;
  margin-left: 140px;
}
```

```js
//adPage.js
import router from '@system.router';
let timeId;
export default {
  data: {
    count:10
  },
  onInit(){
    var that=this
    timeId=setInterval(function(){
      that.count--
      if(that.count===0){
        clearInterval(timeId)
        router.replace({
          uri: 'pages/index/index',
        });
      }
    },1000)
  },
  handleJump(){
    router.replace({
      uri: 'pages/index/index',
    });
  }
}
```

2. 登录页

在登录页中有用户名和密码两个输入框，密码输入框中有一个密码可见和不可见的切换按钮图标 👁，如图12-10所示。其实现原理是动态修改<input>组件的type属性，当type属性为password时，是密码输入框，用户输入的密码不可见，同时还要修改对应的<img>组件中的src属性；当type属性为text时，是文本输入框，用户输入的密码可见，同时修改对应的<img>组件中的src属性。其在HML文件中的源代码如下：

扫一扫，看视频

353

```
<div class="password-wrapper">
  <input class="password" type="{{password_flag}}"
    placeholder="{{ $t('strings.password') }}"@change="inputPWD"></input>
  <image class="password-img" src="{{ password_img01 }}" @click="hide()">
  </image>
</div>
```

图 12-10　密码可见和不可见之间的切换

通过HML文件可以看出，<input>组件中的type属性的值是由变量password_flag进行定义的；图片在<img>组件中的src地址是由变量password_img01进行定义的，修改变量password_img01的值就可以显示不同的图片。在JS文件中修改的源代码如下：

```
data: {                                              //定义数据初值
  password:'',                                       //密码框内容暂存变量
  password_flag: "password",                         //密码初始不可见
  password_img01: "/common/images/hide.png",         //密码后的图标是不可见状态
},
hide() {
  if (context.password_flag == "password") {         //如果是密码不可见状态
    context.password_flag = "text";                  //修改成文本框，即密码可见状态
    context.password_img01 = "/common/images/show.png"; //修改为可见图标
  }
  else if (context.password_flag == "text") {        //如果是密码可见状态
    context.password_flag = "password";              //修改成密码框，即密码不可见状态
    context.password_img01 = "/common/images/hide.png"; //修改为不可见图标
  }
}
```

为了简单起见，登录页中的"忘记密码""遇见问题""隐私声明"仅通过prompt.showToast()方法显示相关信息。当用户点击"登录"按钮时，触发goMainPage()方法，该方法实现的内容如下：

```
goMainPage(){
  if(this.username===this.password){                 //判断用户名和密码是否相同
```

```
        storage.set({                                    //设置用户名的key/value到本地存储器
          key: 'username',
          value: that.username,
        });
        router.replace({                                 //修改路由到App主页面
          uri: 'pages/mainPage/mainPage',                //跳转的路由地址
          params: {
            username: this.username,                     //跳转时所带的参数
          },
        });
      }
      else{
        prompt.showToast({                               //用户名和密码不相同时，弹出提示框
          message: '用户名或者密码出错，登录失败',          //提示框显示的信息
          duration: 4000,                                //提示框显示的时长
        });
      }
    }
```

从goMainPage()方法中可以看出，当用户名和密码相同时会登录成功。如果登录失败，则弹出提示信息；如果登录成功，则跳转到本App的主页面mainPage，跳转的过程中将用户登录名参数username传送给主页面mainPage，同时通过本地存储接口把用户名username存储到本地鸿蒙设备存储器中，这样可以在本App其他页面从本地存储器中读取用户名username。在主页面mainPage.js中定义一个同名数据username，就可以接收传送过来的参数，页面mainPage的部分源代码如下：

```
<!--mainPage.hml-->
<div class="container">
  <text class="title">
    {{username}} 您好，欢迎来到主页
  </text>
</div>
//mainPage.js
export default {
  data: {
    username:''
  }
}
```

在主页面定义一个数据storeName，用来读取存储器中的username，关于读取username的mainPage的部分源代码如下：

```
import storage from '@system.storage';
export default {
  data: {
    storeName:'123'
  },
  onInit(){
    var that=this
    storage.get({
      key: 'username',
      success: function(data) {
        that.status='数据读取成功'
        that.storeName=data
      },
      fail: function(data, code) {
```

```
            that.status='数据读取失败，代码是：'+ code
        }
    });
  }
}
```

登录页的完整代码如下：

```
<!--login.hml-->
<div class="container">
  <text class="title"> 登录 </text>
  <input class="username" type="text"
         placeholder="{{$t('strings.username')}}" onchange="inputUname">
  </input>
  <divider class="divider"></divider>
  <div class="password-wrapper">
    <input class="password" type="{{password_flag}}"
    placeholder="{{$t('strings.password')}}"@change="inputPWD"></input>
    <image class="password-img" src="{{password_img01}}" @click="hide()">
    </image>
  </div>
  <divider class="divider"></divider>
  <button class="login" type="capsule" value="{{$t('strings.login')}}"
              @click="goMainPage">
  </button>
  <button class="forget-password" type="text"
              value="{{$t('strings.forget_password')}}"
              @click="clickFun({{$t('strings.forget_password')}})">
  </button>
  <div class="problem_privacy">
    <button class="problem" type="text" value="{{$t('strings.problem')}}"
              @click="clickFun({{$t('strings.problem')}})"></button>
    <button class="privacy" type="text"
              value="{{$t('strings.privacyStatement')}}"
              @click="clickFun({{$t('strings.privacyStatement')}})">
    </button>
  </div>
</div>
```

```
/*login.css*/
.container {
  display: flex;
  flex-direction: column;
  width: 100%;
  left: 0px;
  top: 0px;
}
.title {
  text-align: left;
  margin-top: 8px;
  margin-left: 24px;
  margin-right: 24px;
  font-size: 30px;
}
.username {
  height: 48px;
  margin-top: 108px;
  margin-left: 24px;
  margin-right: 24px;
  padding: 0px;
```

```
    padding-left: 2px;
    border-radius: 0px;
    opacity: 0.6;
    font-size: 16px;
    background-color: #19000000;
  }
  .divider {
    color: #33000000;
    stroke-width: 2px;
    margin-top: 0px;
    margin-left: 24px;
    margin-right: 24px;
  }
  .password-wrapper {
    display: flex;
    flex-direction: column;
  }
  .password {
    height: 48px;
    margin-left: 24px;
    margin-right: 24px;
    padding: 0px;
    padding-left: 2px;
    border-radius: 0px;
    opacity: 0.6;
    font-size: 16px;
    background-color: #19000000;
  }
  .password-img {
    display: none;
  }
  .login {
    height: 40px;
    width: 100%;
    margin-top: 20px;
    margin-left: 24px;
    margin-right: 24px;
  }
  .forget-password {
    display: flex;
    margin-top: 12px;
    text-color: #0A59F7;
    font-size: 16px;
  }
  .problem_privacy {
    display: flex;
    flex-direction: row;
    justify-content: center;
    align-items: center;
    margin-top: 30%;
    width: 100%;
  }
  .problem {
    height: 20px;
    font-size: 16px;
    text-color: #0A59F7;
    padding: 1px;
    margin-right: 12px;
    border-radius: 0px;
```

```css
  }
  .privacy {
    height: 20px;
    font-size: 16px;
    text-color: #0A59F7;
    padding: 1px;
    margin-left: 12px;
    border-radius: 0px;
  }
  @media screen and (device-type: phone) and (orientation: landscape) {
  .username {
    margin-top: 24px;
  }
  .problem_privacy {
    margin-top: 4px;
    margin-bottom: 20px;
  }
}
```

```js
//login.js
import prompt from '@system.prompt'
import device from '@system.device';
import router from '@system.router';
import storage from '@system.storage';
const TAG = '[index]';
var context;
export default {
  data: {
    username:'',
    password:'',
    password_flag: "password",
    password_img01: "/common/images/hide.png",
  },
  onInit() {
    context = this;
    this.title = this.$t('strings.title');
  },
  hide() {
    if (context.password_flag == "password") {
      context.password_flag = "text";
      context.password_img01 = "/common/images/show.png";
    }
    else if (context.password_flag == "text") {
      context.password_flag = "password";
      context.password_img01 = "/common/images/hide.png";
    }
  },
  clickFun(params) {
    prompt.showToast({
      message: params,
      duration: 2000,
    });
  },
  inputPWD(params) {
    this.password = params.text;
  },
  inputUname(params){
    this.username=params.text
  },
  goMainPage(){
```

```
//本例中当用户名和密码相同时, 认为登录成功
if(this.username===this.password){
  let that=this
  storage.set({
    key: 'username',
    value: that.username,
  });
  router.replace({
    uri: 'pages/mainPage/mainPage',
    params: {
      username: this.username,
    },
  });
}
else{
  prompt.showToast({
    message: '用户名或者密码出错, 登录失败',
    duration: 4000,
  });
}
    }
  }
}
```

12.2.2 底部导航

目前, 在鸿蒙设备中直接使用<toolbar></toolbar>和<toolbar-item></toolbar-item>组件可以实现如图12-11所示的底部导航效果。本例的底部导航有四个, 分别是主页、分类、购物车和我的。要获取这四个底部导航的图标, 可以直接从阿里巴巴矢量图标库中下载(https://www.iconfont.cn/)。需要说明的是, 每一个底部图标都有两种状态: 一种是处于未选中状态的图标样式, 一种是处于选中状态的图标样式, 这两种图标文件如图12-12所示。

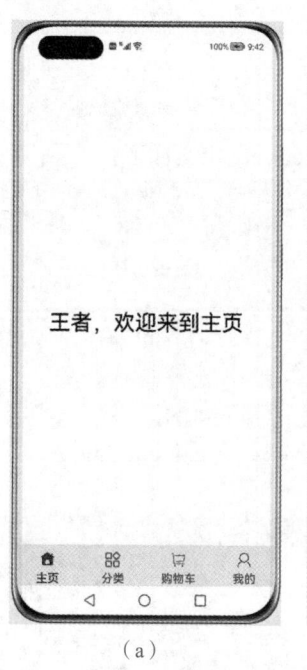

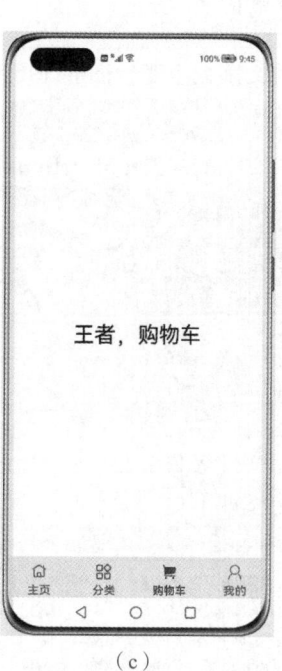

（a） （b） （c）

图 12-11 底部导航

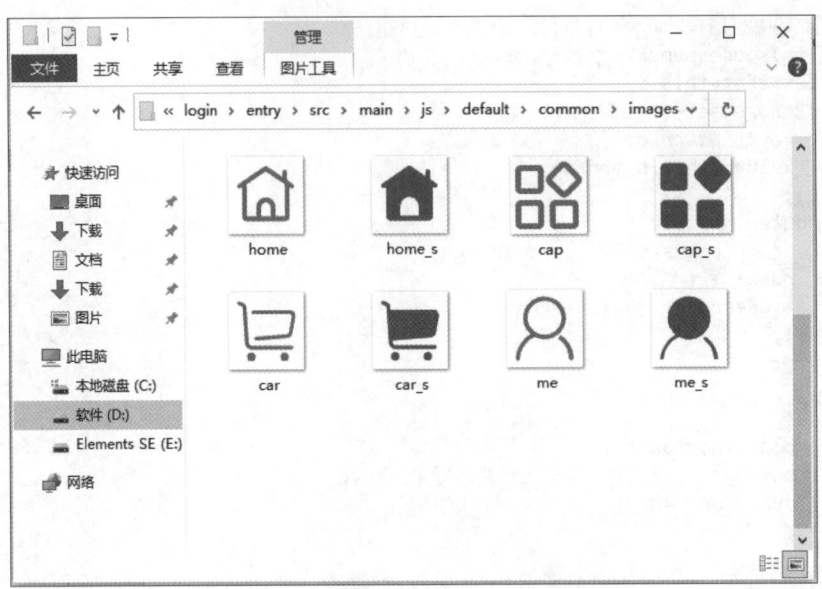

图12-12　底部导航图标的未选中状态和选中状态

当点击某一个导航图标或文字，需要改变对应的图标文件和文字的样式。对应的图标文件名通过数组变量iconImagePage[index]设置，其中的index是点击导航图标的索引值，该值是由父组件传递过来的；导航文字的样式是通过数组变量menuColorFlag[index]进行确定的；导航文字通过数组变量iconTitle[index]进行确定，其HTML文件中的内容如下：

```
<toolbar class="toolbar" >
  <toolbar-item for="{{(index, value) in iconTitle}}"
      class="toolbarItem {{menuColorFlag[index]?'toolbarItemActive':''}}"
      icon='{{iconImagePage[index]}}'
  value='{{iconTitle[index]}}' onclick="handleClick(index)">
  </toolbar-item>
</toolbar>
```

导航文字数组变量iconTitle的定义如下：

```
iconTitle:['主页','分类','购物车','我的']
```

导航文字的样式toolbarItem 以及选中状态toolbarItemActive的定义如下：

```
.toolbarItem {
  font-size: 16px;
  font-weight: 500;
  color: #1296db;
}
.toolbarItemActive{
  color: red;
}
```

图标文件名数组变量iconImage和选中状态的图标文件名数组变量iconImageActive在JS文件中的定义如下：

```
iconImage:[
  '/common/images/home.png',
  '/common/images/cap.png',
  '/common/images/car.png',
  '/common/images/me.png',
],
```

```
iconImageActive:[
  '/common/images/home_s.png',
  '/common/images/cap_s.png',
  '/common/images/car_s.png',
  '/common/images/me_s.png'
]
```

另外，定义空数组变量iconImagePage，用于存储当前在页面上应该显示的图标文件名。同时定义标志状态数组变量menuColorFlag，用于表示当前四个导航图标中哪一个处于选中状态。例如，在图12-11（c）中，menuColorFlag数组存储的值是[false,false,true,false]，表示第三个图标处于选中状态，其他三个图标处于未选中状态。数据定义的初始值在JS文件中的定义如下：

```
iconImagePage:[],
menuColor:[false,false,false,false],
menuColorFlag:[],
```

用户在生命周期函数onInit()中首先初始化menuColorFlag数组和iconImagePage数组，让menuColorFlag数组的值都为false，也就是都处于未选中状态；iconImagePage数组的值与iconImage数组的值相同，都处于未选中状态。然后使用父组件传递过来的index1变量设置menuColorFlag数组对应的选中样式和iconImagePage数组的选中图标，其在JS文件中的定义如下：

```
props: ['index1'],
onInit(){
  //初始化导航图标和导航文字颜色
  this.iconImagePage=this.iconImage
  this.menuColorFlag=this.menuColor
  //设置index1位置为选中状态
  this.menuColorFlag.splice(this.index1,1,true)
  this.iconImagePage.splice(this.index1,1,this.iconImageActive[this.index1])
}
```

用户点击某个导航按钮时转到相应的页面，导航转到页面的字符串数组如下：

```
pageArray:[
  "pages/mainPage/mainPage",
  "pages/classify/classify/classify",
  "pages/shoppingCart/shoppingCart/shoppingCart",
  "pages/me/me/me"
]
```

根据用户点击导航按钮所跳转到对应页面时的触发函数如下：

```
import router from '@system.router';
handleClick(index){
  router.replace({
    uri: this.pageArray[index]
  });
}
```

底部导航navigation的三个源文件的内容如下：

```
<!-- navigation.hml文件内容 -->
<div class="container">
  <toolbar class="toolbar">
    <toolbar-item for="{{(index, value) in iconTitle}}"
        class="toolbarItem {{menuColorFlag[index]?'toolbarItemActive':''}}"
```

```
          icon='{{iconImagePage[index]}}'
          value='{{iconTitle[index]}}' onclick="handleClick(index)">
      </toolbar-item>
    </toolbar>
</div>
```

```css
/*navigation.css文件内容*/
.container {
  display: flex;
  justify-content: center;
  align-items: center;
  left: 0px;
  top: 0px;
}
.toolbar{
  position: fixed;
  bottom: 0px;
}
.toolbarItem {
  font-size: 16px;
  font-weight: 500;
  color: #1296db;
}
.toolbarItemActive{
  color: red;
}
```

```js
//navigation.js文件内容
import router from '@system.router';
export default {
  data: {
    iconTitle:['主页','分类','购物车','我的'],
    iconImage:[
      '/common/images/home.png',
      '/common/images/cap.png',
      '/common/images/car.png',
      '/common/images/me.png',
    ],
    iconImageActive:[
      '/common/images/home_s.png',
      '/common/images/cap_s.png',
      '/common/images/car_s.png',
      '/common/images/me_s.png'
    ],
    pageArray:[
      "pages/mainPage/mainPage",
      "pages/classify/classify/classify",
      "pages/shoppingCart/shoppingCart/shoppingCart",
      "pages/me/me/me"
    ],
    iconImagePage:[],
    menuColor:[false,false,false,false],
    menuColorFlag:[],
  },
  props: ['index1'],
```

```
  onInit(){
    this.iconImagePage=this.iconImage
    this.menuColorFlag=this.menuColor
    this.menuColorFlag.splice(this.index1,1,true)
      this.iconImagePage.splice(this.index1,1,this.iconImageActive[this.index1])
  },
  handleClick(index){
    router.replace({
      uri: this.pageArray[index]
    });
  }
}
```

在父组件中调用子组件的方法是先导入子组件，其实现代码如下：

```
<element name="navigation" src="../navigation/navigation"></element>
```

然后在"主页"父组件中使用，代码如下：

```
<navigation index1="0"></navigation>
```

其中，index1是"主页"父组件传递给子组件navigation的属性值，表示第0个（即主页）导航图标处于选中状态。如果在"分类"父组件中使用，代码如下：

```
<navigation index1="2"></navigation>
```

在mainPage主页面的JS文件中读取登录的用户名，其源代码如下：

```
<!-- mainPage.hml文件内容 -->
<element name="navigation" src="../navigation/navigation"></element>
<div class="container">
  <text class="title">
    {{storeName}}，欢迎来到主页
  </text>
  <navigation index1="0"></navigation>
</div>
--------------------------------------------------------------------------
// mainPage.js文件内容
import storage from '@system.storage';
export default {
  data: {
    storeName:''
  },
  onInit(){
    var that=this
    storage.get({
      key: 'username',
      success: function(data) {
        that.status='数据读取成功'
        that.storeName=data
      },
      fail: function(data, code) {
        that.status='数据读取失败，代码是：'+ code
      }
    });
  }
}
```

1. 自定义标题子组件

扫一扫,看视频

为了保持整个App各页面的风格统一,并为了以后维护方便,通常会进行一些自定义组件的设计,前面制作了页面底部导航,本小节讲解如何自定义标题子组件。

在主页面或相关页面中导入并使用该子组件,可以在页面顶部实现通用的、自定义的标题,其使用语句如下(在手机设备上的运行结果如图12-13所示):

```
<element name="logo" src="../../Home/logo/logo"></element>
<logo page-logo="新书推荐"></logo>
```

或者

```
<logo page-logo="信息设置"></logo>
```

其中,自定义组件中的page-logo属性是传给标题子组件的标题内容,在子组件中接收该属性值并展示,其页面的源代码如下:

```
<!--logo.hml文件内容-->
<div class="container">
  <div class="cb-title">
    <text class="title">
      {{pageLogo}}
    </text>
  </div>
</div>
--------------------------------------------------------------------
/*logo.css文件内容*/
.container {
  display: flex;
  justify-content: center;
  align-items: center;
  left: 0px;
  top: 0px;
}
.container .cb-title{
  height: 44px;
  width: 100%;
  background-color: #ee742f;
  justify-content: center;
  align-items: center;
}
.container .cb-title text{
  font-size: 20px;
  font-weight: 600;
  color: #fff;
  letter-spacing: 8px;
}
--------------------------------------------------------------------
//logo.js文件内容
export default {
  props:['pageLogo']
}
```

鸿蒙应用开发从零基础到实战——始于安卓,成于鸿蒙(视频·案例·应用版)

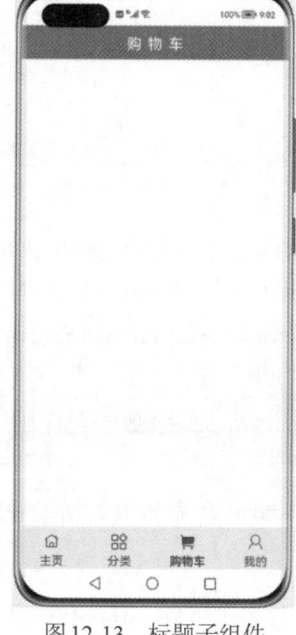

图 12-13　标题子组件

2. 轮播图子组件

在首页或者需要在一个页面中展示更多信息时，一般都需要轮播图子组件。本例采用鸿蒙的Swiper组件实现轮播图播放，至于轮播哪些图片，是由父组件通过数组进行定义的，并下发到轮播图子组件，在主页面中加上轮播图的显示结果如图12-14所示。

扫一扫，看视频

图 12-14　轮播图子组件

在父组件中可以把需要轮播的图片文件定义在一个JSON文件中，该JSON文件的源代码如下：

```
{
    "data": [
        "/common/images/0.jpg",
        "/common/images/1.jpg",
        "/common/images/2.jpg",
        "/common/images/3.jpg"
    ]
}
```

在父组件的JS文件中把这个JSON文件引入到组件中，再定义需要轮播展示图片的数组变量，在生命周期函数onInit()中把JSON文件中的内容复制到图片数组变量中，其源代码如下：

```
import listImg from "../../common/datafile/swiperImg.json" //导入JSON文件
export default {
    data: {
        listImg:[]                    //定义数组变量
    },
    onInit(){
        this.listImg=listImg.data   //把JSON文件的内容复制到图片数组变量中
    }
}
```

在父组件的HTML文件中调用轮播图子组件，其源代码如下：

```
<element name="commonSwiper" src="../Home/swiperPage/swiperPage"></element>
<commonswiper list-img="{{listImg}}"></commonswiper>
```

轮播图子组件接收父组件传递过来的需要展示的图片数据，直接用Swiper组件进行展示，其页面的源代码如下：

```
<!--swiperPage.hml文件内容-->
<div class="container">
  <swiper class="swiper" autoplay="true" interval="2000"
                                    indicatordisabled="true">
    <image class="swiperContent" for="{{(value,item) in listImg}}"
                                    src="{{item}}" ></image>
  </swiper>
</div>
---------------------------------------------------------------------
/*swiperPage.css文件内容*/
.container {
  flex-direction: column;
  width: 100%;
  height: 250px;
  align-items: center;
}
.swiper {
  indicator-size: 12px;
  indicator-color:skyblue;
  indicator-selected-color:orangered;
}
.swiperContent {
  object-fit: fill;
}
---------------------------------------------------------------------
//swiperPage.js文件内容
export default {
  props:{
```

```
    listImg:{
      type:Array
    }
  }
}
```

3. 热门分类子组件

在首页或者需要在一个页面中展示热门分类信息时，可以专门制作一个热门分
类子组件。本例采用鸿蒙的List组件，至于热门图片及其相关信息，是由父组件通
过数组进行定义的，并下发到热门分类子组件，在主页面中加载热门分类的显示结
果如图12-15所示。

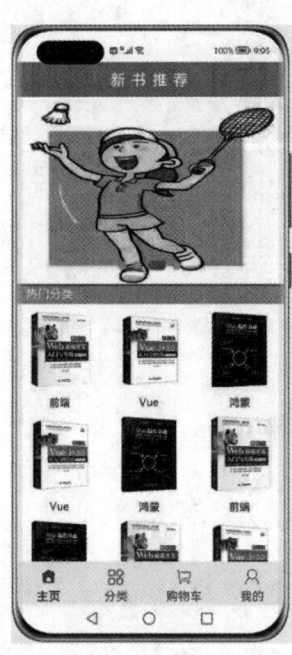

图12-15　热门分类子组件

在父组件中可以把需要进行热门分类的数据定义在一个JSON文件中，该JSON文件的源代
码如下（以后可以从网络中的数据库服务器下载）：

```
[
  {
    "img": "/common/images/book.jpg",
    "title": "前端",
    "allTitle": "轻松学Web前端开发入门与实战",
    "author": "刘兵",
    "price": "￥ 89.8",
    "publish":"中国水利水电出版社"
  },
  {
    "img": "/common/images/book4.jpg",
    "title": "Vue",
    "allTitle": "轻松学Vue.js 3.0从入门到实战",
    "author": "刘兵",
    "price": "￥ 89.8",
    "publish":"中国水利水电出版社"
  },
```

综合案例——基于鸿蒙的网上书城的设计与实现

```
  {
      "img": "/common/images/book3.jpg",
      "title": "鸿蒙",
      "allTitle": "轻松学鸿蒙应用系统开发从入门到实战",
      "author": "刘兵",
      "price": "￥ 89.8",
      "publish":"中国水利水电出版社"
  },
  {
      "img": "/common/images/book4.jpg",
      "title": "Vue",
      "allTitle": "轻松学Vue.js 3.0从入门到实战",
      "author": "刘兵",
      "price": "￥ 89.8",
      "publish":"中国水利水电出版社"
  },
  {
      "img": "/common/images/book3.jpg",
      "title": "鸿蒙",
      "allTitle": "轻松学鸿蒙应用系统开发从入门到实战",
      "author": "刘兵",
      "price": "￥ 89.8",
      "publish":"中国水利水电出版社"
  },
  {
      "img": "/common/images/book.jpg",
      "title": "前端",
      "allTitle": "轻松学Web前端开发入门与实战",
      "author": "刘兵",
      "price": "￥ 89.8",
      "publish":"中国水利水电出版社"
  },
  {
      "img": "/common/images/book3.jpg",
      "title": "鸿蒙",
      "allTitle": "轻松学鸿蒙应用系统开发从入门到实战",
      "author": "刘兵",
      "price": "￥ 89.8",
      "publish":"中国水利水电出版社"
  },
  {
      "img": "/common/images/book.jpg",
      "title": "前端",
      "allTitle": "轻松学Web前端开发入门与实战",
      "author": "刘兵",
      "price": "￥ 89.8",
      "publish":"中国水利水电出版社"
  },
  {
  "img": "/common/images/book4.jpg",
  "title": "Vue",
  "allTitle": "轻松学Vue.js 3.0从入门到实战",
  "author": "刘兵",
  "price": "￥ 89.8",
  "publish":"中国水利水电出版社"
  }
]
```

在父组件的JS文件中把这个JSON文件引入到组件中，再定义需要进行热门分类的数组变量，在生命周期函数onInit()中把JSON文件中的内容复制到图片数组变量中，其源代码如下：

```
import listHotCate from "../../common/datafile/cookbook-hotcate.json";
export default {
  data: {
   list:[]                    //定义数组变量
  },
  onInit(){
    this.list=listHotCate //把JSON文件中的内容复制到热门分类数组变量
  }
}
```

在父组件的HTML文件中调用热门分类子组件，其源代码如下：

```
<element name="hotcate" src="../Home/hotcate/hotcate"></element>
<hotcate list-img="{{list}}"></hotcate>
```

热门分类子组件接收父组件传递过来的需要展示的热门分类图片和文字说明数据，直接用List组件展示，其页面的源代码如下：

```
<!--hotcate.hml文件内容-->
<div class="container">
  <div class="cb-hc-title">
    <text >热门分类</text>
  </div>
  <div class="cb-hc-list">
   <div class="cb-hc-item" for="{{(index,item) in listImg}}"
                                           onclick="handle(index)">
     <image src="{{item.img}}" class="img"></image>
     <text>{{item.title}}</text>
   </div>
  </div>
</div>
_____
/*hotcate.css文件内容*/
.container {
  flex-direction: column;
}
.container .cb-hc-title {
  height: 25px;
  border-bottom-width: 0.5px;
  border-bottom-color: #eee;
  background-color: deepskyblue;
  font-size: 600px;
  color: white;
}
.container .cb-hc-title text{
  font-size: 16px;
  margin-left: 15px;
}
.container .cb-hc-list{
  flex-wrap: wrap;
}
.container .cb-hc-list .cb-hc-item{
  width: 33.33%;
  flex-direction: column;
  justify-content: center;
  align-items: center;
```

```
}
.container .cb-hc-list .cb-hc-item image{
  object-fit: cover;
  margin: 10px;
  width: 100%;
  border-radius: 8px;
  height: 100px;
}
.container .cb-hc-list .cb-hc-item text{
  font-size: 14px;
  color: red;
}
------------------------------------------------------------------------
//hotcate.js文件内容
export default {
  props:{
    listImg:{
      type:Array
    }
  }
}
```

4. 详情页子组件

扫一扫，看视频

在图12-15的热门分类中任意点击某一本书，将会把这本书的详细信息罗列出来，并询问用户是否将该书加入购物车，在加入购物车时可以选择加入的数量，也可以点击"立即购买"按钮，其运行结果如图12-16所示。

图12-16　图书详情页

详情页子组件接收父组件传递过来的书的序号，以该序号来获取文件中关于该书的详细信息，其源代码如下：

```
<!--detailPage.hml文件内容-->
<element name="count" src="./countNumber/countNumber"></element>
<div class="container">
```

```
    <text class="btn" onclick="handleReturn"> <返回</text>
    <div class="img">
      <image src="{{listImg[detailIndex].img}}"></image>
    </div>
    <text class="title">书名：{{listImg[detailIndex].allTitle}}</text>
    <text class="title">作者：{{listImg[detailIndex].author}} </text>
    <text class="title">出版社：{{listImg[detailIndex].publish}}</text>
    <text class="title">单价：{{listImg[detailIndex].price}}</text>
    <div>
      <text class="title">数量</text>
      <count msg="1"></count>
    </div>
    <div class="buyBtn">
      <button onclick="addCar">加入购物车</button>
      <button onclick="butNow">立即购买</button>
    </div>
</div>
```

```
/*detailPage.css文件内容*/
.container {
  flex-direction: column;
  left: 0px;
  top: 0px;
  width: 100%;
  height: 100%;
}
.img{
  width: 100%;
  height: 40%;
  justify-content: center;
  align-items: center;
  border: 1px solid red;
  margin-top: 25px;
}
.container image{
  width: 60%;
}
.title {
  font-size: 18px;
  margin: 10px;
}
.btn{
  font-size: 20px;
  margin: 10px;
  color: red;
}
.buyBtn{
  position: fixed;
  bottom: 0px;
}
.buyBtn button{
  width: 50%;
  height: 40px;
}
```

```
//detailPage.js文件内容
import router from '@system.router';
```

```
import detailInfo from "../../common/datafile/cookbook-hotcate.json";
export default {
  data: {
    listImg:[]
  },
  props:['detailIndex'],
  handleReturn(){
    router.back()
  },
  onInit(){
    this.listImg=detailInfo
  }
}
```

在详情页中还调用了计数器子组件，用来设置购买的书的数量，其源代码如下：

```
<!--countNumber.hml文件内容-->
<div class="container">
  <button onclick="sub">-</button>
  <text class="title">
    {{count}}
  </text>
  <button onclick="add">+</button>
</div>
```

```
/*countNumber.css文件内容*/
.container {
  display: flex;
  justify-content: center;
  align-items: center;
}
.title {
  font-size: 20px;
  text-align: center;
  margin: 0px 15px;
}
button{
  width: 20px;
  font-weight: 600;
  background-color:darkorange;
}
```

```
//countNumber.js文件内容
export default {
  data:{
    count:0
  },
  props:['msg'],                    //定义接收数据
  onInit(){
    this.count=this.msg             //用接收的数据初始化count变量
  },
  sub(){
    if(this.count>0) this.count--
  },
  add(){
    this.count++
  }
}
```

12.2.4 分类页

分类页分为书籍和商品两个大类，每个大类中又有很多小的子类，由于篇幅有限，子类中的详情页并没有完成，大家可根据相似App自行开发。分类页的实现结果如图12-17所示。

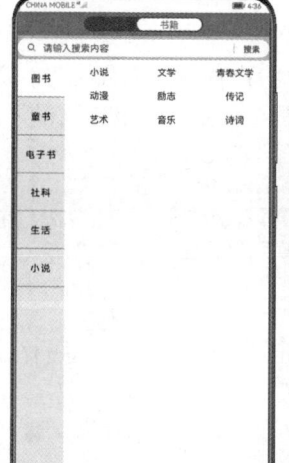
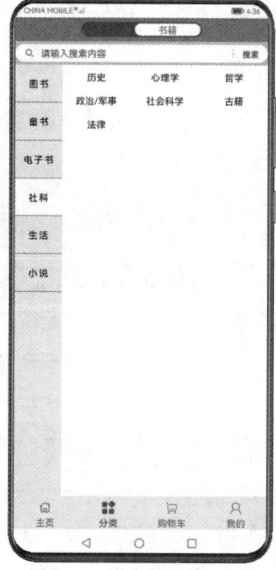
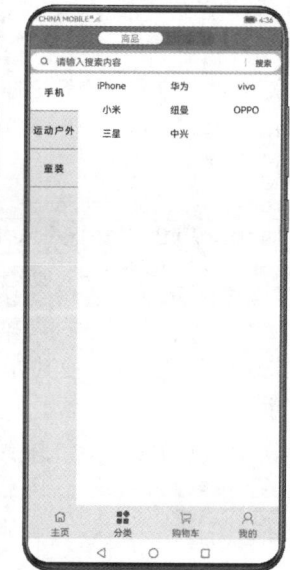

图12-17　分类页

1. 分类数据

分类数据可以存储在服务器上，然后通过fetch方法从服务器获取。本例获取数据的实现方法是先把数据定义在/common/datafiles/book-category.json文件中，其内容如下：

```json
{
  "data": {
    "books": {
      "图书": ["小说","文学","青春文学","动漫","励志","传记","艺术","音乐","诗词"],
      "童书": ["图画故事","少儿英语","益智游戏","童话","幼儿启蒙","玩具书","动漫/卡通",
      "少儿期刊","婴儿读物"],
      "电子书": ["阅读器","文艺","小说","经管","社科","亲子","烹饪","法律","DIY家庭"],
      "社科": ["历史","心理学","哲学","政治/军事","社会科学","古籍","法律"],
      "生活": ["亲子/家教","育儿/早教","两性关系","孕产/胎教","保健/养生","旅游/地图",
      "烹饪/美食","时尚/美妆"],
      "小说": ["侦探/悬疑4","玄幻/惊悚","中国近当代小说","中国古典小说","武侠小说","外国
      小说","穿越/言情","爱情/情感","影视/娱乐"]
    },
    "goods": {
      "手机": ["iPhone","华为","vivo","小米","纽曼","OPPO","三星","中兴"],
      "运动户外": ["运动鞋服","户外鞋服","户外装备","健身器材","垂钓用品","水上运动",
      "体育娱乐"],
      "童装": ["T恤","裤子","连衣裙","外套","卫衣","衬衫","内衣","家居","针织"],
    }
  }
}
```

使用import方法将分类数据导入，其在JS文件中使用的语句如下：

```
import menuData from '../../../common/datafile/book-category.json'
```

2. 书籍和商品的切换

书籍和商品两个大类的切换是通过switch开关组件实现的，开关组件在HML中的内容如下：

```
<switch class="switchCss" showtext="true" texton="书籍" textoff="商品"
            checked="true" @change="switchChange">
</switch>
```

当开关组件处于打开状态时显示"书籍"，处于闭合状态时显示"商品"；定义属性checked为true，默认开关处于打开状态；开关使用的样式类是switchCss，其定义的语句如下：

```
.switchCss{
  texton-color: orangered;      //开关处于打开状态的文字颜色
  textoff-color: deepskyblue;   //开关处于闭合状态的文字颜色
  text-padding: 40px;           //开关内边距为40px，实际目的是拉长开关组件
  font-size: 16px;              //开关组件上文字的大小
}
```

当点击切换开关按钮，使其处于闭合状态时所触发的事件函数switchChange()在JS文件中的内容如下：

```
//切换开关修改不同type值，通过计算属性下发不同的菜单数据
switchChange(e){
  if(e.checked){
    this.type='books'           //闭合状态，type设置为书籍分类
  }
  else
  {
    this.type='goods'           //打开状态，type设置为商品分类
  }
}
```

3. 搜索框

搜索框是通过鸿蒙提供的search组件实现的，其在HML文件中的内容如下：

```
<div class="searchBox">
  <search hint="请输入搜索内容" searchbutton="搜索" @search="search">
  </search>
</div>
```

其使用样式的定义如下：

```
.searchBox{
  width: 100%;
  background-color: lightgrey;
  justify-content: center;
  align-items: center;
  height: 40px;
}
.searchBox search{
  background-color: white;
  height: 30px;
}
```

由于本书篇幅有限，本例没有使用数据库，所以分类的查询操作并没有实现。

4. 获取菜单分类数据

准备下发到自定义组件mymenu中的数据，其在JS文件中的内容如下：

```
//从book-category.json中导入数据
import menuData from '../../../common/datafile/book-category.json'
export default {
  data: {
    type: 'books',                    //定义初始工菜单中显示的类别
    menuData:[]                       //下发数据的数组
  },
  onInit(){
    this.menuData=menuData.data       //从导入的数据初始化准备下发的数据
  },
  computed:{
    filteredMenuDate(){
      return this.menuData[this.type]  //根据type取值不同生成不同的下发数据
    }
  },
}
```

导入自定义菜单组件，并提供相应的下发属性值，其HTML文件中的内容如下：

```
<element name="mymenu" src="./myMenu/myMenu"></element>
<mymenu menu-data="{{filteredMenuDate}}"
        firstitem="{{type === 'books' ? '图书' : '手机'}}">
</mymenu>
```

其中，menu-data是向自定义子组件myMenu发送需要显示的菜单数据，firstitem是根据type数据的值来确定不同菜单第一个显示的分类，从/common/datafiles/book-category.json文件中可以看出，当type值为books时第一个显示的分类是"图书"，当type值为goods时第一个显示的分类是"手机"。

5. 分类显示子组件

在分类显示子组件中先通过props接收父组件所传递的数据menuData和firstitem。因为menuData和firstitem会在组件的运行过程中发生变化，所以需要通过计算属性来跟踪这种变化以达到刷新页面的目的，其在JS文件中的源代码如下：

```
props:['menuData','firstitem'],       //获取父组件下发的数据
data:{
  currentTab:''
},
computed:{
  tabs(){                             //获取菜单的主分类
    return Object.keys(this.menuData)
  },
  lists(){                            //获取当前点击的分类的子分类
    return this.menuData[this.currentTab]
  }
}
```

点击图12-17左边的分类导航栏，可以显示不同的子分类项目，其在HTML和JS文件中的内容如下：

```
<!--HTML文件中的内容-->
<div for="{{(index,item) in tabs}}" class="menu-tab-item
```

```
      {{item===currentTab?'active1':'normal'}}"
      @click="handleTabClick(item)">
  <text class="title">
    {{item}}
  </text>
</div>
```
```
//JS文件中的内容
handleTabClick(currentTab){
  this.currentTab=currentTab
}
```

分类显示子组件myMenu的完整源代码如下：

```
<!--myMenu.hml文件内容-->
<div class="container">
  <div class="menu-tab">
    <div for="{{(index,item) in tabs}}" class="menu-tab-item
        {{item===currentTab?'active1':'normal'}}"
        @click="handleTabClick(item)">
      <text class="title"> {{item}} </text>
    </div>
  </div>
  <div class="menu-list">
    <div class="menu-list-item" for="{{(index,item) in lists}}"
        @click="handleTabClick($item)">
      <text class="title"> {{item}}</text>
    </div>
  </div>
</div>
```
```
/*myMenu.css文件内容*/
.menu-container {
  flex: 1;
  border-top: 0,5px solid #ccc;
}
.menu-tab{
  width: 100px;
  background-color: #f3f3f3;
  flex-direction: column;
  height: 100%;
}
.menu-tab .menu-tab-item{
  height: 64px;
  justify-content: center;
  align-items: center;
  border-bottom: 1px solid orangered;
  width: 100px;
}
.menu-tab .menu-tab-item text{
  font-size: 16px;
  font-weight: 600;
  height: 100%;
  letter-spacing: 2px;
}
.normal {
  background-color: #f3f3f3;
}
```

```css
.normal text{
  font-weight: 100;
  font-size: 16px;
  height: 100%;
  align-content: stretch;
  color: #000;
  border-bottom: 0;
}
.active1{
  background-color: #fff;
}
.active1 text{
  font-size: 16px;
  font-weight: 100;
  height: 100%;
  align-content: stretch;
}
.menu-list{
  flex: 1;
  flex-wrap: wrap;
}
.menu-list-item{
  width: 33.333%;
  height: 40px;
  justify-content: center;
  align-items: center;
}
.menu-list-item text{
  font-size: 16px;
}
```

```
--------------------------------------------------------------------------
//myMenu.js文件内容
export default {
props:['menuData','firstitem'],
  data:{
    currentTab:''
  },
  computed:{
    tabs(){
      return Object.keys(this.menuData)
    },
    lists(){
      return this.menuData[this.currentTab]
    }
  },
  handleTabClick(currentTab){
    this.currentTab=currentTab
  },
  onInit(){
    this.currentTab=this.firstitem
  },
  onReady(){
    this.$watch('firstitem',(newValue)=>{
     this.currentTab=newValue
    })
  }
}
```

分类显示页面的完整源代码如下：

```html
<!--classify.hml文件内容-->
<element name="navigation" src="../../Home/Home"></element>
<element name="mymenu" src="./myMenu/myMenu"></element>
<div class="container">
  <div class="switchBox">
    <switch class="switchCss" showtext="true" texton="书籍" textoff="商品"
    checked="true" @change="switchChange">
    </switch>
  </div>
  <div class="searchBox">
    <search hint="请输入搜索内容" searchbutton="搜索" @search="search">
    </search>
  </div>
  <mymenu menu-data="{{filteredMenuDate}}" firstitem="{{type === 'books' ? '图书' :
  '手机'}}"></mymenu>
  <navigation index1="1"></navigation>
</div>
```

```css
/*classify.css文件内容*/
.container {
  flex-direction: column;
}
.switchBox{
  width: 100%;
  background-color: #ee742f;;
  justify-content: center;
  align-items: center;
  height: 40px;
}
.switchCss{
  texton-color: orangered;
  textoff-color: deepskyblue;
  text-padding: 40px;
  font-size: 16px;
}
.searchBox{
  width: 100%;
  background-color: lightgrey;
  justify-content: center;
  align-items: center;
  height: 40px;
}
.searchBox search{
  background-color: white;
  height: 30px;
}
```

```javascript
//classify.js文件内容
import storage from '@system.storage';
import menuData from '../../../common/datafile/book-category.json'
export default {
  data: {
    username:'',
    storeName:'123',
    type: 'books',
    menuData:[]
  },
  onInit(){
```

```
    var that=this
    storage.get({
      key: 'username',
      success: function(data) {
        that.status='数据读取成功'
        that.storeName=data
      },
      fail: function(data, code) {
        that.status='数据读取失败，代码是：'+ code
      }
    });
    this.menuData=menuData.data
  },
  computed:{
    filteredMenuDate(){
      return this.menuData[this.type]
    }
  },
  switchChange(e){
    if(e.checked){
      this.type='books'
    }
    else
    {
      this.type='goods'
    }
  }
}
```

🔘 12.2.5 购物车

在本书6.4节已经详细讲解了购物车的实例，在6.4节中，数据是自定义的，不能进行任何修改。而在本小节中，则是通过点击主页面的detail详情页中的"加入购物车"按钮，然后从本地存储中取出数据显示在页面中，如图12-18所示。

扫一扫，看视频

（a）

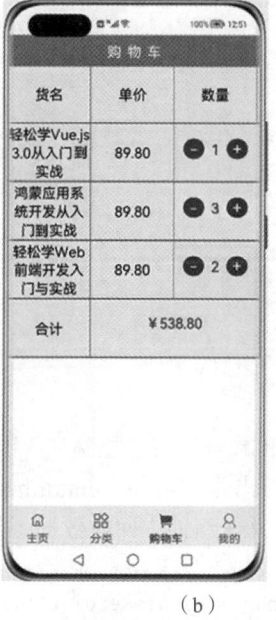

（b）

图 12-18　购物车

1. 加入购物车

在图12-18（a）中，当用户选中某本书并选择适当的数量，点击左下角的"加入购物车"按钮，会先在手机内存中把存储的购物车字符串数据读取出来并转换成JSON数据，再把选中的书和书的数量添加到购物车的JSON数据中，将JSON数据转换成字符串写到手机内存中，其实现的代码如下：

```
readCar(){                          //读取手机内存中购物车中的数据
  var that=this
  storage.get({
    key: 'phones',
    success: function(data) {
      that.shoppingCar=JSON.parse(data)
    },
    fail: function(data, code) {
      console.log('数据读取失败，代码是：')+ code
    }
  });
},
addCar(){
  var that=this
  this.readCar()                                          //读取手机内存中购物车中的数据
  this.books.name=this.listImg[this.detailIndex].allTitle   //获取新书书名
  this.books.price=this.listImg[this.detailIndex].price     //获取新书价格
  this.shoppingCar.splice(0,0,this.books)                   //把新书信息加入购物车
  storage.set({         //把JSON类型的购物车数据转换成字符串写入手机内存
    key: 'phones',
    value:JSON.stringify(that.shoppingCar)
  });
  router.replace({                                        //直接跳转到购物车页面
    uri: 'pages/shoppingCart/shoppingCart/shoppingCart',
  });
}
```

添加到购物车的books数据的结构定义如下：

```
export default {
  data: {
    listImg:[],
    shoppingCar:[],
    books: {
      name: '',
      price: 88,
      count: 1
    }
  }
}
```

2. 数量子组件

图12-18（a）中的加号和减号按钮是控制加入购物车中的书的数量，此处用的是自定义的计数器子组件。把detail页面当作父组件，detail.html文件中使用msg属性向计数器子组件传递数据，使用@son-count事件从子组件中回收数据，其关键源代码如下：

```
<element name="count" src="./countNumber/countNumber"></element>
<count msg="1" @son-count="handleReceive"></count>
```

在detail.js文件中，利用handleReceive()事件函数的入口参数来读取计数器子组件传递的数据，其源代码如下：

```
handleReceive(e){
  this.books.count = e.detail.count
}
```

3. 购物车显示

关于购物车的详细介绍，大家可仔细阅读6.4节。在本小节中需要特别注意的是，在JS文件中加入了对手机内存的读取，其源代码如下：

```
import storage from '@system.storage';
export default {
  data: {
    username:'',
    storeName:'',
    phones: [],
    content:'',
    status:'',
  },
  onInit(){
    var that=this
    //读取用户登录名
    storage.get({
      key: 'username',
      success: function(data) {
        that.status='数据读取成功'
        that.storeName=data
      },
      fail: function(data, code) {
        that.status='数据读取失败，代码是：'+ code
      }
    });
    this.readshopcar()
  },
  readshopcar(){
    //读取购物车中的内容
    var that=this
    storage.get({
      key: 'phones',
      success: function(data) {
        that.status='数据读取成功'
        that.phones=JSON.parse(data)
      },
      fail: function(data, code) {
        that.status='数据读取失败，代码是：'+ code
      }
    });
  },
  add(index){
    this.phones[index].count++
    this.setStorge()
  },
  dec(index){
    if(this.phones[index].count>1) {
      this.phones[index].count--
```

```
        this.setStorge()
      }
      else{
        this.content=this.phones[index].name
        this.temp=index
        this.$element("loginDialog").show()
      }
    },
    setStorge(){
      var that=this
      storage.set({
        key: 'phones',
        value:JSON.stringify(that.phones),
      });
    },
    confirm(value){
      if(value===1){
        this.phones.splice(this.temp, 1)
        this.setStorge()
      }
      this.$element("loginDialog").close()
    },
    computed:{
      computedName(){
        let prices = 0
        for (let i = 0; i <this.phones.length; i++) {
          prices += this.phones[i].price * this.phones[i].count
        }
        return '¥'+prices.toFixed(2)
      }
    },
    filter(x){
      return x.toFixed(2)
    }
  }
}
```

12.2.6 我的

扫一扫，看视频

为了简单起见，本App中的"我的"仅显示当前登录的用户名和一个"切换用户"按钮，如图12-19（a）所示。当用户点击"切换用户"按钮时，首先会在内存中删除当前登录的用户名，然后跳转到登录页面，如图12-19（b）所示。

程序源代码如下：

```
<!-- me.hml -->
<element name="navigation" src="../../Home/Home"></element>
<element name="logo" src="../../Home/logo/logo"></element>
<div class="container">
  <logo page-logo="信息设置"></logo>
  <text class="title">
    当前用户: {{storeName}}
  </text>
  <button onclick="changeUser">切换用户</button>
  <navigation index1="3"></navigation>
</div>
```

```css
/*me.css*/
.container {
  flex-direction: column;
  justify-content: center;
  align-items: center;
  left: 0px;
  top: 0px;
  height: 100%;
  width: 100%;
}
.title {
  font-size: 24px;
  text-align: center;
}
button{
  width: 150px;
  margin-top: 20px;
  height: 30px;
  font-weight: 600;
  letter-spacing: 5px;
}
```

```js
//me.js
import router from '@system.router';
import storage from '@system.storage';
export default {
  data: {
    username:'',
    storeName:''
  },
  onInit(){
    var that=this
    storage.get({
      key: 'username',
      success: function(data) {
        that.status='数据读取成功'
        that.storeName=data
      },
      fail: function(data, code) {
        that.status='数据读取失败, 代码是: '+ code
      }
    });
  },
  changeUser(){
    storage.set({
      key: 'username',
      value: '',
    });
    router.replace({
      uri: 'pages/index/index',
    });
  }
}
```

（a） （b）

图 12-19 "我的"页面

12.3 本章小结

本章通过项目实战——网上书城，详细讲解了鸿蒙应用开发实现一个项目时包含的主要步骤。首先介绍了案例分析部分，包括案例功能分析、项目相关设置（如手机上的App名字和App图标的修改以及消除页面顶部标题等）；然后介绍了App项目各页面和各组件的详细设计，在此过程中，主要原则是把各页面需要使用的公用组件放到一个共享的指定目录中，把与页面内容密切相关的组件放到专为该页面服务的指定目录中。要想学好鸿蒙应用开发，需要大家反复学习和制作一些较综合的项目以巩固所学知识，最终达到灵活应用的程度。

12.4 实验　基于鸿蒙的网上书城的设计与实现

1. 实验目的

（1）掌握综合运用HTML、CSS、JS的能力。
（2）掌握鸿蒙应用开发的各种组件应用。
（3）掌握数据存储的能力。
（4）掌握父子页面跳转的双向数据传递能力。

2. 实验内容

实现基于鸿蒙的网上书城，如图12-1~图12-4所示。要求具有以下主要功能：
（1）自动展示10s的广告页，也可以通过点击按钮直接跳出。

（2）用户必须先登录才能进入到书城App。

（3）可进行商品的浏览。

（4）将商品加入购物车。

（5）分类页的展示。

（6）购物车中内容的展示。

参考文献

［1］刘兵．轻松学Vue.js 3.0从入门到实战 [M]．北京：中国水利水电出版社，2021.

［2］张荣超．鸿蒙应用开发实战[M]．北京：人民邮电出版社，2021.

［3］徐礼文．鸿蒙操作系统开发入门经典 [M]．北京：清华大学出版社，2021.

［4］李洋．鸿蒙生态——开启万物互联的智慧新时代 [M]．北京：电子工业出版社，2021.

［5］夏德旺，谢立，樊乐，等.Harmony OS应用开发：快速入门与项目实战 [M]．北京：机械工业出版社，2021.